KB167965

젊어지는
두뇌 습관

젊어지는 두뇌 습관

생기 넘치고
스마트한 뇌를 위한
10가지 조건

존 메디나 지음
장동선 감수 | 서영조 옮김

프런티어

일러두기

이 책의 참고문헌은 www.brainrules.net/references에 소개되어 있습니다.
참고하시기 바랍니다.

'과학은 진실을 찾으려는 싸움을 멈추지 않는다'는
사실을 끊임없이 상기하게 해주는,
나의 롤모델이자 마음속 멘토인
데이비드 애튼버러 경Sir David Attenborough에게
이 책을 바친다.

프롤로그

나이가 들수록 건강해지는 두뇌의 조건

이 책은 인간이 나이를 먹고 늙는 현상에 대해 우리가 알아야 할 모든 것을 이야기한다. 그리고 뇌과학을 통해 우리가 남은 인생을 대단히 만족스럽게(적어도 뇌에게는 만족스러운 경험일 것이다) 보낼 수 있는 방법을 소개할 것이다. 우선 하버드 대학교의 엘렌 랭어Ellen Langer 심리학 교수가 연구한 70세 남성들의 이야기로 시작해보자.

어느 맑은 가을날 아침, 마치 어린아이들처럼 활기가 넘치는 70세 노인 여덟 명이 수도원을 빠져나왔다. 그들은 오래된 그 건물에서 랭어 교수의 관찰 아래 5일을 보내고 나온 참이었다. 집으로 돌아가는 그들은 밝은 미소를 지었고, 소리 내어 웃기도 했으며, 행복하고 기운차 보였다. 때는 1981년 가을로, 로널드 레이건 대통령의 임기 첫해였다. 노인들은 레이건 대통령처럼 밝고 자유분방한 모습이었다. 그리고 우연히도 레이건 대통령과 나이가 같았다. 이들은 랭어 교수의 연구에 참여해 조금 전까지 '타임 워프'를 경험했다.

수도원에서 그들의 뇌는 1981년이 아닌 1959년의 닷새를 보냈다. 그들이 머무르는 동안 수도원에서는 〈맥 더 나이프Mack the Knife〉, 〈뉴올리언스의 전투The Battle of New Orleans〉(1959년에 빌보드 차트 1위를 차지한 컨트리 가수 조니 호튼의 곡—옮긴이) 같은 당시의 인기곡들이 흘러나왔다. 흑백 TV에서는 보스턴 셀틱스가 미니애폴리스 레이커스(그렇다. LA 레이커스가 아니라 그 전신인 미니애폴리스 레이커스다)를 이긴 프로농구 결승전이 방영되었고, 미식축구 선수 조니 유나이타스가 볼티모어 콜츠(1953~1983년까지 존재했던 프로미식축구팀으로, 현재는 인디애나폴리스 콜츠다—옮긴이)에서 뛰고 있는 장면이 나왔다.

실내 곳곳에는 〈라이프Life〉와 〈새터데이 이브닝 포스트Saturday Evening Post〉가 놓여 있었다. 완구회사인 마텔의 창업자 루스 핸들러는 1959년에 자신의 딸 바비의 이름을 딴 늘씬한 인형 '바비'를 만들어 어린 소녀들에게 마케팅하기 시작했다. 그리고 아이젠하워 대통령은 하와이 승인법Hawaii Admission Act에 서명해 하와이를 미국의 50번째 주로 만들었다.

70세 남성들이 수도원을 떠나면서 그렇게 즐거워 보인 것은 그런 추억 여행 덕분이었다. 집으로 데려다줄 버스를 기다리면서 몇 명은 터치 풋볼을 하기도 했다. 미식축구의 일종인 터치 풋볼은 몇십 년 전부터 거의 하지 않는 스포츠였다.

이 노인들을 5일 전에 봤다면 같은 사람들이라고 생각하지 못했을 것이다. 이들은 발을 바닥에 끌면서 힘겹게 걸었고, 눈도 잘 안 보이고 귀도 어두웠다. 기억력도 좋지 않았다. 일부는 지팡이를 짚고 걸어야 했다. 짐이 든 가방을 자기 방까지 들고 갈 기운이 없는 사람들도 있었다. 랭어 교수가 이끄는 연구팀은 사전에 노인들의 몸을 여기저기 검사하고 뇌의 상태를 평가했다. 그들은 전형적인 노인이었다. 마치 '병약한 노인 8명'이라는 조건으로 캐스팅을 한 것 같았다.

그러나 수도원에서 5일을 보내고 나온 후, 그들은 더 이상 병약한 노인이 아니었다. 수도원에서 나온 다음에 또다시 같은 검사를 다시 실시하자 상당한 변화가 확인되었다. 5일 만에 그런 변화가 일어나다니 믿기 힘들 정도였다. 사실 맨눈으로 간단히 관찰하기만 해도 〈뉴욕 타임스〉 기사에서 말한 것처럼 드라마틱한 일이 일어났다는 것을 알 수 있었다.

우선 자세에 힘이 생겼다. 악력도 세져서 손으로 물건을 다루는 게 훨씬 능숙해졌고 몸을 더 쉽게 움직였다(터치 풋볼을 하는 건 5일 전에는 상상도 못 했을 일이다). 청력도 좋아졌고 시력도 향상되었다. 무려 *시력*이! 그리고 대화하는 모습을 보면 그들의 뇌 속 어딘가의 기능이 극적으로 좋아진 것 같은 느낌을 받는다. 이는 나중에 실제로 IQ 검사와 기억력 테스트로 입증된다. 나중에 이 실험에는 '시계를 거꾸로 돌려놓은 연구counterclockwise study'라는 별칭이 붙었다. 놀라운 실험 결과에 경의를 표하는 의미였다.

이 책은 그 5일간의 실험에 참가했던 노인들에게 일어난 현상에 대해 다룰 것이다. 여기서 소개하는 조언을 따르면 누구에게나 일어날 수 있는 일이기도 하다. 사실 나는 매우 까다롭고 깐깐한 신경과학자로서, 어떤 현상에 대해 이렇게 낙관적 태도를 보인 적이 별로 없다. 이 책에 등장하는 과학적 내용은 모두 학계의 논문이나 학술지에 등장했던 것들이며, 여러 번 반복 입증된 사실도 많다(www.brainrules.net/references를 참고하라). 나는 정신 장애의 유전적 특징을 연구하는 과학자다. 만일 여러분이 노화Aging란 심신이 약해지는 것이라고만 생각한다면 랭어 교수의 연구 결과처럼 새로운 관점을 접해볼 것을 권한다. 그리고 이 책을 집어든 김에 내가 제시한 관점도 들어다보기 바란다.

이 책은 우리의 뇌가 어떻게 노화하는지만을 설명하지 않는다. 노화의 안 좋은 영향을 줄일 수 있는 방법도 설명한다. 그런 연구 영역을 노화과학geroscience이라고 한다. 이 책은 노화과학자들이 밝혀낸 중요한 사실들을 담고 있다. 기억력을 향상시키는 방법, 나이가 들수록 친구들을 곁에 두어야 하는 이유, 가능한 한 자주 춤을 추러 가야 하는 이유를 소개한다. 하루에 몇 시간씩 책을 읽으면 어째서 수명이 몇 년 늘어나는지, 새로운 언어를 배우는 게 왜 우리의 노화하는 정신에 최고의 선물이 되는지도 알려준다(치매가 걱정되는 사람은 반드시 외국어를 배우기 바란다). 또한 생각이 다른 사람들과 활기 있게 토론하는 것은 뇌에 비타민을 공급하는 것이다. 그리고 놀랍게도 비디오게임은 문제 해결 능력을 실제로 향상시킨다.

이런 중요한 사실들을 설명하면서 지금까지 우리 사회에 만연해 있던 몇 가지 신화를 깰 것이다. '청춘의 샘'이라는 묘약 같은 건 잊자. 그런 건 이 세상에 없다. 나이를 먹으면 뇌가 닳아서 손상되는 것은 어쩔 수 없다. 손상된 후 보수하지 못하는 것이 더 문제다. 아울러 나이를 먹을수록 정신 기능이 쇠락하는 것은 피할 수 없는 일이 *아니다*. 이 책의 조언을 따른다면 여러분의 뇌는 변화하는 능력을 유지하고, 계속해서 연구하고 탐구하고 배울 수 있을 것이다.

또한 이 책은 노화에는 이로운 점도 있다는 사실을 밝혀낼 것이다. 노화는 머리에만 이익이 되는 게 아니라 마음에도 이익이 된다. 유리컵에 물이 아직 반이나 차 있다고 생각하는 긍정적인 마음가짐은 나이를 먹으면서 증가한다. 그리고 나이를 먹으면서 스트레스 수준도 낮아진다. 늙으면 자연히 성격이 나빠진다는 것은 잘못된 통념이다. 제대로 나이를 먹으면 노년은 우리의 인생에서 매우 행복한 시절이 될 수 있다.

노화의 시계를 돌리는 방법

이 책은 크게 네 부분으로 이뤄져 있다. 1부의 주제는 '사회적인 뇌'로, 나이가 들어가면서 우리의 감정이 어떻게 변화하는지를 설명한다. 그리고 노년기의 관계, 행복, 잘 속아 넘어가는 특성 같은 주제들을 탐구한다. 2부의 주제는 '생각하는 뇌'로, 나이가 들면서 우리 뇌의 다양한 인지 장치들이 어떻게 변화하는지를 설명한다(여기서 '장치gadget'는 여러 가지 기능을 지니고 복잡하게 연결되어 있는 뇌 영역들을 가리킬 때 내가 사용하는 용어다). 일부 장치들은 나이를 먹으면서 기능이 오히려 향상되기도 한다. 3부는 '우리의 몸'에 대해 다룬다. 특정한 운동, 식습관, 수면이 노화로 우리 몸이 쇠락하는 것을 어떻게 늦출 수 있는지 살펴본다.

이렇게 3부까지 총 8개 장에서는 잘 늙어가기 위한 실질적인 조언을 제공하는데, 각각의 방법이 어떻게 뇌와 신체의 수행 능력을 향상시키는지 설명하고 그 바탕이 되는 뇌과학에 대해서도 설명한다.

마지막으로 4부는 '미래'에 대해 이야기한다. 바로 우리의 미래다. 은퇴같이 즐거운 주제들과 죽음처럼 피할 수 없는 주제들을 다룬다. 그리고 1~8장의 내용과 연결하여 뇌 건강을 유지할 계획을 세워볼 것이다. 이 내용은 주의 깊게 보는 게 좋다. 그 이유는 데이비드 애튼버러 경의 아마존 강 비유를 통해 살펴보도록 하자.

아마존 강과 노화의 비밀

나는 어려서 영국의 유명한 동식물학자 데이비드 애튼버러 경이 내레이션을 한 TV 다큐멘터리를 자주 봤다. 그는 내가 자연계에 대해 잘못 알고 있던 수많은 오류를 바로잡아주었다. 그중 하나는 아마존 강에 대한 것이었다.

나는 지구상에서 강폭이 가장 넓은 아마존 강이(본류의 경우 넓은 곳의 강폭은 15킬로미터나 되고 하구의 강폭은 무려 180킬로미터에 이른다-옮긴이) 하나의 샘에서 생겨났다고 생각했다. 대부분의 강들처럼 샘에서 나온 물이 땅을 가로질러 흐르면서 그렇게 어마어마하게 커진 거라고 말이다. 그래서 애튼버러 경이 아마존 강은 하나의 샘에서 생겨난 것이 아니라고 말했을 때 깜짝 놀랐다. 그는 BBC 다큐멘터리 〈리빙 플래닛Living Planet〉 시리즈에서 작은 냇물 속을 걸어가며 이렇게 말했다.

"이 냇물은 지구상에서 가장 거대한 강인 아마존의 원천이라고 할 수 있는 수많은 냇물 중 하나입니다. 아마존 강을 이루는 많은 수원은 안데스 산맥 동쪽 기슭에 있는 수많은 개울에서 시작되었습니다."

이 얼마나 실망스러운 말인가! 지구 담수의 20퍼센트를 차지하는 강이 하나의 샘에서 시작된 게 아니라니. 수많은 작은 냇물들이 모여 거대한 하나의 강줄기가 되었다는 게 아마존 강의 진실이었다.

이것이 이 책에서 계속 강조할 개념이다. 예를 들어 4장에서는 기억력에 대해 이야기하는데, 광대한 기억의 물줄기가 힘차게 흐르려면 수많은 요인들이 필요하다. 스트레스를 받지 않고 지내는 것도 그 요인들 중 하나다. 규칙적으로 유산소 운동을 하는지, 책을 얼마나 읽는지, 현재 어느 정도의 통증을 느끼는지, 밤에 잠을 잘 자는지 등도 기억에 기여하는 요인들이다. 이런 요인들이 작은 물줄기가 되어 기억력이라는 큰 물줄기를 만들어낸다.

나이가 들어서도 두뇌가 잘 작동하려면 아마존 강을 이루는 작은 냇물 같은 역할을 하는 생활 습관을 만들어야 한다. 이 책에서는 노년에도 지적 활력을 유지할 수 있는 방법들인 작은 냇물과 같은 습관들 각각에 대해 자세히 살펴볼 것이다.

그다음에는 과학자들이 노화 과정을 분자 차원에서 어떻게 연구하고 있는지를 소개할 것이다. 나는 미국은퇴자협회American Association of Retired

Persons, AARP 가입 자격이 있는, 즉 노년을 준비하는 한 가정의 아버지로서 이런 연구를 열렬히 환영한다. 물론 과학자로서는 특유의 까칠한 시선으로 그런 열의를 다소 진정시키고 있지만 말이다.

마지막에는 랭어가 연구한 활기찬 70대 노인들을 다시 만나볼 것이다. 그때쯤이면 랭어의 타임 워프 연구 결과는 여러분이 더 잘 이해했을 것이다. 나는 세월이 우리 인간을 거칠고 가혹하게 다룰 수 있다는 사실을 굳이 미화할 생각은 없다. 그러나 이 책을 다 읽고 나면 노화에는 통증과 고통 말고도 훨씬 더 많은 것들이 있음을 알게 될 것이고, 아마 여러분도 과거로 타임 워프를 하고 싶다는 생각이 들 것이다.

'얼마나'보다 '어떻게' 오래 살 것인가

인류의 전체 역사를 놓고 보면 인간의 기대수명life expectancy은 30년 정도였다. 기대수명은 특정 연령 이후 또는 출생 이후 생존할 것으로 기대되는 평균 햇수로, 지금까지 꾸준히 늘어났다. 1850년에 잉글랜드에 살고 있었다면 대개 40대 중반에 세상을 떠났겠지만, 이제 그 숫자는 40년이 늘어났다. 1900년에 미국에 살았다면 49세 정도에 세상을 떠났겠지만, 1997년에는 76세에 세상을 떠났을 것이다.

지금은 또 달라졌다. 2015년에 태어난 미국인들의 기대수명은 78세다(여성은 이보다 조금 길고 남성은 조금 짧다). 65번째 생일이 지났다면 여성의 경우 앞으로 24년 가까이 더 살 수 있고, 남성의 경우 22년 정도 더 살 수 있다. 이는 2000년 이후로 10퍼센트나 급증한 수치로, 앞으로 더욱 증가할 것이다.

기대수명이 평균 생존 햇수를 나타내는 것이라면 여기서 무엇을 더 알아낼 수 있을까? 한 생명체가 살 수 있는 햇수를 이야기할 때 보통 수명longevity이라는 표현을 쓴다(좀 더 적절한 표현은 수명 결정longevity determination이다). 그리고 한 사람의 수명은 유전자에 의해 다소 간접적으로 통제된다. '유전적 수명 결정genetic longevity determination' 이라는 용어를 사용하면 학자들은 동의의 의미로 고개를 끄덕일 것이다.

이 개념은 최대수명maximum life span(한 종에서 가장 오래 산 개체의 수명 또는 한 종이 최대한 살 수 있을 것으로 추정되는 수명–옮긴이)과 다르고, 유전적 수명 결정과 최대수명 둘 다 기대수명과 다르다. 이 개념들을 혼동해서 쓰기 쉽지만 그러면 학자들은 눈살을 찌푸릴 것이다. 몇 년 전 〈네이처Nature〉는 이 개념들의 정의를 간단명료하게 정리했다. "최대수명은 인간이 최대한 오래 산 햇수로, 기대수명과 다르다. 기대수명은 한 사람이 태어나서부터 또는 특정 연령으로부터 얼마나 더 생존할 것으로 예상되는지를 보험의 통계에 따라 측정한 것이다."

이런 견해에 따르면 수명은 여러 조건이 이상적일 때 한 사람이 지구에서 보낼 수 있는 시간이다. 그리고 기대수명은 여러 조건이 이상적이지 않을 때 한 사람이 지구상에서 보낼 것으로 예상되는 시간이다. '장차 몇 년간 *살 수 있을지*'와 '장차 몇 년간 *살게 될지*'의 차이라고 할 수 있다.

그렇다면 인간은 얼마나 오래 살 수 있을까? 전 세계에서 출생 일자를 입증할 수 있는 사람 중 가장 오래 산 사람은 122번째 생일을 보내고 나서 세상을 떠났다(러시아의 마고메드 라바자노프Magomed Labazanov라는 사람으로 1890년에 태어나 2012년에 세상을 떠났다-옮긴이). 그러나 가장 오래 산 사람들 중 대부분은 만 115세에서 120세까지 산다. 120번째 생일까지 살려면 많은 생물학적 난관을 헤쳐나가야 하는데, 대부분의 사람들은 그때까지 살 수 없다. 하지만 가능성이 0은 아니다.

지금 우리는 지구상에서 우리의 유효 기간이 끝날 때까지 살아갈 방법을 배우고 있다. 그리고 이 책에 등장하는 이야기들이 보여주듯 우리는 인류 역사상 그 어느 때보다 더 건강하다. 그러나 그 이야기들은 우리가 어떻게 늙어갈지는 알려주지 못한다. 노화란 상당히 가변적인 것이기 때문이다. 개인에 따라 다 다를 수도 있고, 선천적인 특성과 후천적인 특성이 복잡한 관계를 맺고 영향을 미친다.

한편 인간의 두뇌는 무척 유연하며 환경에 대단히 민감하게 반응하기 때문에 두뇌에 대한 연구는 여전히 쉽지 않다. 연구에 따르면 두뇌는 고정되어 있지 않도록 회로화되어 있다. 지금 이 문장을 읽고 문장 끝에 마침표가 없다는 사실을 발견하는 단순한 행위를 생각해보자 내가 문장 끝에 마침표를 찍지 않았다는 사실과 그 사실을 말했다는 사실, 그 말이 사실인지를 여러분이 확인했다는 사실은 *물리적으로* 여러분의 두뇌에 새로운 회로를 만들었다.

두뇌가 뭔가를 새롭게 배울 때마다 뉴런 사이의 연결 방식이 변화한다. 신경회로에는 수많은 선택지가 있다. 뉴런들이 원래 자리에서 새로운 연결을 만들어내는 경우도 있고, 한 연결을 버리고 다른 곳에 새로운 연결을 만들어내는 경우도 있다. 아니면 두 개의 뉴런 사이의 전기적 관계, 즉 접합 강도synaptic strength만 달라지는 경우도 있다.

고등학교 수업 시간에 우리의 뇌 속에는 전기를 띤 신경세포(뉴런)들이 다발 지어 있다고 배웠을 것이다. 그러나 어떤 모양으로 되어 있는지는 기억나지 않을 것이다. 이를 설명하기 위해 우리 집 정원에 있는 두 그루의 단풍나무를 소개하겠다. 이 단풍나무는 매우 아름답다. 나무라기보다는 관목에 가까운데, 가을이면 잎이 붉은색으로 짙게 물든다. 단풍나무의 잎은 복잡하게 얽힌 가지에 붙어 있고 이 가지들은 굵은 나무줄기로 모인다. 단풍나무의 줄기는 풍성한 가지와 잎에 가려서 거의 보이지 않는다. 그리고 줄기는 땅속에 묻혀, 가지보다는 조금 덜 복잡한 뿌리로 갈라진다.

뉴런은 형태와 크기가 매우 다양하지만 기본 구조는 우리 집 정원의 단풍나무와 비슷하다. 뉴런의 한쪽 끝에는 복잡하게 얽힌 나뭇가지처럼 생긴 수상돌기樹狀突起, dendrite가 있고 수상돌기는 다시 나무줄기 같은 구조물인 축삭돌기軸索突起, axon로 합쳐진다. 하지만 단풍나무의 줄기와 다르게 가지가 줄기로 합쳐지는 지점이 불룩 튀어나와 있다. 그 부분을 세포체cell body라고 부르는데, 아주 중요한 부분이다. 세포체는 그 안에 있는 작은 구 모양 구조물로 유명하다. 바로 뉴런의 핵이다. 핵 안에는 세포를 지휘하고 통제하는 이중나선구조 분자인 DNA가 들어 있다.

축삭돌기는 단풍나무 줄기처럼 길이가 짧고 뭉뚝할 수도 있고, 소나무 줄기처럼 길고 날씬할 수도 있다. 축삭돌기는 백질白質, white matter이라는 일종의 나무껍질에 싸여 있다. 축삭돌기의 반대쪽 끝에는 나무의 뿌리 같은 체계가 있는데 '축삭끝가지telodendria'라는 가지형 구조다. 축삭끝가지는 수상돌기만큼 복잡하지는 않지만 정보를 전달하는 중요한 기능을 한다. 그 기능은 곧 살펴볼 것이다.

두뇌의 정보 체계는 전구와 마찬가지로 전기를 기반으로 운영되므로 나무 같은 형태가 도움이 된다. 단풍나무를 뿌리째 뽑아서 다른 단풍나무 위에 들고 있다고 상상해보자. 두 나무가 닿아서는 안 된다. 위에 있는 나무의 뿌리가 밑에 있는 나무의 가지 위에 있다.

이 두 나무가 뉴런이라고 상상해보자. 위에 있는 뉴런의 축삭끝가지(뿌리)가 밑에 있는 뉴런의 수상돌기(가지) 가까이에 놓여 있다. 실제로 두뇌에서는 위쪽 뉴런의 수상돌기에서 전기가 나와 축삭돌기로 내려와서 축삭끝가지에 도달한다. 축삭끝가지와 아래쪽 뉴런 사이에는 공간이 있다. 정보가 전달되려면 전기가 그 공간을 뛰어넘어야 한다. 이 접합 지점을 시냅스synapse라고 하고, 시냅스가 만들어내는 공간을 시냅스 틈synaptic cleft이라고 한다. 전기는 시냅스 틈을 어떻게 뛰어넘을까?

그 해결책은 축삭끝가지의 끄트머리에 있다. 그곳에는 작은 구슬 같은 꾸러미가 있는데, 그 꾸러미에는 신경과학에서 가장 유명한 분자가 들어 있다. 바로 신경전달물질이다. 도파민, 세로토닌, 글루타메이트 등이 이에 속한다. 전기 신호가 뉴런의 축삭끝가지에 도달하면 신경전달물질 중 일부가 시냅스 틈으로 배출된다. 이는 '건너편으로 메시지를 보내'라고 명령하는 것과 같다. 신경전달물질은 명령에 따라 시냅스 틈을 가로질러 항해한다. 긴 여정은 아니다. 시냅스 틈은 대부분 폭이 20나노미터 정도밖에 안 된다(1나노미터는 10억 분의 1미터다—옮긴이).

시냅스 틈을 건너간 신경전달물질은 아래쪽 뉴런의 수상돌기에 있는 수용체에 달라붙는다. 마치 배가 항구에 정박하는 것과 같다. 이것을 아래쪽 뉴런이 감지하고 '아, 뭔가 해야겠군'이라고 생각한다. 여기서 뭔가를 한다는 것은 전기 자극을 일으키는 것을 의미한다. 이렇게 발생한 전기 자극은 다시 수상돌기에서 축삭돌기로, 그리고 축삭끝가지로 전달된다.

전기는 이처럼 생화학물질을 이용해 하나의 뉴런에서 다른 뉴런으로 옮겨 간다. 하지만 두뇌의 전기회로는 이렇게 단순하지 않다. 수천 그루의 단풍나무가 직렬로(뿌리와 가지가) 연결되어 있는 모습을 상상해보자. 이것이 두뇌의 기본적인 신경회로다. 하지만 이것도 너무 단순하다. 하나의 뉴런이 다른 뉴런들과 만들어내는 연결의 수는 대략 7,000가지 정도다(이는 평균치일 뿐으로, 10만 가지가 넘는 것들도 있다!). 현미경으로 들여다보면 신경 조직neural tissue은 수천 그루의 단풍나무가 거대한 회오리바람에 뽑혀서 한데 쑤셔 박혀 있는 것처럼 보인다.

이 복잡한 구조는 두뇌가 새로운 것을 배울 때마다 매우 유연하게 변화하며, 나이를 먹어감에 따라 손상을 입는다. 하지만 노화로 인한 손상은 개인에 따라 놀라울 정도로 다르다. 거기에는 이유가 있다. 두뇌는 외부의 환경 변화에만 반응하는 것이 아니다. 놀랍게도 두뇌는 *자신에게* 일어나는 변화에도 반응할 수 있다. 어떻게 그럴 수 있을까? 지금 우리가 아는 건, 자신에게 일어나는 변화가 부정적이라는 걸 감지하면 뇌는 그 문제를 바로잡기 위해 차선책을 만들어낼 수 있다는 것이다.

나이가 들면 뇌세포는 기능이 약해지거나, 연결이 끊어지거나, 아예 기능을 멈추기도 한다. 이런 변화는 쉽게 행동의 변화를 일으킬 수 있지만 늘 그렇지는 않다. 두뇌가 그런 현상을 보상할 수 있는 활동을 시작하고 새로운 계획에 따라 경로를 바꿔 움직이기 때문이다.

노화의 주범이 무엇인가는 매우 뜨거운 주제다. 어떤 과학자들은 면역 체계에 결함이 생기는 것이 노화의 원인이라고 생각하며(면역 이론), 어떤 과학자들은 에너지 체계가 고장 난 것을 노화의 이유라고 생각한다(활성산소 가설 혹은 미토콘드리아 이론). 어떤 과학자들은 전신 염증에 주목한다. 누구의 생각이 옳을까? 사실은 모두 옳거나 모두 옳지 않다. 각 가설은 노화의 특정 측면만을 설명한다. 나이가 들면서 우리 몸은 시스템 이곳저곳이 손상되지만 어떤 시스템이 가장 먼저 수명을 다할지는 개인에 따라 다르다.

노화 과정을 거치는 방식은 지구상에 있는 사람들의 수만큼이나 다양하다. 한 사이즈의 청바지가 모두에게 맞지 않는 것과도 같다. 그러나 일반화할 수 있는 패턴이 존재하는 것은 사실이고, 두뇌를 연구하는 것은 그런 패턴을 발견할 수 있는 훌륭한 방법이다. 물론 정확한 시각을 얻기 위해서는 통계적 거울을 들여다볼 필요가 있다. 그 거울 속의 우리는 여전히 멋진 모습일 것이다. 조금 더 나이를 먹었을 뿐이다.

그렇다면 우리가 몇 살까지 살지 통제하는 생물학적 장치에 끊임없이 기름칠을 해줄 생활 습관은 무엇일까? 다행히도 노화과학 분야는 재원이 충분해서 많은 연구가 이뤄지고 있고, 그 결과 과학자들은 두뇌가 늙어갈 때 우리가 할 수 있는 멋진 일들을 많이 발견했다. 오랜 세월에 걸쳐 알아낸 그 모든 사실은 이렇게 요약할 수 있다. '과학은 두뇌를 최적의 상태로 관리하고 영양을 잘 공급하는 방법에 대한 우리의 통념을 변화시키고 있다.' 연구 결과들은 하나같이 매우 흥미롭다. 예상치 못한 것들도 많다. 특히 반가운 주제 중 하나가 1장의 주제다. 바로 친구를 많이 사귀어야 뇌가 건강해진다는 것이다.

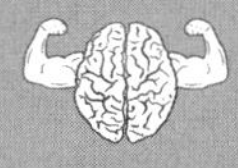

- 노화과학은 인간이 어떻게 나이를 먹는지, 노화를 일으키는 것은 무엇인지, 노화의 나쁜 영향을 어떻게 줄일 수 있는지를 연구하는 학문이다.
- 노화는 우리 몸을 생물학적으로 유지하고 관리해주는 부위가 고장이 나서 몸이 매일 입는 손상을 적절하게 보수하지 못하기 때문에 발생한다.
- 오늘날 인간은 인류 역사상 그 어느 때보다 더 오래 산다. 인간은 신체적, 정신적 전성기를 한참 지난 뒤에도 오래 살아갈 수 있는 유일한 종이다.
- 인간의 뇌는 적응력이 매우 뛰어나서 환경의 변화만이 아니라 뇌 자체의 변화에도 반응한다. 우리가 늙어갈 때 노화하는 뇌는 자체의 시스템이 무너지는 것을 보완할 능력이 있다.

차례

젊어지는 10가지 두뇌 습관

1. 마음을 열고 사람들과 친구가 되자.
2. 감사하는 태도를 기르자.
3. 마음챙김은 마음을 진정시킬 뿐 아니라, 삶의 질을 높여준다.
4. 배우거나 가르치기에 너무 늦은 때는 없다.
5. 비디오게임으로 뇌를 훈련시키자.
6. 알츠하이머병의 10가지 징후를 확인하자.
7. 식생활에 신경 쓰고, 많이 움직이자.
8. 충분한 수면으로 머리를 맑게 하자.
9. 인간은 영원히 살 수는 없다. 아직까지는.
10. 영원히 은퇴하지 말고, 과거를 즐겁게 회상하자.

1부

사회적인 뇌

BRAIN RULE

1 우정

마음을 열고 사람들과 친구가 되자

내가 제일 좋아하는 통증은 친구들 때문에 너무 웃어서 배가 아픈 것이다.
_무명씨

살아가면서 마음엔 남을 수 있어도 삶을 함께할 수는 없는 사람들이 있다는 것을 깨달아야 한다.
_샌디 린Sandi Lynn, 미국의 소설가

결혼식이 끝나고 한 시간 뒤에 아버지에게서 다음과 같은 말을 듣고 싶은 사람은 없을 것이다.

"네가 결혼 생활을 1년 넘게 하면 100달러를 주마."

안타깝게도 이것은 칼 그패터가 결혼식 날 아버지에게서 실제로 들은 말이다. 칼은 양로원에서 휠체어에 앉아 즐겁다는 듯 이 이야기를 했다. 곁에는 그의 아내 엘리자베스가 있었다. 칼의 아버지는 아들에게 몇 번이나 100달러를 줘야 했을 것이다. 칼과 엘리자베스는 70년이 넘도록 함께 살았기 때문이다.

이 이야기는 두 사람이 75번째 결혼기념일을 맞아 재언약식을 하는 자리에서 칼이 지역 언론사 기자에게 들려준 것이다. 두 사람은 양로원 입소자들, 직원들, 성직자들에게 둘러싸여 있었다. 모두가 밝은 미소를 띠고 있었고, 계속 즐겁게 웃었으며, 몇몇은 눈물을 보이기도 했다. 마치 영화 〈멋진 인생It's a Wonderful Life〉의 세트장 같은 분위기였다. 칼과 엘리자베스는 표정이 밝았고 정신도 맑아 보였다.

"아직 결혼하기에는 이르다고 해서 우리 둘이 도망쳤어요. 너무 어리다지 뭐예요."

엘리자베스가 웃으며 말했다.

칼과 엘리자베스는 결혼 생활을 오래 하고 친구들이 많으면 두뇌를 젊게 유지할 수 있다는 사실을 몰랐을지 모른다. 그렇다. '우정'과 '사교 활동'이 이 장의 주제다. 이 장에서는 오랫동안 우정을 유지하는 게 인지 능력에 도움을 준다는 사실과, 반대로 외로움이 인지 능력에 손상을 입힌다는 사실을 모두 살펴볼 것이다. 그런 다음 뇌의 기능을 향상시키는 놀라운 방법들을 알아볼 것이다.

두뇌에게 주는 비타민, 우정

부유한 상속녀이자 예술 분야의 후원자인 브룩 애스터Brooke Astor(1902~2007)보다 더 사교 활동을 활발히 하고 지적인 생활을 하는 사람은 찾기 힘들지 모른다. 2000년 당시 브룩은 뉴욕의 특권층이었다. 그녀는 패션 홍보 일을 하는 일리노어 램버트Eleanor Lambert(1903~2003), 오페라 가수 출신인 키티 칼라일Kitty Carlisle(1910~2007), 패션 디자이너 폴린 트리게르Pauline Trigère(1908~2002)와 함께 하루에 네 번씩 옷을 갈아입으며 바쁜 사교 스케줄을 소화하고 있었다. 그들은 시내 카페에서 점심을 먹은 후 뉴욕 현대미술관 이사회 회의에 참석하고, 저녁에는 카네기홀에서 콘서트를 관람한 다음 자선단체의 저녁 식사 자리에 간다. 그리고 한잔한 후 밤늦게 파파라치의 플래시 세례 속에서 집으로 돌아온다.

브룩과 그녀의 친구들은 20대 젊은이도 기진맥진할 법한 스케줄을 거의 매일 소화했다. 네 여인의 나이를 생각할 때 무척 놀라운 일이었다. 그들은 스타일 좋고 활기가 넘치기는 했지만 그중 가장 어린 키티가 그해에 만 90세였다. 폴린은 만 91세, 일리노어는 만 96세, 브룩은 만 98세였다.

그들의 나이와 활발한 사회 활동, 지적 활력은 서로 관계가 있을까? 그렇다. 아마 파티에 활발히 참석하는 나이 든 사람들은 모두 그렇다고 답할 것이다. 사람들과 어울리는 일은 노화하는 뇌에 비타민과 미네랄 같은 역할을 하며, 상상을 초월할 정도로 큰 영향을 미친다. 오프라인에서만이 아니라 온라인에서 교류하는 것도 도움이 된다.

이런 사실은 학계의 심사를 통과한 몇 가지 연구에 기반을 두고 있다. 그중 하나는 사람들과의 교류와 인지 기능의 상관관계를 규명했는데 러시 알츠하이머병 센터Rush Alzheimer's Disease Center의 전염병학자 브라이언 제임스Bryan James는 치매에 걸리지 않은 노인 1,140명을 대상으로 대표적인 인지 기능과 사교 활동 현황을 평가했다. 제임스는 우선 실험 대상자들의 사교 활동 점수를 매겼고 이후 12년에 걸쳐 전반적인 인지 기능의 쇠퇴 정도를 평가했다. 사회적 교류가 가장 활발했던 그룹은 가장 적었던 그룹보다 인지 기능 저하율이 70퍼센트 낮았다.

특정 유형의 인지 기능을 연구한 다른 학자들도 같은 사실을 알아냈다. 한 유명한 연구에서는 6년에 걸쳐 1만 6,600명의 사람들을 관찰해서 사회적으로 고립된 사람들과 사교성이 뛰어난 사람들의 기억력 감퇴율을 살폈다. 여기서 브룩 애스터의 기억력 감퇴 수준은 바깥출입을 거의 하지 않는 사람들의 절반밖에 되지 않았다. 그 외에도 수많은 연구 결과들에서 사회적 교류와 인지 능력의 확고한 상관관계가 입증되었다.

또 다른 연구에서는 상관관계만이 아니라 인과관계도 살폈다. 먼저 실험 대상자들의 기본적인 인지 능력을 평가하고 특정한 사교 활동에 참여하게 한 후 인지 능력을 다시 평가했다. 한 경우에서는 사교 활동을 10분만 했는데도 속도와 작업 기억working memory 처리 능력이 향상된 것으로 나타났다. 사교 활동과 뇌 능력의 관계는 모든 데이터에서 일관되게 나타났다.

반드시 관계가 오래된 사람들과 교류해야 하는 것은 아니며, 친구가 많아야 하는 것도 아니다. 이 분야의 연구를 하는 사람들은 긍정적 상호작용positive social interaction(일반적으로 두뇌의 도파민 분비와 관련이 있다)과 부정적 상호작용negative social interaction(대개 스트레스를 받으면 분비되는 카테콜아민, 글루코코르티코이드 같은 호르몬과 관련이 있다), 사회적 교환social exchanges(상호작용을 나타낸다) 같은 표현들을 사용한다. 나는 여러분이 친숙하게 느끼도록 '관계'라는 말을 더 자주 사용할 것이다. 어쨌든 사람들과 긍정적 교류를 하면 깊은 관계든 일시적인 관계든, 한 사람과의 교류든 열 명과의 교류든 도움이 된다.

디지털 세계 속 상호작용은 어떨까? 반드시 직접 만나서 얼굴을 마주하고 교류를 해야 할까? 학자들은 사회적으로 고립되고 거동이 힘든 노인들이 인터넷을 통해 사람들과 상호작용을 할 수 있다는 것을 이미 오래전에 밝혀냈다. 그리고 화상 채팅의 등장으로 이를 시험해볼 수 있게 되었다. 집에 묶여 있는 사람들도 사교 활동을 통해 뇌 기능을 향상시킬 수 있을까?

이번 질문에도 대답은 '그렇다'이다. 한 실험에서 만 80세 이상의 사람들을 대상으로 집행 기능executive function, EF과 이와 관련 있는 특정 언어 능력의 기준 점수를 측정했다. 집행 기능은 행동을 조절하고 제어하는 능력으로, 이마 바로 뒤에 있는 아주 중요한 부위인 전전두엽 피질prefrontal cortex에서 주로 관장한다. 집행 기능에는 인지 조절(예컨대 주의를 바꾸는 능력), 감정 통제(예컨대 화를 다스리는 능력), 단기 기억 등이 포함된다.

연구진은 우선 집행 기능의 기준 점수를 산정하고 실험 대상자들의 컴퓨터에 화상 채팅 프로그램을 설치한 다음 그들과 평균 하루 30분씩 6주 동안 화상으로 대화했다. 그리고 4개월 반이 지난 후 그들의 두뇌를 다시 검사했다.

검사 결과 집행 기능과 언어 능력의 특정 측면이 모두 크게 향상된 것으로 나타났다. 화상 채팅을 한 실험 대상자들은 전화로만 30분간

이야기를 나눈 대조군에 비해 점수가 크게 향상되었다. 다른 데이터도 마찬가지 결과가 나왔는데, 실제로 사람과 접촉하는 것과 유사한 상황일수록 사교 활동의 경험이 더 풍부해지는 것으로 나타났다. 화상 채팅은 완벽한 방법은 아니지만 규칙적으로 사람과 접촉할 수 없는 이들에게는 하늘이 준 선물이라 할 수 있다.

이런 연구 결과는 '고령자 고객 만족상'을 받을 만하다. 자, 이제 약속을 기록해두는 수첩을 꺼내자. 제일 좋은 옷을 차려입고 모임에 참석하러 가자. 사람들이 많은 박물관에 가는 것도 좋다. 사람들과 어울리는 일이 정말로 인지 기능의 저하 속도를 늦춰줄까? 물론이다! 추호의 망설임도 없이 답할 수 있다.

사람들과 어울리는 일은 정확히 어떤 효과가 있을까? 두 가지 점에서 특히 효과가 있다. 첫째, 스트레스를 줄여준다. 스트레스가 줄면 전반적인 건강뿐 아니라 면역 체계에도 도움이 된다. 둘째, 두뇌를 운동시킨다.

외로울수록 더 아픈 이유

신경내분비학자 브루스 매큐언Bruce McEwen의 말대로 긍정적인 사교 활동을 많이 할수록 알로스타틱 부하allostatic load는 약해진다. 알로스타틱 부하는 무엇일까? 이는 매큐언이 만들어낸 개념으로, 시간이 가면서 스트레스가 뇌의 능력을 포함한 신체 능력에 미치는 나쁜 영향을 가리킨다. 스트레스를 많이 받을수록 부하는 더 커진다(그리고 기능 손상은 더 심해진다).

비유를 들어 생각해보자. 삶에서 만나는 스트레스가 바다의 파도라면 우리 몸은 절벽이다. 절벽에 와서 부딪치는 파도가 많을수록 절벽은 더 많이 침식되고 파도가 미치는 영향은 더욱 심해질 것이다. 알로스타틱 부하는 우리가 살면서 경험하는 스트레스의 파도에 우리 몸이 반응하고 퇴보하는 것을 측정한다.

스트레스를 덜 받는 것은 면역 체계를 위해 특히 중요하다. 나이가 들면서 면역 체계는 자연스럽게 약해지는데, 스트레스를 많이 받을수록 면역 체계가 약해질 위험이 더 커진다. 그 이유는 잘 알려져 있다. 면역 체계에서 아주 중요한 것 중 하나가 T 세포다. T 세포는 상처 치유(예컨대 칼에 손을 벤 경우)와 전염병 회복(감기나 독감에 걸렸을 경우)에 매우 중요한 역할을 한다. 그런데 코르티솔 같은 스트레스 호르몬은 T 세포들을 죽인다. 불행한 결혼 생활을 하는 등 만성적으로 스트레스를 받으면 T 세포가 많이 죽는다. 그래서 배우자와 사이가 좋지 않으면 그렇지 않은 경우보다 상처가 40퍼센트 늦게 치유되며 감기도 더 자주 걸린다.

고령자 돌봄 전문가 게리 스콜Gary Skole은 이렇게 말한다. "감기나 독감이 유행할 때도 밖에 나가서 사람들을 만나고 많은 시간을 보내는 노인들이 대부분의 시간을 혼자 보내는 사람들보다 감기나 질병에 덜 걸립니다."

이런 연구 결과들은 긍정적 상호작용이 스트레스를 줄일 뿐 아니라 면역력을 높이고 수명을 연장시킨다는 사실을 보여준다. 앞에서 소개한, 결혼 75주년을 맞이한 칼과 엘리자베스는 아마도 이 이야기에 고개를 크게 끄덕일 것이다.

두뇌를 위한 운동

사람들과 어울리는 것이 그토록 좋은 이유는 무엇일까? 일단 사회적 교류를 하려면 에너지가 필요하고, 그래서 뇌가 계속 운동을 하기 때문이다.

일례로 영화 〈해리가 샐리를 만났을 때〉의 한 장면을 보자. 샐리(멕 라이언)가 해리(빌리 크리스털)에게 위로해주러 와달라고 부탁하는 장면이다. 샐리는 전 남자 친구가 다른 사람과 결혼한다는 소식을 들었다. 그녀는 휴지로 눈물 콧물을 닦으며 해리에게 말한다. "지금까지 난 그 이가 결혼을 하기 싫어하는 줄 알았어. 그런데 사실은 *나랑* 결혼하기 싫었던 거였어." 해리는 샐리를 달래느라 어쩔 줄 모르지만, 샐리는 눈물 콧물 범벅이 되어 엉엉 울며 말한다. "난 까다로운 여자야!" 그러자 해리가 말한다. "까다로운 게 아니라 쉽지 않은 거야." 그러자 샐리는 흐느끼며 또 이렇게 말한다. "난 너무 융통성이 없어. 너무 꽉 막힌 인간이야!" 해리가 또 말한다. "그렇긴 해도, 좋은 쪽으로 그래."

샐리는 슬픔을 억누르지 못하고, 해리는 우는 그녀를 달래는 이 장면에서 두 사람이 내뿜는 에너지는 상당하다. 이 장면은 과학자들이 오래전에 밝혀낸 사실을 보여준다. 바로 '진정한 우정이 생기려면 노력이 필요하다'는 사실 말이다. 사회적 상호작용에는 *노력*이 든다. 여기서 말하는 *노력*은 생화학적이고 에너지가 드는 방식의 노력이다. 일부 학자들은 사회적 상호작용은 두뇌가 의식적으로 행할 수 있는 가장 복잡하고 에너지가 집중되는 활동이라고 믿는다. 칵테일파티에서 사람들과 어울리거나 슬픔에 빠진 친구를 위로할 때 우리의 뇌는 유산소 운동을 할 때와 맞먹는 인지 경험을 한다.

첼시 월드Chelsea Wald는 〈네이처〉에 이렇게 썼다. "[학자들은] 인지적으로 많은 것이 요구되는 사람들과의 교류가 사실상 두뇌를 발달시킨다고 생각한다. 이는 운동이 근육을 발달시키는 것과 마찬가지다. 이런 '두뇌 예비 용량'은 훗날 알츠하이머병이 닥쳐도 두뇌의 기능 손상에 완충 역할을 해줄지 모른다."

만일 여러분이 '사회적 상호작용은 인지 기능이 체조를 하는 것이다' 라는 가설을 세운 과학자라고 가정해보자. 그러면 사회적 상호작용을 많이 할수록 이를 담당하는 두뇌 영역이 운동을 더 많이 할 거라고 예측할 수 있다. 나아가 그 결과로 신경 조직이 더 커지고 튼튼해질 거라는, 혹은 더 활발히 활동할 거라는 가설을 세울 수 있다. 대부분의 뇌 영역이 하는 일은 다른 영역들이 하는 일들과 복잡하게 얽혀 있고 모든 영역이 광범위한 기능을 수행하는 데 기여한다는 사실을 생각할 때 서로 영향을 주고받는다고 추측할 수 있다. 그리고 세포에서 행동에 이르기까지 성장이 이뤄지고 있는지 여부를 측정할 수 있다. 과학자들은 그렇게 가설을 세우고 연구해왔다. 그리고 과학자들이 찾아낸 것은 바로 '성장' 이었다.

여기서 잠깐 몇 가지 용어의 정의를 내려야 할 것 같다. 사회 활동social activities, 사회 관계망social networks, 사회 인지social cognition에 대해 학자들이 내린 정의는 일반인들이 내린 정의와 비슷하다. 먼저 사회 활동은 배를 타거나 데이트를 하는 등 다른 사람들과 함께 하는 실제 경험이다. 그리고 사회 관계망은 그런 경험을 기꺼이 함께 하고 싶은 사람들이다. 일반적으로 가까운 친구들과 가족이 해당된다. 사회 인지는 사람들과 교류를 할 때 이용하는 인지 능력을 말한다.

이번에는 두뇌가 운동하고 있음을 보여주는 연구들을 살펴보자. 우리가 사회적 관계를 더 많이 가질수록 전두엽frontal lobe의 특정 부위들에 회백질의 양이 더 많아진다. 밀크셰이크를 많이 마시면 허리둘레가 굵어지는 것처럼, 사회적 관계를 많이 가질수록 전두엽이 커진다는 얘기다. 전두엽은 우리의 눈 바로 뒤에서 머리의 중앙까지 걸쳐 있는 꽤 큰 부위로 정신화mentalizing 또는 마음 이론Theory of Mind이라는 인지 장치와 관련이 있다. 정신화는 다른 사람들의 정신 상태, 특히 동기와 의도를 알아차리는 능력으로 독심술과도 유사하다. 정신화 능력은 사람들과 관계를 맺고 유지하는 데 아주 큰 역할을 한다.

또한 전두엽은 행동한 결과를 예측하는 데 도움을 주기도 한다. 그래서 사회적으로 부적절한 행동을 억제하고, 몇 가지를 비교해서 결정을 내리는 데도 도움을 준다. 많은 이유에서 전두엽은 크고 기분 좋게 유지해야 하는 부위다.

양쪽 귀 바로 뒤쪽에 매달려 있는 작은 아몬드 모양의 편도체amygdala는 감정을 처리하는 데 관여한다. 편도체 역시 사회 활동을 얼마나 하는지에 영향을 받는다. 우리가 맺고 있는 관계의 수가 많을수록, 유형이 다양할수록 편도체의 크기도 커진다. 그 변화는 작지 않다. 사회 관계망 속의 사람들 수를 세 배로 늘리면 편도체의 크기가 두 배로 커진다. 그 사람들을 다 어떻게 관리할 수 있을지 의아한가? 학자들이 알아낸 바에 따르면, 가령 친한 친구가 다섯 명이라고 할 때 이들을 제외하고 약 150명과도 관계의 질과 친근함 정도는 다르겠지만 의미 있는 관계를 맺고 지낼 수 있다고 한다.

또한 사회 활동은 내후각피질entorhinal cortex이라는 부위에도 영향을 미친다. 내후각피질은 첫 키스 같은 중요한 일들을 기억하게 해준다. 그 외에 다른 유형의 기억들과 여러 가지 사회적 인식을 처리하는 데 도움을 주는 내후각피질은 고막 가까이에 있는 측두엽temporal lobe에 위치해 있다.

인터넷의 발달을 생각해볼 때 사회 관계망의 유형이 과연 중요할까? 즉, 실제로 사람들을 만나 나누는 상호작용과 인터넷을 통한 상호작용 중 어떤 쪽을 하는지가 중요할까? 답은 '중요하다'이다. 예를 들어 편도체 외의 뇌 영역들(전두엽과 내후각피질 같은)에서 회백질의 변화가 일어나는 것은 사람들과 직접 만나 교류를 할 때뿐이다. 반대로 편도체의 밀도 변화는 웹 기반 사회 관계망의 크기와 사람들을직접 만나서 나누는 사회적 상호작용의 수 등 두 가지와 모두 관련이 있다. 그런 차이가 생기는 이유는 아직 알려져 있지 않다. 하지만 모든 사회적 상호작용이 동일하게 생성되지는 않는다. 이것은 관리가 제대로 되지 않는 회사 사무실만 생각해봐도 알 수 있다.

뇌 건강에 해로운 관계

상사는 늘 온몸으로 언짢다는 기운을 내뿜고 있었다. 그는 부하직원과 개인 면담에서 나눈 이야기를 직원 40명 전원에게 공개했다. 그리고 회사에서 44년간 일한 충실한 직원을 별것도 아닌 일로 질책했다. 그 직원의 딸이 갑자기 병원에 입원했을 때는 병원에 다녀오겠다는 그에게 이렇게 말했다. "뭐 하려고? 딸내미 손이라도 잡아주려고?"

이 일화는 인터넷에 올라온, 직장 내 나쁜 인간관계 사례 중 하나다. 이 사례를 소개한 이유는 모든 관계가 신경학적으로 도움이 되지는 않는다는 사실을 보여주기 위해서다. 우리는 많은 사람들과 다양한 관계를 맺을 수 있지만 그 관계가 부정적이라면 건강에 도움이 되지 않는다. 연구에 따르면, 건강에 도움이 되는 건 얼마나 많은 사람들과 관계를 맺느냐가 아니라 얼마나 좋은 관계를 맺느냐다. 즉, 양보다는 질이다. 노스캐롤라이나 대학교 채플힐 캠퍼스의 학자들에 따르면 "관계의 양이 아닌 질적 특성에 영향을 주는 사회적 지지와 압박감은 중년기의 신체 건강에 중요한 영향을 미치고, 노년기에도 계속해서 영향을 미친다."

인간 행동을 탐구하는 많은 연구소에서 사람들이 관계를 위해 해야 할 일들과 하지 말아야 할 일들을 발표하고 있다. 상대보다 앞서야 한다는 경쟁의 부담을 주는 대인관계는 인지 기능에 아무런 도움을 주지 못한다. 감정적으로 통제하려 하거나, 간섭하거나, 공격적인 언어를 끊임없이 내뱉는 사람들과의 관계는 완전히 끊어버리거나 그럴 수 없다면 한계를 두어야 한다.

그렇다면 두뇌에 좋은 상호작용은 어떤 것일까? 상대방의 관점을 받아들이고 나와 다른 시각을 이해하려고 적극적으로 노력하려는 태도다. 상대방의 생각에 동의할 수도 있고 동의하지 않을 수도 있다. 이해하려고 노력하는 것이 중요하다. 그런 노력을 통해 가벼운 대화는 우리 뇌에 의미 있는 소중한 양식으로 바뀐다. 앞에서 말한 정신화 또는 마음 이론을 활용하라는 얘기다. 자기중심적이지 않은 대화 태도는 과학적으로도 좋은 대화 방법이다. 이 조언은 국민연금을 받을 나이가 한참 먼 사람들에게도 해당된다. 정기적으로 사람들과 어울리고 상대방을 이해하려는 태도로 관계를 맺으면 나이가 몇 살이든 두뇌에 도움이 될 것이다.

좋은 관계에 도움이 되는 환경을 적극적으로 만들 수도 있다. 사회심리학자 레베카 애덤스Rebecca Adams는 몇 년 전 〈뉴욕 타임스〉 인터뷰에서 그 방법을 다음과 같이 요약해서 말했다.

- 반복적이며 미리 계획하지 않은 상호작용
  –좋은 친구들과 자연스럽게 어울린다.
- 가까운 거리
  –친구들, 가족과 가까이 살아서 자주 어울릴 수 있도록 한다.
- 사람들이 긴장하지 않고 편하게 느낄 수 있는 환경

애덤스에 따르면 유대가 강한 친구 관계는 대부분 위와 같은 조건이 자연스럽게 충족되는 대학 시절에 형성된다.

어린아이들을 포함해 모든 연령대의 사람들을 두루 사귀는 것이 가장 좋다. 이런 생각은 우리 문화에는 다소 맞지 않는 것처럼 보일지 모르지만 실제 데이터를 보면 그렇지도 않다. 고령자들은 전 세대를 아우르는 관계를 많이 가질수록 두뇌에 더 도움이 된다. 초등학생 아이들과 어울릴 때 특히 그렇다. 스트레스가 줄고, 불안증이나 우울증 같은 정신 장애 발병 비율도 감소하며 사망률까지도 낮아진다.

그런 결과가 나오는 데는 많은 이유가 있을 것이다. 젊은 사람들은 장년층, 노년층과는 다른 시각을 갖고 있다. 따라서 다른 세대의 사람들과 정기적으로 만나서 어울리면 다양한 생각을 경험할 수 있다. 듣는 음악도 달라질지 모른다. 평소에 읽던 것과는 다른 책을 읽게 될 수도 있고, 예전에는 웃지 않던 일에 웃을 수도 있다. 수시로 자신과 다른 시각을 접하면 두뇌의 중요한 부위들을 운동시키게 된다. '가끔은 세 살짜리 아이와의 대화를 통해 인생을 다시 이해할 필요가 있다'라는 말은 정말 사실이다.

게다가 나이 든 친구들만 있다면 결혼식보다는 장례식에 갈 일이 훨씬 많을 것이다. 주변 사람들의 죽음을 지켜보는 것보다 고립감을 증폭시키는 일은 없다. 그렇지만 나이가 어린 친구들을 사귀면 결혼식과 아이의 돌잔치 같은 행사에 참여하면서 인생이 계속된다는 건강한 느낌을 받을 수 있다(통계적으로 볼 때 우리보다 나이가 어린 사람들은 대개 우리보다 더 오래 산다).

전 세대에 걸쳐 친구를 사귀는 일은 어린아이에게도 도움이 된다. 나이가 많은 사람들과 정기적으로 교류하면 아이의 문제 해결 능력이 증가하고, 정서 발달에 긍정적 영향을 주며, 언어 습득 능력이 향상된다. 나이가 많은 사람들은 대개 아이들보다 더 참을성이 있고 인생의 좋은 점을 보는 경향이 있다. 또한 자녀를 키워보거나 아이들을 다뤄본 경험도 많다. 친절하고 이야기를 잘 들어주며 공감해주는 것은 특히 맞벌이 부모 밑에서 자라는 아이들에게 아주 중요하다. 아이들은 요구하는 게 많을 수 있다. 하지만 아이들을 위해 시간을 낼 수 있고 그들의 약점을 이해할 수 있다면 자신의 아이를 키울 때보다 더 현명하게 아이를 돌보는 즐거움을 누릴 수 있을 것이다.

그러니 누군가의 할아버지, 할머니가 되어주자. 멘토, 친구, 절친이 되어주자. 결혼 생활을 평화롭게 가꿔나가자. 이웃 사람들과 친구가 되자. 친구들을 자주 만나자.

그렇게 하지 않으면 어떻게 될까?

우울증의 적, 고립

학자들은 연구를 통해 노령과 외로움에 대한 세 가지 중요한 사실을 발견했다. 첫째는 주름과 마찬가지로 외로움도 나이가 들면서 증가한다는 사실이다. 이 연구에 따르면 심하지는 않더라도 외로움을 느끼는 고령자의 비율은 20~40퍼센트에 이른다. 둘째, 한 사람의 인생에서 연령에 따라 외로움을 느끼는 정도를 그래프로 나타내면 U자 모양이 된다. 셋째, 외로움은 우울증을 일으킬 수 있는 가장 큰 위험 인자다.

외로움의 정의는 아주 간단해 보인다. 사람들과 함께 있고 싶은데 그럴 수가 없어서 기분이 안 좋은 것이다. 하지만 과학적 방식으로 외로움을 정의하는 것은 다소 까다롭다. 사람들 중에는 혼자 있는 것을 좋아하는 사람들이 있고, 사람보다 반려동물을 더 좋아하는 사람들도 있다. 반면에 항상 주위에 사람이 있기를 바라는 사람들도 있다.

학자들은 혼자 있는(혼자 있는 편을 더 좋아할지 모르는) 사람들을 가리킬 때는 '객관적인 사회적 고립'이라는 용어를 쓰고, 외롭다고 느끼는(혼자 있는 것을 좋아하지 않는) 사람들을 언급할 때는 '인지한 사회적 고립'이라는 용어를 쓴다. 한 연구소에서는 다음과 같이 정의를 내렸다. '외로움이란 자신의 사회 활동의 양과 질, 특히 질을 스스로 통제하지 못한다고 느끼는 상태다.'

이 정의가 의미하는 바를 평가하기 위한 심리 측정 테스트도 있다. 지구상에서 아마도 가장 외롭지 않은 곳일 남부 캘리포니아에서 개발된 테스트로 'UCLA 외로움 척도UCLA Loneliness Scale'라고 불린다. 학자들이 밝혀낸 사실에 따르면, 우리는 청소년기가 끝날 때쯤 외로움을 느끼기 시작하고 20대 초반부터 중년기까지 외롭다는 느낌은 감소한다. 어찌 보면 자연스러운 현상이다. 학교에 다니고, 일을 하고, 아이들을 낳아 기르면서 수많은 사람들과 부대끼며 살기 때문이다. 친구들의 수는 가파르게 늘어서 25세쯤 정점에 이르고, 그 후 45세가 될 때까지 서서히 감소하며 10년 정도 유지하다가 55세가 지난 후 다시 감소한다. 이렇게 외로움은 U자형 곡선을 이룬다.

그런데 이 데이터에는 미묘한 부분이 많아서 이 U자형 곡선은 약간 불안정하다. 75세가 되어 평생 가장 적은 외로움을 느끼다가 80번째 생일을 지나고 한두 달 후에 가장 심하게 외로움을 느끼는 사람도 있다. 돈을 많이 벌지 못한 고령자들은 돈을 많이 번 고령자들보다 세 배 정도 더 심하게 외로움을 느끼는 것으로 나타났다. 기혼자들은 혼자 사는 사람들보다 외로움을 덜 느낀다. 이것은 전 연령대에 해당되는 것이지만, 젊은 부부보다 나이 든 부부의 경우 배우자와의 친밀도가 행복에 큰 영향을 미친다. 신체 건강도 고령자들이 느끼는 고립감에 중대한 역할을 한다.

죽음을 부르는 외로움

사람은 사회적으로 고립될수록 불행해진다. 학자들은 그 이유가 인류의 진화에 있다고 믿는다. 인간은 생물학적으로 너무나 약했기 때문에 함께 모여 있지 않으면 오래 살아남을 수가 없었다. 그래서 두뇌는 사회적 고립에 부정적으로 반응하는 시스템을 만들었고, 그 결과 사람들은 서로를 찾게끔 되었다. 그렇게 등장한 '협력'과 '정신화'는 인간이 둘 이상 함께하게 만들었고, 인간은 유전자를 후세에 전할 만큼 오래 살아남을 수 있었다.

인간은 외로우면 잘 살아가지 못한다. 우선 사회적 행동이 무너지기 시작한다. 예를 들어 외로우면 몸단장을 잘하지 못하게 되고, 목욕, 화장실 사용, 식사, 옷 입기, 침대에서 일어나기 등 혼자서 해야 하는 일들을 점점 잘하지 못하게 된다. 이런 행동들 일부는 갑자기 닥치는 우울증과 관련이 있을 수 있는데, 우울증은 외로운 고령자들이 특히 취약한 질환이다.

외로운 고령자들은 면역 기능이 좋지 않다. 바이러스에 쉽게 감염되고 암과 잘 싸워 이길 수가 없다. 스트레스 호르몬 수치도 젊은 사람들보다 높은데, 이는 여러 가지 부정적 영향을 미친다. 그중 가장 나쁜 영향은 고혈압이다. 고혈압은 심장병과 뇌졸중의 위험을 높인다. 외로움은 기억에서 지각 속도에 이르기까지 전반적인 인지 능력에 손상을 줄 뿐 아니라 치매의 원인이 되기도 한다.

만성적 외로움은 위험한 고리 속으로 우리를 던져 넣을 수 있다. 알다시피 노화 과정에는 신체적 고통이 동반된다. 특정 조직들이 고장 나기 시작하는데, 치유 방법이 없다. 그리고 노화에 취약한 특정 신체 부위들에서 통증이 심해진다(관절염이 그 한 예다). 그런 불편함은 대화 주제, 기동성, 수면에 영향을 줄 수 있다. 그 모든 것이 우리를 점점 더 함께하기 불편한 사람으로 만든다.

불편한 정도가 심해질수록 사람들은 우리와 점점 더 어울리고 싶어 하지 않을 것이다. 그렇게 사람들과의 교류가 줄어들면 지금까지 이야기한 문제들을 겪게 된다. 더 사람들과 어울리지 못하고, 사람들도 점점 찾지 않게 되어 더 외로워지는 악순환이 이어진다. 그때 우울증이 덮친다. 80대가 되면 외로움이 우울증의 가장 큰 원인이다. 이 서글픈 소식은 뒤에서 더 자세히 살펴볼 것이다.

사회적 고립이 고령자들에게 가져오는 가장 극단적인 결과는 '죽음'이다. 사람들과 활발하게 어울리는 사람들에 비해 외로운 고령자들은 사망률이 45퍼센트 높다. 몸을 쇠약하게 만드는 신체의 질병과 우울증 같은 것을 통제하더라도 그 숫자는 마찬가지다. 이랬든 저랬든, 친구가 별로 없다면 친구가 많은 경우에 비해 더 빨리 세상을 떠나는 것이다.

고독과 뇌 손상의 관계

"홀더니스 씨, 103세로 살면서 가장 좋은 점은 뭐라고 생각하세요?"

기자가 물었다. 그러자 몰리 홀더니스 부인은 재치 넘치는 답변을 했다.

"또래들이랑 경쟁할 필요가 없다는 거죠."

홀더니스는 정신이 아주 맑았다. 많은 고령자들이 그렇지 못하다. 그리고 고령자 대부분은 여성들이다. 신경과학자 로라 프라티글리오니Laura Fratiglioni는 대체로 여성보다 남성이 더 일찍 세상을 떠나서 여성들이 혼자 남게 된다는 사실과, 남성보다 여성이 (특히 80세 이후에) 치매로 더 많이 고통받는다는 사실 사이에 어떤 관련이 있을지 궁금했다. 고립이 범인일 수 있을까? 프라티글리오니는 실제로 그 둘 사이에 상관관계가 있다는 결론을 내렸다. 혼자 사는 여성들, 교류가 적은 여성들은 누군가와 함께 살거나 친밀한 인간관계를 꾸준히 이어오는 여성들에 비해 치매에 걸릴 위험이 훨씬 더 높다.

프라티글리오니는 이 충격적인 사실 뒤에 숨은 두뇌의 메커니즘을 연구했다. 그러자 더 분명하게 인과관계를 보여주는 그림이 드러났다. 과도한 외로움이 뇌 손상을 일으킨다는 사실이었다. 이 사실은 좀 더 충분히 설명해야 할 것 같다. 정말 중요한 사실이기 때문이다. 여기에는 어딘가에 발가락을 세게 부딪쳤을 때와 동일한 생물학적 메커니즘이 관여한다.

발가락을 어딘가에 부딪치면 박테리아 같은 감염원이 침투해 우리를 공격한다. 살이 부어오르고 붉게 변한다. 염증 반응이다. 일반적인 염증 반응은 여러 분자들의 감독 아래 일어나는데, 그중 하나가 사이토카인cytokine이라는 분자다. 염증 반응은 보통 오래가지 않는다. 사이토카인이 활동하면 며칠 안에 불청객들을 무찌른다. 급성 염증의 경우다.

그런데 다른 유형의 염증도 있다. 어딘가에 발가락을 부딪쳤을 때 생기는 염증과 관련이 있고 마찬가지로 사이토카인이 관여하지만, 이 책에서 하는 이야기와 관련 있는 염증이다. 조직적 염증 혹은 지속성 염증이라고 부르는 이것은 명칭부터 일반 염증과의 차이가 드러난다. 그렇다. 이 염증은 오래간다. 이런 유형의 염증은 우리 몸 전체에서 일어난다. 주요 기관들이 발가락을 부딪치는 것 같은 작은 충격을 받고, 그 결과 전 기관에 걸쳐 약한 염증을 일으킨다.

여기서 '약한'이라는 말에 속으면 안 된다. 조직적 염증은 오랜 기간에 걸쳐 여러 조직에 손상을 입힌다. 산성비가 숲을 부식시키는 것과 마찬가지다. 조직적 염증은 두뇌에도 손상을 입힐 수 있는데, 특히 백질에 손상을 입힐 수 있다. 백질은 뉴런을 감싸고 있는 미엘린초 myelin sheath(미엘린수초, 수초, 말이집으로도 불린다—옮긴이)로 이뤄져 있는데, 미엘린초는 전기 신호를 잘 전달할 수 있도록 절연체 역할을 한다. 백질이 없으면 뇌는 제대로 기능할 수 없다.

조직적 염증은 어떻게 걸리는 걸까? 흡연, 오염에의 노출, 과체중 같은 환경적 요인을 포함해 여러 경로가 있다. 그리고 스트레스도 조직적 염증을 유발할 수 있다. 카네기멜론 대학교 인지축삭연구소Cognitive Axon Lab의 티모시 버스타이넌Timothy Verstynen 소장에 따르면 외로움 역시 조직적 염증을 일으킬 수 있다. 버스타이넌은 2015년에 만성적인 사회적 고립이 조직적 염증을 악화시킬 수 있다는 사실을 연구를 통해 알아냈다.

외로움은 인간에게 어느 정도의 피해를 줄 수 있을까? 놀랍게도, 흡연이나 과체중과도 같은 수준이다. 그 과정을 설명해주는 3단계의 분자 메커니즘은 마치 노년이라는 지옥에서 온 악순환의 고리 같다. 첫째, 외로움이 조직적 염증을 일으킨다. 둘째, 염증이 두뇌의 백질에 손상을 입힌다. 셋째, 손상으로 인해 행동이 변화하고 그 결과 사회적 상호작용이 줄어든다. 그리고 첫 번째 단계부터 다시 반복된다.

외로움과 두뇌의 손상 사이에 그렇게 얇디얇은 막밖에 없다면 사회가 고령자들을 어떻게 대하는지에 대해, 고령자들이 스스로를 어떻게 대하는지에 대해 심각하게 고민해야 한다. 그리고 친구들에게 감사해야 한다. 우정이라는 물탱크의 수위가 낮다면 물탱크를 채울 전략을 진지하게 수립해야 한다.

사회적 고립을 키우는 시대

우정의 물탱크를 다시 채우는 것은 나이가 들수록 힘들어질 수 있다. 앞서 말했듯이 학자들의 연구 결과 스물다섯 살까지는 친구들의 수가 증가한다. 그 후 조금씩 줄어들기 시작해 중년 후반까지 계속 줄어든다. 사회학자들에 따르면 이렇게 친구의 수가 줄어드는 데는 여러 가지 이유가 있다. 하지만 그 이유가 정확히 무엇인지에 대해서는 아직 결론이 나지 않았다. 일부 학자들은 아이를 낳을 수 있는 연령대의 사람들이 이동을 더 많이 한다는 사실을 지적한다. 그들의 삶에서 공동체가 형성되고, 사라지고, 다시 형성된다는 뜻이다.

이는 오랫동안 지속되는 다양한 우정을 만들 수 있는 조건이 아니다. 한 장소에 머묾으로써 얻을 수 있는 관계의 안정성이 보장되지 못한다. 덧붙이자면 나의 할머니, 할아버지는 초등학교 1학년 때 같은 반이었던 친구들의 몇십 주년 결혼기념일을 함께 축하했다. 이제 그런 일은 상상도 할 수 없다.

선진국 국민들이 한 세대 전보다 아이를 덜 낳는 것도 친구의 수가 줄어드는 데 영향을 미친다. 아이를 덜 낳은 것은 시간이 지나면서 이모, 고모, 삼촌, 사촌들이 점점 적어진다는 뜻이다. 그러면 짜증 나는 가족 모임에 참석할 일이 줄어들기도 하지만 친척들과 오랫동안 좋은 관계를 유지할 가능성도 줄어든다(한 지역에 계속 살더라도). 그래서 친한 친구들이나 친척들이 없다. 가족도 별로 없다. 가정이라고 부를 만한 것도 없다. 인간에게 유독성 물질이나 다름없는 '고립'을 키운다는 측면에서 이는 모기에게 오염된 물을 마련해주는 것과 마찬가지다.

게다가 우정의 성질이 변화하고 있다. 디지털 세계는 사람들과 실제로 부대끼며 상호작용하는 것을 다른 경험으로 대체한다. 이것이 문제가 되는지 알아보기 위한 연구가 진행 중이다. 이는 다음 장에서 조금 더 자세히 이야기할 것이다.

핵심은 환경적 요인들로 인해 고령자들이 혼자 있는 것이 그 어느 때보다 위험해졌다는 사실이다. 이것은 유해한 현상이다. 두뇌가 자연적 요인들로부터 이미 공격을 받고 있는 시기인 노년기에 사회적 고립은 가장 피하고 싶은 것이기 때문이다. 그러나 환경적 요인이 전부는 아니다. 선천적 요인은 후천적 요인만큼 강력한 역할을 한다. 이번에는 선천적인 면을 살펴보자.

안면인식 장애와 노화

안면인식 장애라는 증상이 있다. 이 장애가 있는 사람은 젖먹이 아기들도 할 수 있는 일, 즉 사람의 얼굴을 알아보는 것을 못 한다. 어떤 사람을 몇 년 동안 알고 지냈어도 나중에 그 사람을 보면 알아보지 못하는 것이다. 이들은 대개 얼굴 외에 다른 것을 알아보는 데는 문제가 없다. 하지만 사람의 얼굴은 알아보지 못한다. 예를 들면 모자도, 눈썹도, 심지어 '얼굴'이라는 개념도 알아볼 수 있다. 다만 사람의 얼굴을 보고 누구인지 알아보지 못하는 것이다.

안면인식 장애가 있는 사람은 타인을 알아보기 위해 특별한 방법에 의존한다. 어떤 사람은 가족들이 자주 입는 옷을 기억해두었다가 그들을 구별한다. 어떤 사람은 함께 일하는 사람들을 알아보기 위해 사람들의 특정 몸짓이나 자세에 면밀한 주의를 기울인다. 신경학자 고故 올리버 색스Oliver Sacks가 안면인식 장애를 앓았는데, 그는 모임을 주최할 때면 손님들에게 이름표를 달게 했다.

이렇다 보니 안면인식 장애가 있는 사람들은 자연히 남들과 어울리는 것을 피하게 되고 나중에는 사회불안 장애로 고생하는 경우도 많다. 그도 그럴 것이, 대인관계와 관련된 정보의 많은 부분이 얼굴을 통해 전해지기 때문이다. 어떤 사람이 기분이 좋은지 슬픈지, 만족하고 있는지 혐오감을 느끼는지, 친구가 될 사람인지 적이 될 사람인지는 눈, 뺨, 턱에 드러난다. 따라서 안면인식 장애가 있는 사람들은 그런 정보를 얻을 수가 없다. 또한 상대방의 기분이 어떤지 알 수 없기 때문에 남들이 자신을 알아봐도 거기에 적절히 응답할 수가 없다. 올리버 색스 역시 언젠가부터 학술회의나 대규모 파티에 참석하지 않았다.

안면인식 장애는 방추형이랑fusiform gyrus이라는 뇌 부위의 병변과 관련이 있다. 방추형이랑은 뇌의 아랫부분에 있는데, 척추와 두개골이 연결되는 부위에서 멀지 않다. 뇌졸중과 다양한 두부 손상이 방추형이

랑에 손상을 입힐 수 있다. 또한 안면인식 장애는 유전될 수도 있다. 부모에게서 물려받을 수 있다는 뜻이다. 전체 인구의 2퍼센트 정도가 안면인식 장애를 앓고 있는 것으로 추정된다. 그러나 정상적인 노화에서도 가벼운 유형의 안면인식 장애가 나타날 수 있다.

사람들은 나이가 들면서 익숙한 얼굴을 점점 알아보기 힘들어지고, 얼굴에 드러나는 감정 정보를 잘 인식하지 못하게 된다. 그 이유는 방추형이랑을 두뇌의 다른 영역들과 연결해주는 신경 전도로neural tracts(백질로 된 신경 통로)의 구조가 무너지기 시작하기 때문이다. 안면인식 장애는 뇌과학에서 중요한 원칙 하나를 설명해준다. 바로 두뇌의 특정 영역이 특정 기능에 대해 독재 권력을 행사한다는 원칙이다. 그 영역들이 손상을 입으면 기능이 달라지거나 사라질 수 있다.

이와 같은 행동 장애가 전면적으로 일어나는 것은 아니다. 나이가 들어도 놀람, 행복, 심지어 혐오감 같은 감정은 알아볼 수 있다(실제로 고령자들은 청년이나 중년들보다 혐오감을 측정하는 테스트에서 더 높은 점수를 얻는다). 그런데 슬픔, 두려움, 화 같은 감정은 잘 알아보지 못한다. 그리고 아는 사람들의 얼굴을 예전보다 잘 알아보지 못한다. 경미한 안면인식 장애라고 할 수 있는데, 사람들이 느끼는 기분도 잘 알아채지 못한다.

그러면 고령자들은 이런 문제로 안면인식 장애 환자들처럼 사람들을 만나는 것을 꺼리게 될까? 연구를 더 해볼 필요가 있지만 이 질문에 대한 답은 아마도 '그렇다'일 것이다. 앞서 말했듯이 사람들은 나이가 들면서 교류를 점점 덜 하게 된다(25세에 친구가 가장 많았다가 55세부터 하강 곡선을 그린다고 했다). 특히 고령자들은 사람들과의 교류가 심하게 줄어든다. 흥미롭게도, 실험실에서 기르는 원숭이들도 나이가 들면 사회 활동이 줄어드는 현상을 보였다.

앞에서 정신화와 마음 이론에 대해 이야기했는데, 나이를 먹으면 다른 사람들의 마음을 이해하는 능력이 떨어진다. 실험실에서 하는 평가 중에 '거짓 믿음 과제false belief task'라는 것이 있다. 다른 사람의 의도를 알아맞히는 과제다. 고령자가 아닌 성인들은 95퍼센트 정도가 정답을 맞히지만 고령자들은 85퍼센트 정도가 정답을 맞힌다. 그리고 나이를 먹을수록 점수는 점점 더 나빠져서, 80세가 지나면 정답률은 70퍼센트 이하로 떨어진다. 그 이유는 전전두엽피질의 한 기능이 나이를 먹으며 변화하기 때문인 것으로 보인다.

전전두엽피질은 진화의 과정에서 뇌에 마지막으로 추가된 부위다. 의사결정에서부터 성격 형성에 이르기까지 여러 가지 기능을 지닌, 뇌에서 가장 유능한 부위다. 뒤에서 좀 더 자세히 살펴보겠지만 우리가 인간으로서 지니고 있는 고유한 능력 대부분은 전전두엽피질에서 나온다.

얼굴을 인식하는 능력이 저하되는 것과 다른 사람들의 마음을 짐작하는 정신화 능력이 저하되는 것은 서로 관계가 있을까? 만일 그 둘 사이에 관계가 있다면 그 변화는 많은 고령자들이 경험하는 사회적 고립에 선천적 문제가 더해진 것일까? 이 질문에 대한 대답은 '알 수 없다'이다. 그러나 내가 이 문제에 대해 과학적으로 의미 있는 글을 쓸 수 있게 되었다는 건 몇 년 전에 비해 이 문제에 대한 이해도가 상당히 높아졌다는 뜻이다. 그리고 다양한 연구를 통해 외로움의 부정적 영향을 개선할 수 있는 방법들이 밝혀지고 있다. 이번에는 그 방법들을 살펴보자.

춤은 두뇌도 춤추게 한다

세계적 무용수 미하일 바리시니코프Mikhail Baryshnikov(1948~)와 프레드 아스테어Fred Astaire(1899~1987)는 반세기 정도 나이 차이가 난다. 하지만 그런 나이 차는 중요하지 않다. 바리시니코프는 선배 아스테어를 향해 찬사를 아끼지 않는다. "프로 무용수가 프레드 아스테어가 춤추는 모습을 본다면 '아, 나는 춤 말고 다른 일을 해야 하는 게 아닐까' 하는 생각이 들 거예요."

프레드 아스테어는 할리우드의 전설적인 탭댄서로 20세기 미국 영화에서 수많은 여주인공들과 함께 춤을 추었다. 심지어 사람이 아닌 빗자루와도, 계속해서 바뀌는 방과도, 폭죽과도, 자신의 그림자와도 함께 춤을 추었다. 그는 미국의 모든 세대가 집 밖으로 나와서 밤새도록 춤을 추고 싶게 만들었다. 별로 힘들이지 않고 춤을 추는 그의 모습을 보고 있노라면, 그가 21세기에 다시 나타나 우리가 춤추고 싶게 만들어주면 좋겠다는 생각이 든다. 안타깝게도 그는 1987년에 세상을 떠났다. 88세라는 무르익을 대로 무르익은 나이에.

사람들이 아스테어처럼 춤을 추면 좋겠다는 내 소망은 과학에 근거한 것이다. 춤을 추려면 다른 사람과 상호작용을 하지 않을 수 없다. 그런 춤의 이점을 증명하는 논문은 수없이 많다. 그런 논문을 모아놓으면 넓은 댄스 플로어를 다 덮고도 남을 것이다. 춤이 주는 과학적 혜택은 너무나 많아서 사실인지 의심이 들 정도다.

한 가지 연구를 예로 들어보자. 이 연구는 60~94세의 건강한 고령자들을 선발해 사전에 인지 및 운동 능력을 폭넓게 평가했다. 그리고 일주일에 한 시간씩 6개월간 댄스 교습을 받게 한 후 똑같은 검사로 인지 및 운동 능력을 평가했다. 한편 댄스 교습을 받지 않은 대조군도 동일하게 6개월 후 인지 및 운동 능력을 평가했다.

결과는 볼쇼이 발레단 공연 무료입장권만큼이나 반가웠다. 표준화된 반응시간분석평가Reaction Time Analysis assay로 측정한 결과, 댄스 교습을 받은 사람들은 손의 운동 협응 능력이 6개월 만에 8퍼센트가량 향상되었다. 8퍼센트가 별것 아니라고 생각될지 모른다. 하지만 대조군은 동일한 기간 동안 오히려 능력이 감소했다. 댄스 교습을 받은 사람들은 유동성 지능fluid intelligence, 단기 기억, 충동 제어 등 여러 가지 인지 능력이 13퍼센트나 증가한 것으로 나타났다. 자세와 균형도 이전에 비해 25퍼센트 정도 향상되었다. 이 역시 춤을 배우지 않은 사람들의 경우는 감소했다.

춤의 종류는 상관없어 보였다. 탱고, 재즈, 살사, 포크, 볼룸댄스 등 모든 춤이 두뇌에 도움이 되었다. 마치 마법이라도 부린 것 같았다. 이후 추가로 진행된 연구 결과, 춤이 아니더라도 태극권 등 무술처럼 의식화된 움직임 역시 같은 혜택을 주는 것으로 나타났다.

뜻밖의 연구 결과 중 하나는 춤, 무술 등 몸을 움직이는 활동을 하는 고령자들의 낙상 횟수에 대한 것이었다. 한 태극권 프로그램에서는 테스트 기간 동안 태극권을 배우는 고령자들이 넘어진 횟수가 37퍼센트 감소했다. 고령자들에게는 넘어지는 게 보통 문제가 아니다. 머리를 다칠까봐, 짧지 않은 기간 동안 휠체어나 부목 신세를 질까봐, 치료비가 많이 나올까봐 고령자들이 가장 조심하는 일이기도 하다. 미국에서 고령자들이 넘어져서 다친 데 들어간 의료비는 1년에 300억 달러가 넘는다. 오스트레일리아에서는 고령자들이 넘어져서 생긴 부상이 전체 건강보험 예산의 5퍼센트 가까이를 차지한다. 프레드 아스테어는 분명 이 중요한 사실을 알고 있었던 것 같다.

우리는 교류하도록 진화되었다

춤이 이처럼 뇌 기능 향상에 효과가 있는 이유는 무엇일까? 확실히 알 수는 없다. 우선 운동이 된다는 사실이 큰 역할을 할 것이다. 그리고 춤을 추려면 상대방과 움직임을 맞추고 조화를 이루는 방법을 배우고 기억해야 한다. 뿐만 아니라 에너지가 필요하다. 사람들과 어울리는 문제도 중요하다. 춤과 노화의 관계에 대한 연구에서는 한 공간에 사람들이 모여서 춤을 추게 한다. 사람들은 흔히 짝을 지어 춤을 춘다. 그러자면 최소한의 상호작용을 하지 않을 수가 없다.

마지막으로, 춤을 추다 보면 사람들이 얼굴을 직접 마주하고 교류하게 된다. 스타일에 따라 차이는 있지만 춤은 어느 정도 다른 사람과 신체적으로 접촉할 기회를 준다. 다른 사람과의 신체 접촉은 모든 인간에게 중요하지만 고령자들에게는 대단히 중요하다.

타인과의 신체 접촉이 고령자들의 두뇌에 주는 이점에 대해서는(모든 연령대의 두뇌에 주는 이점에 대해서도) 마이애미 대학교 접촉연구소Touch Research Institute 소장 티파니 필드Tiffany Field 박사 같은 유명한 과학자들이 오랫동안 연구해왔다. 필드 박사는 춤이 아니라 마사지를 연구했는데, 마사지는 인지 능력을 향상시키고 정서적으로 좋은 영향을 미치는 것으로 나타났다. 필드 박사가 양로원에서 생활하는 고령자들부터 신생아 집중 치료실에 있는 아기들에 이르기까지 테스트를 한 결과 사실상 모든 사람이 타인과의 신체 접촉에서 도움을 얻는 것으로 나타났다.

전문 마사지사의 마사지만이 그런 효과가 있는 게 아니었다. 실제로 필드 박사는 전문 마사지사를 고용해 연구를 진행하지는 않았다. 친구나 가족 같은 비전문가들이 가끔씩 신체 접촉을 해도 관계가 공고해지는 데 도움이 되었다(물론 받는 사람이 그런 신체 접촉을 환영할 때의 얘기다). 하루에 15분이면 충분하다. 그런데 춤을 추면 보통 15분 이상 신체 접촉을 하게 되므로 뇌에 큰 도움을 주게 된다.

아직 노년기에 접어들지 않았다면 춤을 배워라. 그래서 은퇴한 뒤에도 계속 춤을 추기 바란다. 은퇴를 생각하는 나이라면 당장 춤을 배우고, 춤을 출 줄 안다면 정기적으로 춤을 출 수 있는 곳을 찾아서 춤을 추어라. 춤을 출 줄 모른다면 어서 댄스 교습을 받기 바란다.

이런 사실은 디지털 세계와 관련된 질문 하나를 해결해주기도 한다.

소셜 미디어는 고령자들에게 유용한 공간이다. 특히 움직임이 부자연스러운 사람들에게는 매우 적합한 공간이다. 그러나 사람과 사람이 직접 얼굴을 맞대고 소통하는 것의 힘은 부정할 수 없다. 사람들과 직접 만날 기회가 생긴다면 절대 그 기회를 놓치지 마라. 가능할 때마다 타인들과 같은 공간에서 같은 공기를 마시도록 하라.

물론 그런 접촉에 함정도 있긴 할 것이다. 하지만 우리의 뇌는 다른 사람들과의 접촉을 필요로 한다. 인생의 황혼기에는 특히 그렇다. 댄스 플로어에 서면 어색하고 부끄러울 수도 있다. 자판을 두드리는 것보다 얼굴을 보고 직접 대화를 하려면 불편할 수도 있다. 그러나 인간은 수백만 년간 진화해오는 과정에서 얼굴을 맞대고 상호작용을 하며 살아왔다는 사실을 잊지 말자. 컴퓨터와 인터넷으로 교류한 시간은 그 시간에 비하면 찰나도 되지 않는다.

사람들과의 교류가 우리의 뇌에 미치는 힘을 생각하면 다른 사람들과 어울려 지내는 것은 이 세상에서 가장 자연스러운 일이다.

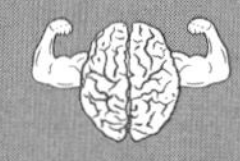

마음을 열고 사람들과 친구가 되자

- 다양한 집단의 사람들과 활기차고 건강하게 교류하자. 그러면 나이가 들어도 인지 능력이 떨어지지 않고 오히려 향상될 수도 있다.
- 행복한 결혼 생활이나 좋은 친구처럼 스트레스를 줄여주는 관계는 건강하게 오래 사는 데 도움이 된다.
- 자신보다 나이가 어린 사람들과의 관계를 가꾸자. 젊은 사람들과의 관계는 스트레스와 불안감, 우울감을 줄이는 데 도움을 준다.
- 외로움은 고령자들이 우울증에 걸리는 가장 큰 원인이다. 심한 외로움은 두뇌 손상을 유발할 수 있다.
- 춤을 추고, 춤을 추고, 춤을 추자. 춤을 추면 운동이 되고 사람들과 접촉할 수 있으며 인지 능력이 향상된다.

BRAIN RULE

2 행복

감사하는 태도를 기르자

우리 얼굴의 주름은 웃음이 자리했던 곳을 알려주는 흔적일 뿐이다.
_마크 트웨인

행복은 별게 아니다. 건강하고 기억력이 좋지 않으면 행복할 수 있다.
_알버트 슈바이처

최근에 본 생일카드 하나가 내 눈을 사로잡았다. 카드 앞면에는 이렇게 적혀 있었다. '심술궂은 노인이 해야 할 일 10가지.'

1. 아이들에게 우리 집 잔디밭에서 당장 나가라고 소리치기
2. 이웃 사람 노려보기
3. 가차 없는 비난 편지 쓰기
4. 아무에게도 재산 물려주지 않기
5. 고속도로 추월 차선에서 아주 천천히 운전하고, 어떤 일이 있어도 교

통 신호 지키기

6. 아이들에게 우리 집 잔디밭에서 당장 나가라고 한 번 더 소리치기
7. '출입 금지' 표지판을 여러 개 사서 집 앞에 세우기
8. 불량해 보이는 청소년들에게 내가 젊었을 때는 너희보다 더 거칠었다고 말하기
9. 한참 동안 짜증 내며 투덜대기

그리고 카드 안에는 이렇게 적혀 있었다.

10. 행복한 생일 보내기!

이 카드가 암시하듯 나이 많은 사람들은 심술궂다는 악명이 있다. 그런 오명은 타당한 것일까? 그런데 한편으로 고령자들은 친절하고 인내심이 많으며 현명하다는 좋은 이미지도 갖고 있다. 심술궂다는 말과는 어울리지 않는 단어들이다. 내 할아버지, 할머니는 후자의 이미지에 걸맞은 분들이었다.

이 질문은 행복의 정의에 대해 생각해보게 한다. 행복이라는 것은 대체 무엇일까? 행복에 대해 모두가 만장일치하는 정의는 없겠지만 나는 개인적으로 심리학자 에드 디너Ed Diener의 정의에 동의한다. 그는 행복을 주관적인 안녕subjective well-being이라고 말했다. 또한 나는 전설적인 심리학자 마틴 셀리그만Martin Seligman의 정의에도 동의한다. 그는 낙관주의를 '나쁜 일들이 영원히 지속되지는 않으며 좋은 일이 일어나리

라는 사실을 아는 것'이라고 말했다. 전자는 현재 상태를 이야기하고 후자는 미래에 대한 태도를 이야기한다. 두 관점 모두 유용해 보인다. 지금부터 살펴보겠지만, 결론부터 말하자면 나이를 먹을수록 낙관적 경험에 대한 갈증과 낙관적 경험을 회상하는 능력은 점점 커진다.

나이가 들수록 행복해지는 이유

사람들이 나이를 먹으면서 더 심술궂어지는지, 행복해지는지, 아니면 젊었을 때와 똑같은지에 대해서는 다양한 의견이 있다. 일부 연구에서는 이 문제가 작가 베아트릭스 포터Beatrix Potter의 《피터 래빗Peter Rabbit》에 등장하는 심술궂은 정원사 맥그리거 씨에 딱 들어맞는다는 사실을 밝혀냈다. 즉, 나이를 먹어가면서 짜증이 늘고 이상해진다는 것이다. 아마도 이는 고령자들이 관절염이 점점 심해지고, 주변에서 장례식이 끊이질 않으며, 외로움을 이길 방도가 없는 환경에서 살고 있기 때문일지 모른다.

다른 연구에서는 정반대의 결과가 나왔다. 그 연구에서는 사람들이 나이를 먹으면서 더 행복해지고 적응력도 증가해 다큐멘터리 영화 〈신 이야기The Story of God〉 속 현자 같은 모습이 된다고 결론 내렸다. 아마도 이는 연구 대상이 된 사람들이 점점 더 지혜로워지는 세계에 살고, 심적 고통을 피하는 방법을 찾아내고, 통찰을 서로 나누면서 사람들과 활발하고 풍요롭게 교류했기 때문일 것이다. 베아트릭스 포터가 옳을까, 아니면 〈신 이야기〉가 옳을까?

다행히도 이후에 더 깊이 있는 연구가 이뤄지면서 좀 더 선명한 그림을 얻게 되었는데, 그 그림의 많은 부분은 긍정적이다. 사람들은 나이를 먹으면서 정말로 더 행복해진다. 단, 우울증은 각별히 경계해야 한다. 이는 뒤에서 살펴볼 것이다. 사람들은 나이를 먹으면서 정서적으로 더 안정되고 무던해지며 더 양심적이 된다. 그 차이는 작지 않다. 한 정신력 측정 테스트 결과에 따르면, 60대들은 20대보다 정서적 안정성 평가에서 점수가 69퍼센트나 더 높게 나왔다. 고령자들은 무던함/적응성 테스트에서도 더 높은 점수를 받았다.

어째서 과거에는 다른 결과가 나왔을까? 과거의 연구들은 대부분 실험 대상자들의 환경을 고려하지 않았다. 여기서 환경이란 통상적인 사회경제적 요인인 부, 성별, 인종, 시대 분위기, 교육, 직업 안정성, 출생 연도 등을 포함한다. 예를 들어 대공황 시대(1929년~1930년대 초)에 태어난 사람들은 베이비붐 세대 사람(미국에서 1945년~1960년대 초에 태어난 사람)들과 행복 프로필(가장 행복했던 해와 가장 불행했던 해를 그래프로 나타낸 것)이 다르고, 두 세대 모두 1980년대 초부터 2000년대 초에 태어난 사람들과 행복 프로필이 다르다.

자녀가 있는지 여부도 변수가 된다. 행복에 대한 평가에 큰 영향을 주는 결혼 생활 만족도는 자녀의 나이에 따라서도 달라진다. 사실 자녀들이 자라 부모의 품을 떠났을 때가 결혼 생활의 만족도가 가장 높다. 아이들이 10대일 때는 결혼 생활의 행복도가 가장 낮다.

통계 자료를 통해 그런 요인들을 고려하면(미국국립보건원 산하 국립노화연구소는 1885~1980년에 태어난 사람 수천 명을 대상으로 이런 연구를 진행했다) 나이가 들면서 행복도가 높아지는 것을 분명하게 볼 수 있다. 한 학술지에서는 이렇게 표현했다. "행복은 모든 사람의 평생에 걸쳐서 계속 증가한다." 유사한 요인들을 고려한 또 다른 연구(21~99세까지의 1,500명을 대상으로 한 연구)에서도 사람들이 긍정적인 모습으로 나이를 먹는다는 것을 알아냈다.

이것으로 이야기가 끝이라면 즐겁게 휘파람을 불며 이 장을 마무리하면 될 것이다. 그러나 나이가 들면서 감정의 모든 면이 향상되는 것은 아니다. 향상된 상태도 영원히 지속되지는 않으며 모두에게 해당되지는 않는 것으로 나타났다. 하지만 그런 사실을 살펴보기에 앞서 많은 사람들이 나이를 먹으면서 행복감이 증가하고 그 상태가 오랫동안 지속되는 이유가 무엇인지 알아보자.

루이 암스트롱의 아름다운 세상

1960년대 말부터 1970년대 초 록음악이 한창 유행하던 시기에 발표되어 인기를 끈 노래 중 하나는 록밴드가 아니라 전설적인 재즈 뮤지션의 곡이었다. 바로 루이 암스트롱의 〈왓 어 원더풀 월드What a Wonderful World〉다.

아기들이 우네요
아기들이 자라는 모습을 지켜봐요

아기들은 훨씬 더 많은 것들을 배우겠지요
내가 알 수 없을 정도로 많은 걸요

이어서 루이 암스트롱은 이 세상이 얼마나 아름다운지 경이에 차서 노래한다. 그런데 이 노래가 인기를 끌던 당시에는 이렇게 '아직 컵에 물이 반이나 남아 있다'는 태도에 이의를 제기하는 사람들도 있었다. 전 세계적으로 냉전이 한창이고 베트남 전쟁이 절정으로 치닫고 있던 상황에서 이 세상을 아름답다고 하기란 어렵지 않았을까? 루이 암스트롱도 물론 그런 비판의 소리를 들었다. 어느 콘서트에서 그는 이 노래를 부르기 전에 청중에게 다음과 같이 이야기했다.

청년 여러분 중에 제게 이렇게 말한 분들이 있었어요. "저기요, 뭐라고요? 이 세상이 아름답다고요? 지구상 곳곳에서 벌어지고 있는 전쟁은요? 그게 아름다워요?" 네, 무슨 말씀인지 알아요. 하지만 잠깐만 이 노래를 들어보세요. 제 생각에는 이 세상이 나쁜 게 아니에요. 우리 인간들이 세상에 나쁜 일을 하고 있는 거죠. 제가 이 노래를 통해서 하려는 얘기는 우리가 어떻게 하느냐에 따라 이 세상이 아름다울 수도 있다는 거예요. 사랑, 사랑이 바로 그 비결이에요.

'유색 인종 전용'이라고 표시돼 있는 화장실과 음수대를 이용해야 하는 등 광범위한 흑인 차별 정책에 피해를 입으면서도 잃지 않았던 그의 위대한 정신을 엿볼 수 있는 말이다.

살다 보면 긍정적인 경험과 부정적인 경험을 모두 할 수밖에 없다. 그건 우리 삶의 기본 원칙이다. 미라이 학살My Lai massacre(1968년 베트남 전쟁 당시 미군이 베트남 남부의 작은 마을인 미라이 주민들을 대량 학살한 사건—옮긴이)을 목격한 세대는 인간이 달에 착륙하는 것도 목격했다. 하지만 세월이 가면서 우리의 뇌는 긍정적 정보와 부정적 정보를 균형 있게 처리하지 않는다. 나이를 먹으면서 낙관적인 정보에 대한 열망(과 기억)이 강해지고, 그래서 인생을 더 아름답다고 경험하기 시작한다.

어떻게 그럴 수 있을까? 과학자들은 연구를 통해 나이 든 사람들이 젊은 사람들보다 부정적 감정을 덜 느낀다는 사실을 알아냈다. 서던캘리포니아 대학교의 노인학자 마라 매서Mara Mather 교수와 스탠퍼드 대학교 장수연구소의 로라 카스텐슨Laura Carstensen 소장의 연구 결과에 따르면 고령자들의 두뇌는 부정적 자극보다는 긍정적 자극에 더 주의를 기울인다. 그리고 고령자들은 낙관적 일에 대해 세부 사항을 더 잘 기억한다고 한다.

한 실험에서는 젊은 사람들(평균 연령 24세)과 고령자들(평균 연령 73세)에게 기분 좋은 얼굴과 슬픈 얼굴을 보여주었다. 그들은 각각 어떤 얼굴에 더 주의를 기울였을까?('주의 편중attentional bias' 현상) 젊은 사람들은 긍정적인 표정의 얼굴을 볼 때 편중 점수 25점 만점에서 5점을 기록했다. 그리고 부정적인 표정의 얼굴을 볼 때는 25점 만점에서 3점을 기록했다. 이는 두 가지 얼굴 표정 모두에 별로 주의를 기울이지 않았고 주의를 기울인 정도도 비슷하다는 의미다. 반면에 고령자들은 긍정적인 표정에서는 25점 만점에서 15점을, 부정적인 표정에서는 25점 만점에서 −12점을 기록했다. 차이가 무척 크다. 부정적 기억을 평가했을 때도 비슷한 차이를 관찰할 수 있었다.

이 자료를 이해하려면 기억이 어떻게 작용하는지를 간단히 살펴볼 필요가 있다(기억력을 다룬 장에서 더 자세히 살펴볼 것이다). 여기서 중요한 개념은 우리의 뇌가 하나의 테이프에 삶을 기록하는 것이 아니라는 사실이다. 뇌에는 다수의 반半독립적인 기억의 하부 체계가 존재한다. 즉, 여러 유형의 테이프가 있고 각 테이프가 특정 학습 영역을 기록하고 재생한다. 예를 들어 자전거를 타는 법을 배울 때는 드라마의 내용을 기억하거나 노래를 기억할 때와 다른 테이프를 사용한다. 그리고 과거에 봤던 것을 알아보는 능력(인지 기억) 역시 다른 기억의 하부 체계를 사용한다.

인지 기억을 시험하기 위해 젊은 사람들과 고령자들에게 긍정적 이미지와 부정적 이미지의 사진들을 보여주었다(행복한 표정을 하고 있는 사람 사진과 슬픈 표정을 하고 있는 사람 사진). 젊은 사람들은 두 가지 사진을 거의 비슷한 정도로 기억했다. 그러나 고령자들은 그렇지 않았다. 긍정적인 사진을 부정적인 사진보다 106퍼센트 더 잘 기억했다.

학자들은 연구를 통해 일화 기억(일어났던 일을 기억하는 것), 단기 기억(지금은 '작업 기억'이라 부른다), 장기 기억(말 그대로 어떤 것을 오랫동안 기억하는 것)에서 유사한 변화를 발견했다. 고령자들은 그런 기억에서 모두 긍정적인 것을 더 잘 기억했다. 이를 '긍정성 효과Positivity Effect'라고 부른다. 고령자들이 더 행복하다고 느끼는 이유 중 하나는 나이를 먹을수록 점점 더 선택적으로 주의를 기울이게 되고, 주의를 기울이는 것을 기억하기 때문이다.

고령자들은 어째서 긍정적인 것에 더 주의를 기울이는 걸까? 몸 여기저기가 아프기 시작하는데 병은 점점 고치기 어려워지고, 친구들이 하나둘씩 세상을 떠나고, 주방으로 갔는데 왜 거기 간 건지 생각이 안 나고, 주변 사람들의 생일을 더 이상 기억하지 못하기 때문이다. 노년의 행복은 우리가 나이를 먹고 삶이 힘겨워져도 계속 친사회적 태도로 살 수 있도록 우리의 뇌가 선택하는 많은 보상 중 하나인지 모른다. 긍정적인 면을 더 보게 해서 우울증을 막고 자살 충동을 피하는 것이다. 그리고 더 긍정적인 사람들이 우리가 늙었을 때 손을 내밀어줄 가능성이 높다. 즉, 살아남는 데 도움이 된다.

고령자들이 젊은 사람들보다 행복한 이유가 하나 더 있다. 이를 설명하기 위해 죽을 때도 도저히 행복한 표정을 지을 것 같지 않은 산업혁명 시대의 영국인 한 명을 예로 들겠다. 바로 구두쇠에다 심술궂고 까다로운 노인의 전형인 스크루지 영감이다.

스크루지 영감이 주는 교훈

찰스 디킨스의 《크리스마스 캐럴》에서 내 마음이 가장 불편해지는 부분은 19세기 영국 사회의 모습 중 일부가 21세기 노화과학 교재의 내용을 그대로 가져온 것 같다는 점이다. 그 증거로 스크루지 영감 이야기의 일부를 소개한다. 처음에 스크루지 영감은 대단한 구두쇠로 등장한다. 그리고 죽음을 맞닥뜨릴 때까지 산타클로스로 변하지 않는다. 그가 변화할 수 있게 돕는 것은 죽음이 아니다. 그를 변화시킨 것은 그의 앞에 나타난 유령들이 보여준 그의 과거와 현재, 미래의 모습이다. 젊었을 때 스크루지는 고리대금업으로 성공하고 돈을 많이 버는 데만 관심이 있었다. 그러나 유령들을 만난 후 스크루지의 우선순위는 완전히 바뀌었다. 그는 돈밖에 모르던 냉정한 인간에서 사람 사이의 따뜻한 정을 아는 사람으로 변화했다.

그런 변화가 바로 나이가 들면서 우리 뇌에 일어나는 일이다. 나이가 들면 우리의 관심사도 주택 대출금을 갚는 등 돈과 관련된 일에서 손자 손녀들과 노는 일로 바뀐다. 돈보다는 가족과 함께 보내는 시간이 더 행복하기 때문이다. 이런 즐거운 변화는 선천적으로 일어나는 것이기도 하고 후천적으로 일어나는 것이기도 하다. 두 가지 측면에 모두 관심을 기울일 필요가 있다.

젊을 때 우리의 뇌는 우리가 영원히 살지는 않더라도 아주 오랫동안 살 거라고 믿도록 우리를 속인다. 그래서 연금저축을 들거나 각종 건강보험에 가입한다(보험회사에서는 이 나이대의 사람들을 '죽지 않는 사람들 the immortals'이라고 부른다). 또한 이때는 사회생활을 시작하기 때문에 미래를 대비해 지식과 경력을 쌓는 것을 최우선으로 삼는다. 관계를 잘 형성하는 것 역시 우선순위다. 혹시 결혼을 했거나, 자녀를 낳았거나, 그 둘을 다 한 사람이라면 결혼 생활과 육아를 잘하기 위해 얼마나 많은 지식과 경험이 필요한지 알 것이다.

그 모든 것이 나이를 먹으면서 달라진다. 이제 세상이 어떻게 돌아가는지를 젊었을 때보다 더 잘 안다. 자신이 영원히 살지 못한다는 사실도 잘 안다. 나는 죽기 전에 읽고 싶은 책들을 쭉 적어보다가 이런 사실을 깨달았다. 그 책들을 다 읽으려면 180세가 넘게 살아야 한다. 그것도 다른 일은 아무것도 하지 않고 책만 읽을 때의 얘기다. 아무것도 하지 않고 책만 읽을 수 있다면 천국 같겠지만 안타깝게도 나는 해야 할 일이 많다. 나이가 들다 보니 우선순위를 정하지 않을 수 없고, 동료 작가들보다는 가족과 더 많은 시간을 보내고 싶기 때문에 관계에 좀 더 비중을 두게 된다.

이런 변화는 여러 연구 결과에서도 나타난다. 자신의 삶에 유통기한이 있다는 사실을 깨달으면 우리는 그 어떤 것보다 관계를 중시하게 된다. 그리고 삶에서 관계와 정서적 요소들에 우선순위를 두면 더 행복해진다. 이것이 1장의 주제였다. 이런 변화는 매우 흔하게 일어나고 실증적으로 수없이 확인되고 있어서 '사회정서적 선택 이론socioemotional selectivity theory'이라는 명칭까지 얻었다.

일부 과학자들이 이런 행동 데이터의 중요성에 대해 고심하는 동안 어떤 과학자들은 그런 행동 데이터가 신경학적 기원을 갖고 있지는 않은지 진지하게 고민하기 시작했다. 그리고 연구 결과에 대해 조금은 심란한 이름을 붙였다. 바로 'FADEfrontal-amygdalar age-related differences in emotion(노화하면서 전두엽과 편도체에서 일어나는 정서적 변화)'다.

노화하면서 전두엽과 편도체에서 달라지는 점 중 하나는 이미 이야기했다. 사람들과 더 많이 교류할수록 편도체의 크기는 더 커진다. 그리고 노화하는 뇌는 적절한 감정을 더 강하게 활성화하기 때문에 우리가 세상에 반응하는 방식도 달라진다. FADE라는 신경학적 현상은 앞으로 우리가 무엇을 중요하다고 생각할지에 직접적인 영향을 미칠 가능성이 크다.

작지만 확실한 행복의 효과

나이를 먹으면 '위험'에 알레르기가 생긴다고들 믿는다. 그러나 이 말은 오하이오 주에 거주하는 은퇴한 목사 게리 콜먼에겐 해당되지 않는다. 영화배우 숀 펜이 74세가 되면 이런 모습이지 않을까 하는 외모를 지닌 콜먼 목사는 롤러코스터 광이다. 그는 2015년에 오하이오 주에 있는 전설적인 다이아몬드백 롤러코스터를 총 1만 2,000회 탄 기록을 세웠다. "그 롤러코스터는 제 평생 타본 최고의 롤러코스터예요." 콜먼 목사가 인터뷰에서 한 말이다. 그는 어린 시절부터 집요할 정도로 롤러코스터를 자주 탔다.

학자들은 인간이 노화하면서 위험과 관련된 행동이 두 가지 패턴으로 변화한다는 사실을 발견했다. 이는 콜먼 목사가 롤러코스터를 타며 즐거움을 느끼는 것 같은 행복과 관련이 있는데, 한 패턴은 '확실성 효과certainty effect'라고 부르고, 다른 패턴은 '예방 동기prevention motivation'라고 부른다.

확실성에 대한 연구는 처음에는 불확실성의 방해를 받았다. 젊은 사람들이나 나이 든 사람들이나 위험을 무릅쓰는 정도가 거의 비슷하고 위험 부담을 지려는 열의도 거의 비슷하기 때문이다. 하지만 정도가 비슷하다고 해서 내용까지 유사한 건 아니라는 것을 알기에 학자들은 좀 더 깊이 연구하기 시작했다. 그리고 중대한 사실과 마주쳤다. 젊은 사람들과 나이 든 사람들이 택하는 위험의 종류는 시끄러운 카지노와 조용한 찻집만큼이나 달랐던 것이다.

큰 이익을 얻을 수 있지만 상당한 위험이 내포되어 있는 일과, 얻을 것은 적지만 위험도 적은 일 중 하나를 선택해야 한다면 고령자들은 대부분 얻을 것이 적지만 위험도 적은 쪽을 택한다. 사실 위험을 피하는 마음은 잠재적 보상을 잃을 위협이 있는 경우에 항상 가장 크다. 그 보상이 아무리 작아도 마찬가지다. 왜 그럴까? 고령자들은 긍정적인 감정을 느낄 가능성이 더 높은 쪽을 선호하기 때문이다. 슬롯머신을 할 때처럼 고령자들에게 보상의 크기는 중요하지 않다. 슬롯머신을 할 수만 있으면 된다. 이런 연구 결과는 너무나 흔해서 학자들은 이것을 확실성 효과라고 부른다.

이렇게 쉽게 만족감을 얻는 것을 젊은 사람들의 경우와 비교해보자. 젊을 때는 계속해서 더 큰 행복감을 원한다. 춤을 추고 싶고, 광란의 파티를 하고 싶고, 음악을 크게 듣고 싶고, 친구들과 큰 소리로 떠들고 싶다. 그런 활동을 하면서 평생의 친구를 찾을 수도 있고, 일과 관련된 인맥을 만들 수도 있다. 하지만 그런 활동은 때론 위험하고 지나치게 이기적인 삶의 방식이다. 물론 이해는 된다. 젊어서는 과거가 아닌 미래만 생각한다. 아직 미래를 살지 않았기 때문이다. 그래서 젊어서는 집에서 드라마 재방송이나 보려고 하지는 않는다. 학자들은 이런 현상을 '촉진 동기promotion motivation'라고 부른다.

촉진 동기에서 결실을 거두고 나면 우리는 대출금과 육아와 은퇴 후를 위한 저축이라는 왕좌에 충성을 맹세한다. 이른바 '효율성 전문가'로 변신해 성공을 지키고 실패를 막을 방법을 찾는다. 또한 만들어낼 수 있는 것만큼 지킬 수 있는 것에도 관심을 갖게 된다. 그리고 마침내 자신이 영원히 살 거라는 환상이 사라진다. 은퇴가 가까워지면 우리는 힘들게 노력해서 얻은 것을 지키려 한다. 촉진 동기에서 '예방 동기'로 넘어가는 것이다.

나이가 들면 자신을 보존의 차원에서 바라보게 된다. 시간이 얼마 남지 않았기 때문이다. 현재의 행복이 미래의 보상보다 더 중요하다. 관절이 삐걱거리고, 친구들이 세상을 떠나고, 사랑하는 사람들이 떠난다. 혼자 TV 드라마를 보면서 밤을 보내야 한다.

이것이 변화하는 감정과 위험 부담의 관계다. 우리는 나이를 먹으면 잠재적 위험을 피하고 더 작은 보상을 얻길 원한다. 즐길 보상이 많이 남지 않았기 때문이다. 롤러코스터를 1만 2,000번 타고 난 후에야 롤러코스터를 타는 게 해롭지 않으며 그 경험으로부터 얻을 즐거움이 아직 많다는 걸 깨닫는다. 그렇다면 1만 2,001번째로 롤러코스터를 타도 괜찮지 않을까?

나이가 들면 잘 속는다

아직 고령자들과 행복에 대한 이야기를 전부 하지는 않았다. 거기에는 이유가 있다. 고령자들과 행복은 라즈베리와 블랙베리를 섞은 드레싱이나 놀이공원의 놀이기구를 타는 것 같은 단순한 문제가 아니기 때문이다. 다음은 노년과 행복의 관계가 얼마나 서글플 수 있는지를 잘 보여주는 사례다.

남부 캘리포니아에 살고 있는 74세의 의사가 있었다. 아내가 세상을 떠난 후 혼자 살고 있는 그는 너무 외로웠다. 그래서 인터넷 데이트 사이트에 가입했고 거기서 40세의 영국인 이혼녀를 만났다. 그 여성은 대학에 다니는 딸을 키우고 있었는데 파산 상태라고 했다. 몇 주 만에 두 사람은 인터넷으로 소식을 주고받는 친구가 되었고, 몇 주가 더 지난 후 연인으로 발전했다. 이쯤에서 독자 여러분은 뭔가 냄새가 난다고 느낄지 모른다. 우리의 의사 선생님도 낌새를 챘으면 좋았을 것이다.

어느 날 이 여성이 몹시 당황한 목소리로 의사에게 연락을 했다. 자동차 사고로 딸이 목숨을 잃었다는 것이다. 그런데 자신은 장례를 치를 돈도, 딸의 학자금 대출을 갚을 돈도 없다면서 그에게 4만 5,000달러만 보내줄 수 없겠느냐고 했다. 달리 의지할 사람이 없다고 하면서 말이다. 의사는 돈을 보내주었다. 그날 이후 여자는 계속해서 돈을 요구했다. 2주 후에는 집 지붕을 수리해야 한다며 1만 달러를 보내라고 했고, 새 벤츠 자동차를 사야 하니(놀랍지만 사실이다) 7만 5,000달러를 보내라고 했다. 급기야 그를 직접 만나 감사를 표하고 싶으니 런던에서 로스 앤젤레스까지 가는 1등석 항공권을 끊어달라고 했다.

안타깝게도 의사는 여자가 요구하는 돈을 모두 보내주었다. 그러나 여자는 공항에 나타나지 않았다. 의사는 리무진과 최고급 샴페인과 꽃다발과 특급 호텔의 방을 준비하고 기다리고 있었지만, 다시는 그 여자의 소식을 들을 수 없었다.

서글프지만 이런 일이 고령자들에게는 흔히 일어난다. 정확한 액수를 집계할 수는 없지만 메트라이프 생명보험에서는 고령자들이 해마다 30억 달러에 가까운 돈을 이런 식으로 갈취당하는 것으로 보고 있다. 이런 범죄에는 남성이나 여성이나 마찬가지로 취약하고, 비벌리힐스에 사는 성공한 의사라도 그런 범죄에는 면역력이 없다. 이런 현실을 볼 때 나이 든 사람들은 목숨이 다하는 것보다 돈이 바닥나는 것을 더 걱정해야 할지도 모른다.

고령자들이 그런 범죄의 표적이 되는 이유는 명백하다. 혼자 사는 일부 고령자들은 현금이 많다. 그리고 긍정적으로 세상을 바라본다. 나이가 들면 우리는 젊었을 때보다 사람을 더 잘 믿게 된다. 좀 더 정확히 말하자면 '더 잘 속게 된다.' 거기에는 이유가 있다.

뇌에는 섬엽insula이라는 부위가 있다. 귀 바로 위쪽에 뉴런이 뭉쳐 있는 구조물이다. 뇌섬엽은 '자신이 속고 있다는 것을 아는 능력'을 관장하는 부위라고 생각하면 된다. 다른 뇌 부위들과 마찬가지로 뇌섬엽도 그 외에 다른 여러 기능도 갖고 있다. 위험을 평가하는 것부터 배신에 반응하는 것, 혐오감을 느끼는 것에 이르기까지 다양하다. 어떤 행동이 안전할지 예측하는 데 도움을 주기도 한다. 그런데 나이가 들면서 앞뇌섬엽anterior insula(눈에 가까운 앞쪽)이 신뢰할 수 없는 상황, 나아가 위협적인 상황에 반응하는 능력이 약해진다. 그 영향은 여러 가지로 나타난다. 그중 하나가 사람들의 얼굴을 보고 믿을 수 없는 사람이라는 걸 감지하는 능력이 떨어지는 현상이다.

이는 자신이 뭔가를 잘못 보고 있다는 것, 특히 보상이 개입된 상황에서 뭔가를 착각하고 있다는 것을 알아차리는 대단히 중요한 능력이 쇠퇴하면서 일어난다. 그 능력은 보상 예측이라는 능력의 일부인데, 보상 예측은 말 그대로 어떤 보상이 일어나거나 일어나지 않을 가능성을 예측하는 능력이다. 보상 예측 능력은 나이가 들면서 20퍼센트 이상 하락한다. 보상 예측을 잘 못하는 일이 증가한다는 뜻이다('보상 예측 실수'는 과거의 경험을 바탕으로 어떤 보상이 있을 거라고 기대하지만 실제로 보상이 없는 것을 말한다). 설상가상으로 뇌는 나이가 들면서 보상을 예측하는 능력만 떨어지는 게 아니라 위험을 평가하는 능력도 떨어진다.

더 슬픈 소식도 있다. 뇌섬엽의 능력이 떨어지는 것으로는 부족했는지, 내가 'AC/DC 네트워크'라고 부르는 지옥행 고속도로 회로Highway to Hell circuit도 나이가 들면서 변화한다(미국의 하드록 밴드 AC/DC의 노래 중에 〈지옥행 고속도로Highway to Hell〉라는 곡이 있다—옮긴이). 지옥행 고속도로 회로는 뇌섬엽 근처에 깊이 묻혀 있는 서로 연결된 신경회로들이다. 이 회로는 많은 일을 관장하는데, 거기에는 모든 중독 행위들이 포함된다. 그래서 '지옥행 고속도로'라는 이름이 붙었다. 또한 이 회로는 보상 예측을 잘 못하는 데도 관여한다. 학자들은 뇌섬엽과 지옥행 고속도로가 노인들이 더 잘 속는 원인이라고 믿는다. 나이가 든 뇌섬엽과 지옥행 고속도로는 무일푼 가짜 연인만큼 위험한 존재다.

노인 우울증의 진실

자동차 라디오에서 다음과 같은 노랫말을 처음 들었던 때가 아직도 생생히 기억난다. '우우, 그는 얼마나 운 좋은 남자였는지.' 온몸에 소름이 돋았다. 노래는 그때까지 내가 들어본 가장 기괴한 키보드 소리로 끝을 맺었다. 당시 나는 록음악을 별로 듣지 않았다. 사실 지금도 그렇다(나는 롤링스톤스보다는 스트라빈스키를 더 좋아한다). 하지만 그 노래를 부른 록밴드에 대해서는 좀 더 알고 싶었다. 그 밴드의 이름은 1970년대 프로그레시브 록밴드 이름이라기보다는 마치 법률사무소 이름 같았다. 바로 '에머슨, 레이크, 앤 파머Emerson, Lake & Palmer'였다.

그들이 클래식 음악을 일렉트로닉 음악으로 편곡해서 연주하기도 했다는 사실을 알았을 때 나는 그들의 팬이 되고 말았다. 특히 그 그룹의 전설적인 키보드 주자 키스 에머슨의 예술적 기교에 매혹되었다. 2016년에 에머슨이 71세의 나이로 스스로 목숨을 끊었다는 소식을 들었을 때 나는 너무 마음이 아팠다. 그는 오랜 세월 우울증과 싸워왔지만 손가락 신경에 문제가 생기자 더 이상 저항하지 못했다. 결국 그는 노랫말처럼 운 좋은 남자가 되지는 못했다.

키스 에머슨의 삶이 보여주듯 우울증과 자살은 동반되는 경우가 많다. 이런 사실은 행복에 대해 이야기하는 이 장의 어두운 면 중에서도 가장 어두운 면이다. 또한 지금까지 이 책에서 이야기한 내용과 모순되는 것 같기도 하다. 그와 관련해서 설명이 좀 필요할 것 같다. 연구 논문을 인용해 그 점에 대해 설명하고자 한다.

우선 우울증을 제대로 정의할 필요가 있다. 이것은 무척 중요하다. 사람들이 우울증과 정상적인 우울한 감정을 혼동할 때가 많기 때문이다. 사실 우울증을 앓는 고령자들은 특별히 슬픈 감정을 느끼지 않을 때가 많다. 그 대신 점점 집중력이 떨어지고 눈에 띌 정도로 짜증이 늘며, 불안해서 안절부절못한다. 그리고 과거에는 즐겁게 했던 일들을 잘 못하게 된다. 또한 건강 악화, 사랑하는 사람의 죽음, 계속되는 통증 등 우울증을 유발하는 대표적인 일들이 고령자들에게는 일상적이라는 사실도 고려할 필요가 있다.

1999년경 미국의 한 의사가 발표한 노인 우울증에 대한 논문에는 이런 말이 나온다. "우울증은 노화의 정상적인 현상이 아니다. … 심각한 우울증은 정상적인 게 아니며 치료해야 한다." 사실일까? 치료를 해야 한다는 지적은 정확하지만 이후 이뤄진 연구에 따르면 사실이 아니다. 노인 우울증을 자세히 들여다보면 우리가 두 번째로 주목하려는 연구 결과를 만나게 된다. 중국 충칭의과대학의 자오케샹Ke-Xiang Zhao은 우울증이 일반적이지 않다는 생각을 문제 삼는다. "고령은 전반적인 노령 인구(80세 이하 노인들)에서 우울증을 일으키는 중요한 위험 요인으로 보인다."

겉보기에 차이가 있어 보이는 이 두 가지 관점을 조화시키려면 해당 고령자가 병원에 얼마나 자주 가야 했는지를 봐야 한다. 적당히 건강한 고령자들에게 우울증은 일반적인 증상이 아니다. 그러나 건강이 좋지 않은 고령자들에게는 다른 문제다(학자들이 이렇게 구별한 것은 잘한 일이다. 모든 사람을 하나로 묶어서 생각하면 우울증을 '비정상적인 질병의 진행'이 아니라 '자연적인 노화'라고 착각할 수 있기 때문이다).

분명한 사실은 '고령자는 건강에 문제가 많을수록 우울증에 걸릴 위험이 커진다'는 것이다. 질병은 고령자가 우울증에 걸리는 주요인이고, 그 가운데에서도 만성질환이 가장 큰 요인이다. 그 가운데 첫째가 청각을 잃는 것이며 그다음이 시력을 잃는 것이다. 그 외에 여러 가지 암, 만성 폐질환, 뇌졸중, 심장질환 등이 주요인이다. 당뇨병과 고혈압이 우울증에 미치는 영향은 아직 밝혀지지 않았다.

고령자들이 병원이 아닌 집에서 가족이나 친지, 친구들과 함께 생활하면 우울증에 걸릴 확률은 8~15퍼센트 정도다. 그러나 병에 걸려 입원하거나 요양원 같은 시설에 들어가면 우울증에 걸릴 확률은 40퍼센트까지 올라간다. 엄청난 수치다. 2020년쯤이면 우울증은 고령자들에게 가장 큰 질병이 될 것으로 전망된다. 즉, 노년에 행복이 증가하는 것은 신체가 건강하다는 조건 하에서다. 그러나 노화하면서 건강은 안 좋아지기 마련이므로 우울증도 증가할 수밖에 없다.

그러면 우리가 할 수 있는 일이 있을까? 있다. 하지만 우리가 할 수 있는 일이 뭔지 이해하려면 지구상에서 가장 행복한 생화학물질 중 하나를 관찰해야 한다. 만일 키스 에머슨이 이 물질을 알았더라면 비극적으로 삶을 마감하지 않았을지도 모른다.

뇌 속의 퓨즈, 도파민

"이게 문제였어."

1966년 어느 겨울날 아침, 아버지가 작은 보석같이 생긴 물건을 내게 보여주면서 한 말이다. 크리스마스 조명 장식의 밑부분을 잘라낸 것처럼 생긴, 난생처음 보는 물건이었다. "원래 있던 걸 이걸로 바꾸면 주방이 새 주방처럼 될 거야."

몇십 분 전, 당시 열 살이었던 나는 겁에 질린 채 부모님 침실로 들어가 내가 주방을 다 망가뜨렸다고 울먹이며 말했다. 휴대용 난로의 플러그를 냉장고 옆에 꽂았는데 뭔가 펑 하고 터지는 소리가 난 것이다. 순간 주방이 멈춰버렸다. 불도 꺼지고, 냉장고도 멈추고, 가스레인지도, 전기오븐도 전부 작동을 멈췄다.

"퓨즈가 나간 것뿐이야." 반짝이는 전기 부품을 손에 들고 아버지가 말했다. 그것은 15암페어짜리 가정용 퓨즈였다. 나는 깜짝 놀랐다. 냉장고에서 오븐에 이르기까지 주방의 모든 것이 멈춰버린 게 그렇게 작은 물체 하나 때문이었다니! 그때 나는 주택에서 전기회로들이 어떻게 작용하는지를 처음 배웠다. 아버지는 나가버린 퓨즈를 빼내고 새 퓨즈를 끼웠다. 그러자 주방은 다시 숨을 쉬기 시작했다.

이 이야기는 인간의 두뇌 회로에 대해 중요한 사실을 알려준다. 이 장에서는 노년에 일어나는 다양한 변화에 대해 이야기했다. 의사결정, 보상 추구, 위험 감수, 선택적 기억, 우울증 등 여러 행동에서 일어나는 변화였다. 이런 행동들은 마치 병따개와 냉장고처럼 서로 관련이 없는 것처럼 보일지 모른다. 하지만 이 행동들은 따로 떨어진 게 아니다. 과학자들은 이런 변화들이 뇌 속의 회로 하나가 망가져서 나타난 것이라고 이야기한다. 퓨즈 하나가 망가져서 작동이 전부 멈춰버렸던 우리 집 주방처럼 말이다.

물론 뇌 속의 회로는 전선으로 이뤄져 있지 않다. 이 회로는 특정 신경전달물질에 반응하는 뉴런들로 이뤄져 있다. 그 신경전달물질은 아마도 모두가 들어봤을, 바로 그 유명한 '도파민'이다. 도파민이 실력을 행사하는 회로를 '도파민 경로dopaminergic pathway'라고 부른다. 두뇌에는 이렇게 기쁨을 느끼게 하는 회로가 여덟 개 정도 있다.

도파민 분자를 눈으로 본다면 대부분이 '말도 안 될 정도로 작네?'라고 생각할 것이다. 도파민은 타이로신tyrosine이라는 아미노산을 개조해 합성된다. 아미노산은 단백질의 천연 구성 요소다. 아미노산이 길게, 때로는 수백 개가 기차의 차량들처럼 쭉 이어져서 단백질 분자 하나가 만들어진다. 도파민은 이런 차량 하나 정도의 크기다.

타이로신이 익숙한 사람들도 있을 것이다. 우리는 대부분 매일 타이로신을 섭취한다. 달걀흰자에 타이로신이 다량 함유되어 있다. 콩에도, 해초에도 타이로신이 많이 들어 있다. 하지만 그 크기가 매우 작고 일상에서 쉽게 만날 수 있다는 사실에 속으면 안 된다.

도파민은 우리에게 강펀치를 날릴 수 있다. 도파민이 너무 적게 생성되면 파킨슨병에 걸릴 수 있고, 너무 많이 생성되면 조현병에 걸릴 수 있다. 도파민은 알맞은 양이 합성되면 스스로에게 보상으로 즐거움을 주는 능력과 손을 떨지 않고 펜을 쥐는 능력, 의사결정을 내리는 능력에 도움을 준다. 이 장에서 언급한 모든 행동은 어느 정도는 도파민과 관련이 있다. 해초 한 줌이 생각보다 훨씬 중요한 기능을 하는 것이다.

도파민 분자는 어떻게 그런 기능을 할까? 도파민은 수용체에 달라붙어서 활동한다. 이 수용체는 두뇌의 특정 뉴런에서만 발견된다. 이 수용체를 가지고 있는 뉴런은 도파민이 와서 달라붙으면 활성화되어 특정 기능을 수행한다. 자동차 내부의 점화 장치와 같다고 생각하면 된다. 열쇠를 꽂아 시동을 걸면 자동차가 깨어나는 것처럼, 뉴런에 붙어 있는 수용체에 도파민을 주입하면 뉴런이 깨어난다. 그런 뉴런 여러 개를 일렬로 배열하면 하나의 회로가 되고, 그런 회로 여덟 개 정도를 모아 두뇌의 중앙 깊숙한 곳에 넣으면 도파민 시스템dopaminergic system이 된다.

두뇌를 이루는 세포의 수가 어마어마하게 많다는 사실을 생각하면 도파민 시스템의 뉴런 수는 대단히 적다. 특정 뇌 영역에만 도파민 수용체가 있는데, 이것은 뇌의 특정 영역들만이 도파민에 민감하게 반응한다는 뜻이다. 그중 눈에 띄는 영역이 앞에서 말했던 지옥행 고속도로 회로다. 이 고속도로는 도파민에 민감하게 반응하는 작은 뇌 영역 두 개로 이뤄져 있는데, 그것은 복측피개영역ventral tegmental area과 측핵nucleus accumbens 영역이다. 이 두 영역은 도파민에 민감한 회로들로 연결되어 있다. 알코올이나 니코틴, 마약 등 화학물질에 중독되는 것은 바로 이 시스템을 혹사시켜서 기능에 장애가 일어나는 것이다.

도파민은 정말로 중요한 신경전달물질이다. 머지않아 고령자들에게 도파민이 얼마나 중요한지 알아낼 수 있을 것이다. 노화의 특징 중 하나가 도파민 시스템이 약해지는 것이기 때문이다.

우울과 행복의 비밀

너무 오래 익혀서 질긴 스테이크처럼 소화하기 어려운 실험이 있다. 지금부터 소개하는 실험도 그런 실험 중 하나다.

생쥐의 유전자를 조작해서 스스로 도파민을 생성할 수 없게 만들 수 있는데, 이는 생쥐에게 사형 선고를 내리는 것이나 마찬가지다. 도파민을 스스로 만들어내지 못하면 굶어 죽기 때문이다. 앞에 좋아하는 음식을 갖다놓아도 본체만체하며 먹지 않는다. 그리고 서서히 죽음이 덮쳐온다. 아기 생쥐도 마찬가지다. 도파민이 없는 새끼 쥐는 젖을 잘 먹지 않아서 사람이 개입하지 않으면 목숨을 부지하기 힘들다. 음식을 찾아 먹는 행동을 못 하는 게 아니다. 먹을 마음이 생기지 않는 것이다.

이때 인공적으로 도파민을 투여하면 생쥐들은 정상적으로 음식을 먹기 시작한다. 이 실험의 결론은, 도파민이 없으면 생명을 유지하기가 매우 힘들다는 것이다. 따라서 동물의 몸에는 도파민이 없는 편보다는 있는 편이 당연히 더 좋다.

이 실험은 노화과학에서 알아낸 확실한 생물학적 사실 하나와도 관련이 있다. 바로 인간이 나이가 들면 도파민 시스템 기능이 떨어지기 시작한다는 것이다. 이런 기능 하락은 단지 식욕이 떨어지는 것보다 훨씬 더 복잡하고 심각한 결과를 낳는다. 실험실 생쥐의 두뇌피질은 우표 크기만 하지만, 인간의 두뇌피질은 아기 담요 정도 크기다. 이런 차이를 생각하면 결과에 대해서도 짐작할 수 있을 것이다.

인간의 두뇌에서 도파민 시스템의 기능 저하는 세 부분으로 나눌 수 있다. 첫째, 두뇌의 특정 부위들에서 도파민의 생성 속도가 느려진다. 그런데 느려지는 속도가 부위에 따라 다르다. 중뇌中腦는 속도가 크게 느려지지 않지만 이마 쪽에 가까운 배외측전전두엽피질dorsolateral prefrontal cortex, DLPFC에서는 세 배 정도 느려진다. 그리고 그 영향은 만 65세가 지나면 현저하게 나타난다. 둘째, 도파민 수용체들이 사라지기 시작한다. 그중 중요한 수용체인 D2라는 수용체는 만 20세부터 10년마다 6~7퍼센트 정도씩 줄어든다. 셋째, 도파민 신경회로dopaminergic neural circuit가 약해지기 시작한다. 세포가 죽기 때문이다. 큰 타격을 입는 부위 중 하나가 중뇌의 흑질黑質, substantia nigra인데 이 부위는 운동 기능과 깊은 관련이 있어 그 결과 파킨슨병이 생길 수 있다. 즉, 파킨슨병의 가장 큰 원인 중 하나는 노화일 수 있다.

이 세 가지 범주의 도파민 기능 저하가 이 장에서 이야기하는 모든 행동을 설명한다. 예를 들어 도파민 활동이 줄어들면 특정 유형의 우울증이 생길 수 있다. 그런 일은 워낙 흔해서 도파민 결핍성 우울증dopamine deficient depression, DDD이라는 이름까지 생겼다.

도파민은 보상 예측에도 관여하는데, 보상 예측 능력은 나이가 들면서 떨어진다. 위험 부담을 지겠다는 마음도 조정하는데, 이 역시 나이가 들면서 하락한다. 심지어 도파민은 심리적 동기 부여와도 관련이 있다. 우리가 젊어서는 적극적으로 뭔가를 하려는 성향(촉진 동기)이었다가 나이가 들면서 신중한 성향(예방 동기)으로 바뀌는 걸 생각하면, 노화와 함께 위험과 관련된 행동들이 모두 변화하는 것일지 모른다.

나이가 들면서 생기는 긍정성 효과도, 그리고 잘 속는 경향도 도파민 손실로 설명할 수 있을지 모른다. 두 가지 자극 중 하나를 선택하게 하는 주의 네트워크(주의력, 집중력과 관련된 두뇌의 여러 신경 처리 장치들—옮긴이)도 도파민 활동에 큰 영향을 받는다. 사실, 주의 네트워크에 속하는 대부분의 부위들은 도파민을 이용해 두뇌가 어디에 집중할지를 결정한다. 거기에는 뇌섬엽(잘 속는 것과 관계있었던 부위)도 포함되는데, 젊었을 때는 뇌섬엽에 도파민 수용체가 많이 박혀 있다. 한편 뇌섬엽이 기능을 제대로 하지 못하는 것은 우울증과도 관련이 있다.

나이가 들면서 더 행복하다고 말하는 사람들은 어떨까? 이들에게도 도파민 조절 장애가 어떤 역할을 하는 걸까? 이 질문에 대한 답은 '알 수 없다'이다. 앞서 살펴봤듯이 행복 데이터에는 미묘한 차이가 있다. 질병과 우울증 같은 다른 여러 요인들을 고려하면 특히 그렇다. 이런 연구들은 주로 건강한 고령자들을 대상으로 이뤄졌는데, 여기서 '건강하다'는 것은 도파민 경로가 손상을 입지 않았다는 의미일지 모른다. 그렇다면 과학자들은 전체 인구 중 일부만 연구한 것이다.

뒤에 기억력에 대한 장에서 살펴보겠지만, 인간의 두뇌는 약해지는 인지 기능을 상쇄할 보상 행동을 생각해내는 데 놀라울 정도로 능하다. 행복 데이터는 도파민 기능 저하라는 멈출 수 없는 악재와 맞닥뜨렸지만 그냥 항복하지는 않겠다는 두뇌의 단호한 의지를 나타내는 것이다. 아니면 웃으며 쓰러지겠다는 노력일지도 모른다. 내가 아는 많은 노인들은 여전히 초콜릿 케이크를 보면 반가워하며 포크를 찾는다. 나도 그런 사람들 중 하나다.

도파민의 기적?

다양한 분야의 학자들이 위와 같은 연구를 활발히 진행하는 동안 생물학을 건너뛰고 바로 임상실험을 하는 학자들이 있다. 그들은 지금 환자들에게 실질적으로 해줄 수 있는 일이 무엇인지, 있기는 한지를 알아내려고 노력한다. 도파민 손실이 행동의 쇠퇴와 그토록 깊은 연관이 있다면 도파민을 인공적으로 공급함으로써 쇠퇴를 막을 수 있을까? 연구에 따르면 그럴 수 있을지도 모른다.

이런 실용적 접근 사례 중 특히 놀라운 사례가 1973년에 올리버 색스가 실화에 바탕을 두고 쓴 《깨어남》이라는 책에 나온다. 이 책은 1990년에 로빈 윌리엄스와 로버트 드 니로 주연의 〈사랑의 기적〉이라는 영화로 만들어지기도 했다.

이 책은 노화로 고통받는 환자들에 대한 이야기가 아니다. 전염병(뇌염) 때문에 고통받는 환자들에 대한 이야기다. 이 질병으로 대부분의 환자들은 긴장증(정신질환으로 오래 움직이지 못하는 증상－옮긴이)을 갖게 되어 휠체어 생활을 했고, 살아 있어도 살아 있는 게 아니었다. 그런데 그중 한 사람(영화에서는 로버트 드 니로가 연기했다)에게 합성 도파민을 투여하자 마치 청춘의 샘물을 주사한 것 같은 현상이 일어났다. 그는 갑자기 긴장증에서 깨어났다. 웃고, 걷고, 말하기 시작했고, 심지어 사랑에 빠지고 싶어 했다. 마치 도파민이라는 왕자의 입맞춤을 받은 잠자는 숲속의 공주 같았다.

신경과학의 세계에서 생화학물질의 왕족이라 할 이 합성 도파민은

'엘 도파L-DOPA'라고 불린다(진짜 도파민은 사람 몸에 투여할 수 없다. 어째서인지 뇌 속으로 들어가지 않기 때문이다). 지금까지 엘 도파는 노벨상을 두 개나 수상한 주인공이었다. 파킨슨병의 치료에 도움이 되었던 게 주된 이유였다. 그런데 연구 결과 엘 도파는 일반적인 노화와 관련된 인지 과정에도 긍정적 영향을 미치는 것으로 나타났다.

나이와 함께 떨어지는 보상 예측 능력을 생각해보자. 엘 도파를 투여하면 약해지는 보상 예측 능력을 되살릴 수 있다. 단순한 합성물 덕분에 복잡한 인지 과정이 개선되는 것이다. 그 효과는 작지 않다. 엘 도파로 치료를 받은 고령자들이 실험실에서 보여준 인지 기능 수행 능력은 나이가 젊고 엘 도파를 투여하지 않은 대조군 사람들과 구분이 되지 않을 정도였다.

엘 도파는 삶의 밝은 면을 바라보는 경향도 증가시킨다. 즉, 낙관주의 편향을 높여주는데, 앞에서 살펴봤듯 고령자들은 낙관주의 편향을 보인다. 그러나 엘 도파와 낙관성의 관계를 연구한 실험은 고령층이 아닌 그보다 젊은 세대를 대상으로 했다. 이 실험을 진행한 사람은 이렇게 선언했다. "이 연구는 건강한 사람들의 낙관성도 도파민 수치의 영향을 받을지 모른다는 것을 보여준다."

이는 고령자들에게 특히 반가운 소식이다. 낙관주의는 단지 언젠가는 죽어야 한다는 사실에 대한 두려움이나 불편함 같은 감정을 차단하는 것이 아니다. 자신이 늙어간다는 사실에 대해 긍정적이고 낙관적인 태도를 가진 고령자들이 그렇지 않은 사람들보다 더 오래 산다.

낙관적인 노화란 무슨 의미일까? 스물다섯 살 먹은 사람이 다른 사람의 이름을 잊어버렸다고 해서 알츠하이머병의 조짐이라고 생각하는 경우는 거의 없다. 그러나 나이가 많고 기억에 문제가 생기면 알츠하이머병이 아닌가 걱정할 가능성이 높다. 스트레스를 받고 우울해질 수도 있다. 그리고 청력이 떨어지고 무릎 관절이 안 좋아지는 등 다른 노화 현상들이 나타나면서 태도가 점점 비관적으로 변할 수 있다.

그런데 노화에 침착하게 대처하며 '컵에 물이 아직 반이나 차 있다'고 생각하는 사람은 그렇지 않은 사람보다 건강하게 7.5년은 더 산다. 낙관주의는 두뇌에 상당한 영향을 미친다. 낙관적인 사람들의 뇌 속 해마hippocampus는 나이를 먹어도 비관적인 사람들만큼 크기가 줄어들지 않는다. 이는 중요한 사실이다. 귀 바로 뒤쪽에 위치한 해마는 기억을 비롯해 다양한 인지 기능에 관여한다. 내 생각에 도파민 수치도 영향을 받는 것 같다.

한편 낙관적으로 되기 위해 약이 필요하지는 않다. 여기서 중요한 질문이 떠오른다. 계속 낙관주의를 유지하려면 약물의 도움을 받아야 할까? 이 질문에 대해서도 영화 〈사랑의 기적〉이 교훈을 줄 수 있을지 모른다. 실화를 바탕으로 한 이 영화에 따르면 엘 도파의 효과는 일시적인 것이었다. 로버트 드 니로가 맡은 인물은 결국 원래의 긴장증 상태로 돌아왔다. 다른 환자들도 마찬가지였다. 영화는 너무나 슬픈 춤으로 끝을 맺는다. 영화 역사상 가장 서글픈 춤일 것이다. 모든 약이 그렇듯 엘 도파 역시 환각과 정신병 등 중대한 부작용이 있었다. 그리고 뇌염 환자의 경우 엘 도파의 효과에는 시한이 있었다.

약의 도움 없이 낙관적 태도를 유지할, 그리고 도파민 수치를 증가시킬 방법이 있을까? 더 지속적이고 부작용 없는 방법이 있을까? 다행히도 그런 방법은 '있다.'

오프라 윈프리는 결코 유쾌하지 못한, 상당히 불행한 어린 시절을 보냈다. 그녀는 유명해지고 엄청난 부자가 된 뒤에도 그렇게 힘들었던 뿌리를 잊지 않았다. 한번은 이렇게 말했다. "지금 제가 누리는 부의 축복에 감사하지만 그게 제가 어떤 사람인지를 바꿔놓지는 않았어요. 제 두 발은 여전히 땅을 딛고 있어요. 옛날보다 나은 신발을 신고 있을 뿐이죠." 이런 태도로 오프라 윈프리는 그 모든 축복과 감사를 기록하기 시작했다. 10년간 일기를 쓴 것이다. 과학적으로 봐도 그녀가 일기를 쓴 것은 잘한 일이다. 감사하는 마음을 강조하는 그녀의 태도는 긍정심리학positive psychology과 통한다.

긍정심리학의 아버지라 불리는 마틴 셀리그만은 원래 트라우마와 우울증을 연구했던 학자다. 셀리그만은 심리 치료를 하면서 감사하는 태도가 지닌 엄청난 힘을 발견했고, 감사하는 태도에 초점을 맞춘 연습을 개발해 과학적으로 실험했다. 다음은 셀리그만이 개발한 두 가지 연습이다.

고마운 사람 찾아가기

- 살아 있는 사람들 중에서 자신에게 특별한 의미를 지닌 사람을 한 명 고른다.

- 그 사람에게 300단어로 된 편지를 쓴다. 그 사람의 어떤 행동 때문에 편지를 쓰고 싶었는지 구체적으로 묘사하고, 그 행동이 지금까지 어떤 영향을 주고 있는지 설명한다.
- 편지를 들고 그 사람을 찾아간다. 그 사람에게 편지를 소리 내어 읽어준 다음 이야기를 나눈다.

셀리그만은 이 행동이 웃음만큼이나 무척 빠르게 효과를 나타낸다는 사실을 발견했다. 행복 심리 조사happiness psychometric inventory 결과에 따르면, 감사 편지를 써서 상대방을 방문하고 일주일이 지난 뒤에는 편지를 쓴 사람의 행복감이 눈에 띌 정도로 증가했다. 그 효과는 한 달이 지난 뒤에도 남아 있었다.

오늘 있었던 세 가지 좋은 일 쓰기

- 오늘 자신에게 일어난 세 가지 좋은 일을 떠올려본다.
- 그것들을 종이에 적는다. 사소한 일일 수도 있고(남편이 커피를 타주었다), 큰 일일 수도 있다(조카가 원하던 대학에 합격했다).
- 세 가지 좋은 일 옆에 그 일이 *왜* 일어났을지를 적는다. '남편이 커피를 타주었다' 옆에는 '남편이 날 사랑해서' 라고 쓸 수 있다. '조카가 원하던 대학에 합격했다' 옆에는 '조카가 열심히 노력해서' 라고 쓸 수 있을 것이다.

일주일 동안 매일 밤 그날 있었던 세 가지 좋은 일을 적는다. 이 연습은 효과가 대단히 좋다. 행복 점수가 높아질 뿐 아니라 우울증도 치료할 수 있다. 이 연습은 첫 번째 연습에 비해 효과가 나타나기까지 시간이 더 오래 걸릴 수 있지만(한 달 정도 걸린다) 효과가 더 오래간다. 일주일만 이 연습을 해도 효과가 6개월 뒤까지 남을 정도다.

이렇게 감사하는 행동이 습관이 되면 그 영향은 우리 몸에 오래 남는다. 매사추세츠 심리대학원의 더크 커멀Dirk Kummerle 교수는 이 실험 결과에 대해 이렇게 말했다. "'고마운 사람 찾아가기'와 '오늘 있었던 세 가지 좋은 일 쓰기'는 우울증 증상들을 줄여줄 뿐 아니라 부정적 사고와 싸우고 행복을 키워줄 평생의 수단이 된다."

이 두 가지 연습은 '사람을 정말로 행복하게 해주는 것이 무엇일까?'에 대한 연구에도 도움을 준다. 셀리그만이 세운 행복 이론well-being theory은 행복에 기여하는 다섯 가지 행동을 정의하는데, 각 행동의 영문 첫 글자를 따서 'PERMA'라고 부른다. PERMA는 진정한 행복을 얻고 싶은 사람이라면 나이에 관계없이 누구나 해야 할 행동이다. 특히 도파민 시스템이 파괴되고 있는 고령층에게 도움이 될 것이다. 여기서는 요약 내용만 소개한다. 자세한 내용이 알고 싶다면 마틴 셀리그만의 저서《마틴 셀리그만의 플로리시》를 읽어보기 바란다.

PERMA 공식

- **P**ositive Emotion(긍정적 정서)

  행복하기 위해서는 꾸준히 긍정적 감정을 느껴야 한다. 자신에게 진정한 즐거움을 주는 것들을 목록으로 정리한 다음 그 일들을 꾸준히, 정기적으로 한다.

- **E**ngagement(몰입)

  몰입할 수 있는 일을 꾸준히 한다. 그 일을 하는 동안은 휴대전화도 들여다보지 않을 정도로 의미 있는 일이어야 한다. 취미 생활에 푹 빠지거나, 좋은 영화를 보거나, 책을 읽거나, 스포츠를 하거나, 춤을 추는 등 꾸준히 몰입할 수 있는 일을 찾아보라.

- **R**elationships(관계)

  긍정적인 관계이기만 하다면 우정에 대해 다룬 1장에서 추천한 일들을 모두 한다.

- **M**eaning(의미)

  자신의 삶에 의미를 부여하는 목적을 찾아서 추구한다. 종교 활동이나 자선 활동 등이 그 예가 될 수 있다.

- **A**ccomplishment(성취)

  자신을 위해 구체적인 목표를 세운다. 현재 자신이 능숙하게 하지 못하는 일을 목표로 세우는 게 좋고, 그 일을 능숙하게 할 수 있도록 노력한다. 마라톤 같은 신체 활동도 좋고 외국어를 배우는 것 같은 지적 활동도 좋다.

이런 연구 결과에서 오프라 윈프리의 삶을 많이 엿볼 수 있다. 이제 60세를 넘어 70을 바라보는 그녀는 '더 좋은 신발을 신고 있'기만 한 게 아니다. 그보다 훨씬 많은 일을 하고 있다. 여러분도 당연히 그럴 수 있다.

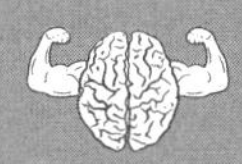

BRAIN RULE 2

감사하는 태도를 기르자

- 행복도를 측정하는 임상실험에서 고령자들은 대개 젊은 사람들보다 더 높은 점수를 받는다.
- '긍정성 효과'란 나이 든 사람들이 부정적인 일보다 긍정적인 일에 더 주의를 기울이는 현상을 말한다. 실제로 노인들은 부정적인 일보다 긍정적인 일을 훨씬 더 잘 기억한다.
- 나이가 들면서 자신도 언젠가 세상을 떠난다는 사실을 깨달으면 다른 무엇보다도 관계를 소중히 여기게 된다. 관계를 우선시하면 더 행복해지기 때문이다. 이런 현상을 사회정서적 선택 이론이라고 한다.
- 난청 등 건강상 어려움을 많이 겪는 노인들은 건강한 노인들보다 우울증에 걸릴 위험이 높다.
- 늙는다는 사실에 대해 낙관적 태도를 지니면 두뇌에 긍정적인 영향을 미칠 수 있다.

2부

생각하는 뇌

BRAIN RULE

3 스트레스

마음챙김은 마음을 진정시킬 뿐 아니라, 삶의 질을 높여준다

제 성질이 고약하다고 하는 사람들이 있어요. 전 그렇게 생각 안 하는데 말이죠. 제가 돌아다니면서 아이들 눈을 찌르는 것도 아니잖아요. 너무 어린 애들 눈은 안 찌른다고요.
_딜런 모런Dylan Moran, 아일랜드 코미디언

걱정하는 것은 흔들의자와 같다. 아무리 흔들어봐야 1센티미터도 이동하지 못한다.
_무명씨

세상에서 가장 흥미로운 인물을 뽑는 경연대회가 있다면 우리 할아버지가 가뿐히 우승했을지 모른다. 할아버지는 스페인에서 배로 밀항해 북아메리카로 건너왔다. 무일푼이었지만 마음만은 넉넉했다. 유머 감각이 풍부했고 성격이 활달했으며 외국어 습득 능력도 탁월했다. 덕분에 할아버지는 요식 업계에 무리 없이 자리 잡을 수 있었고 얼마 안 가 디트로이트의 한 컨트리클럽 부주방장이 되었다. 그 후 할아버지는 빵집 체인점을 개업하고 가정을 꾸렸다. 그리고 101세의 나이로 세상을 떠났다.

아내와 함께 마지막으로 뵈었을 때 할아버지는 100세였다. 할아버지는 병원이 아닌 집에서 지내고 있었고 여전히 요리 솜씨를 뽐냈다. 유쾌한 모습으로 앞치마를 두르고 휘파람을 불며 한 번에 애플파이 여섯 개를 만들어냈다. 할아버지는 세상에서 가장 재미있는 사람이었을 뿐 아니라 가장 행복한 사람이었다.

사람들은 흔히 노인들이 삶에 시달리고 노화와 함께 찾아오는 좋지 않은 변화들로 고통받는다고 생각한다. 건강과 기억력, 인간관계 문제로 걱정이 많아지고 전반적으로 스트레스를 더 많이 받을 거라고 말이다. 그러나 학자들이 연구를 통해 알아낸 사실은 그 정반대다. 노인들은 젊은 사람들보다 오히려 스트레스를 덜 받는 것으로 나타났다.

2016년에 실시한 실험에서 만 18~34세의 인구는 38퍼센트 정도가 전년도보다 스트레스를 더 받는 것으로 나타났다. 1945~1960년경에 태어난 베이비붐 세대의 경우는 25퍼센트가 전년도보다 스트레스를 더 받는다고 말했다. 그런데 이 수치는 베이비붐 세대의 부모 세대에서는 18퍼센트로 떨어진다. 가장 낮은 수치다. 이들은 스트레스만 덜 받는 게 아니다. 앞 장에서 살펴본 것처럼 나이 든 사람들은 이전보다 더 행복하다고 말한다. 삶에 더 만족한다고 말하고 최고령층을 제외하면 우울증과 불안증 비율도 더 낮다.

어떻게 그럴 수 있을까? 나이가 들면 스트레스 호르몬의 조절 능력이 흐트러진다. 스트레스는 노화하며 녹슬어가는 뇌에 산소 같은 역할을 한다. 녹스는 속도에 부채질을 하는 것이다. 그러나 노인들은 그것을 느끼지 못하는 것 같다. 그 이유를 이해하려면 스트레스 반응 뒤에 있는 생화학 현상, 해마와 내후각피질 같은 뇌 영역들, 부신을 모자처럼 쓰고 있는 신장 등 복부 장기들, 그리고 자동온도조절 장치 등을 더 깊이 탐구할 필요가 있다. 그러면 먼저 자동온도조절 장치에 대해 이야기해보자.

생존과 스트레스 반응

스트레스 반응이 하는 일 중에 뜻밖에도 반가운 것이 하나 있다. 오래 살면서 계속 성관계를 할 수 있게 해준다는 것이다. 인간의 몸은 진화라는 장기적 목표를 추구하면서 호르몬과 세포와 뉴런을 복잡한 생화학적 피드백 시스템으로 만들었다.

인간의 스트레스 반응은 복잡하지만 스트레스 반응에 대한 단순한 사실이 하나 있다. 스트레스를 받으면 우리 몸은 엄청난 양의 호르몬을 혈류 속으로 내보낸다는 사실이다. 보통 에피네프린과 노르에피네프린(아드레날린과 노르아드레날린이라고 부르기도 한다)이라는 호르몬이 제일 먼저 분비된다. 이 두 호르몬은 심혈관의 생리 기능을 자극해 심장 박동을 빠르게 하고, 혈압을 높이고, 근육에 과도한 산소를 주입한다. 원시시대 식으로 말하면 우리 몸이 회색 곰에게서 도망칠 준비를 하는 것이다.

물론 그러자면 에너지가 많이 필요하다. 그래서 우리 몸은 스테로이드 호르몬인 코르티솔을 소집해 반응을 통제하는 데 도움을 준다. 코르티솔은 신장 위에 붙어 있는 피라미드 모양의 조직인 부신에서 분비된다. 코르티솔 수치가 올라가는 것은 싸우거나 도망가는 반응에 휘말렸다는 신호다(도망가는 반응일 때가 대부분이지만). 인간의 몸은 어린 하이에나 새끼와 맞붙어 싸우기에도 너무 약하다. 그래서 주로 뛰어서 도망갈 때가 많았고, 홍적세 시대(180만 년 전부터 지금까지의 시대-옮긴이)의 가장 몸집이 큰 겁쟁이가 되었다.

코르티솔이 뇌에서 사격 목표로 삼는 중요한 부위가 있다. 바로 해마다. 해마는 학습에 관여하는 영역으로, '곰은 위협적인 존재다' 같은 특정 기억을 만들어내는 역할을 한다. 그러나 해마는 곰이 나무 열매를 먹으러 떠나면 스트레스 반응이 사라지는 데도 관여한다. 다시 말해 해마는 에너지를 소진하는 코르티솔의 분비를 멈춰도 되는 때가 언제인지 확인해준다.

이것이 고전적인 부정적 피드백 회로다. 시나몬 롤에 박혀 있는 건포도처럼 해마에 박혀 있는 코르티솔 수용체라는 단백질이 매개 물질인데, 코르티솔이 혈류 속으로 분비되면 그 일부가 해마로 몰려와서 마치 열쇠가 자물쇠에 들어가듯 코르티솔 수용체에 달라붙는다. 그러면 해마는 다양한 반응을 할 준비를 한다.

그중 가장 중요한 반응이 위협이 제거되었을 때 코르티솔 수도꼭지를 잠가 부신의 활동을 멈추는 것이다. 호텔에 머무는 악동 록스타처럼 스트레스 호르몬은 우리 몸에 너무 오래 있으면 해를 입히기 시작한다. 여기에는 뇌 손상도 포함된다. 그래서 코르티솔이 수용체에 와서 달라붙을 때 해마가 가장 먼저 묻는 질문은 '내가 널 언제 내보낼 수 있을까?'다.

해마가 코르티솔을 내쫓는 데 실패하면 코르티솔이 우리 몸에 있을 이유가 없어진 뒤에도 오랫동안 코르티솔 수치가 비정상적으로 높은 상태를 유지할 수 있다. 불행히도 우리가 늙어갈 때 이런 일이 일어난다. 해마가 코르티솔의 분비를 중단시킬 능력을 잃어버리는 것이다. 그리고 이로써 온갖 일이 벌어진다. 여기서 우리 몸의 자동온도조절 장치에 대해 알아보자.

고장 난 자동온도조절 장치

시애틀에 살고 있는 사람들은 습한 냉기에 익숙하다. 시애틀에서는 가장 더운 달인 8월에도 습하고 시원한 날씨를 만날 수 있다. 내 친척들이 살고 있는 텍사스 주 휴스턴과는 정반대 기후다. 휴스턴은 습하고 더운 날씨가 흔하다. 특히 8월의 날씨는 엄청나다. 몇 년 전 여름에 휴스턴에 강연하러 갔을 때 호텔의 자동온도조절 장치가 고장 나서 얼마나 스트레스를 받았는지 모른다. 마치 북극 지방의 한랭한 기단이 내려와 에어컨을 꺼서 방을 덥게 만드는 것 같았다. 객실 안은 갓 튀겨낸 감자처럼 뜨거웠다.

자동온도조절 장치는 원하는 온도를 설정해놓기만 하면 센서가 마법을 부린다. 너무 더우면 센서가 자동으로 에어컨을 켜고, 너무 추우면 히터를 작동시킨다. 이런 피드백 시스템은 보통 작은 금속 조각들과 수은으로 구성되어 있다. 호텔은 기술자를 불러 자동온도조절 장치를 수리했고, 내 방은 북극의 공기를 되찾았다. 내가 그 호텔에 머무는 동안 자동온도조절 장치는 더 이상 속을 썩이지 않았다.

금속 조각과 수은은 없지만 우리의 스트레스 시스템 역시 자동온도조절 장치와 매우 유사한 피드백을 한다. 설정값도 있는데, 스트레스 시스템의 설정값은 호텔방의 자동온도조절 장치보다 훨씬 다이내믹하게 변화한다. 코르티솔은 보통 잠에서 깼을 때 수치가 높다. 그리고 잠에서 깨어난 후 아무 일 없이 평온하게 하루가 지나간다면 코르티솔 수치는 하루 종일 큰 폭으로 감소한다. 그 변화는 작지 않다. 평온한 날에는 아침부터 저녁까지 수치가 85퍼센트 감소한다.

이런 다이내믹한 시스템은 단기간의 스트레스를 다루기 위해 생긴 것이다. 진화적 관점에서 보면 이해되는 일이다. 곰에게 잡아먹히거나 도망치거나 해야 하는데, 그 상황은 대개 몇 분 안에 끝난다. 따라서 이런 반응은 짧은 시간 동안 일어나는 스트레스에만 해당된다.

그런데 현대 사회를 살아가는 우리는 짧은 스트레스만 받는 게 아니다. 몇 년 동안 스트레스 상황에 놓일 수 있다. 불행한 결혼 생활이나 힘든 직장 생활이 그런데, 이때 우리의 생리 현상은 곰과 한집에서 계속 살고 있는 것과 마찬가지다. 뇌 손상도 일어날 수 있다. 실제로 장기간 스트레스에 노출되면 심각한 우울증이나 불안 장애에 걸릴 수 있으며 이는 여러 가지 두뇌 시스템을 망가뜨린다.

이것을 그래프로 그리면 역U자형(∩)이 된다. 처음에 스트레스 반응은 신체 기능과 정신 기능을 모두 상승시켜 그래프가 위로 올라간다.

그리고 스트레스 요인이 오래 지속되지 않는 한 그래프는 최고점을 찍는다. 만일 스트레스가 너무 오래 지속되면 신체 및 정신 기능에 손상을 입히고, 그래프는 오른쪽 아래로 내려가기 시작한다. 정상적인 스트레스 반응조차 제대로 조절하지 못하게 된다.

스트레스가 너무 오래 지속되는 경우가 또 있다. 30세까지의 삶을 위해 만들어진 시스템보다 더 오래 사는 것이다(앞서 인류 전체 역사에서 인간의 기대 수명은 30년 정도였다고 언급했다—옮긴이). 결국 스트레스가 제대로 조절되지 못할 때 나타나는 것은 노화 과정의 일부분이다. 스트레스가 제대로 조절되지 못할 때 나타나는 현상은 크게 세 부분으로 나타난다.

첫 번째는 리듬이다. 리듬이 깨진다. 40세 정도 되면 코르티솔의 기본 수치가 상승하기 시작한다. 아침에는 높았다가 저녁에는 낮아지는 리듬이 깨지고 코르티솔 수치가 계속 올라간다. 그리고 몸은 스트레스 호르몬이 높아질 때마다 발생하는 손상을 입기 시작한다. 그 손상에 대해서는 잠시 후에 살펴보자.

두 번째 현상은 위협에 빠르게, 혹은 힘차게 반응하지 못하는 것이다. 심혈관 시스템이 에피네프린과 노르에피네프린에 반응하는 것을 예로 들어보자. 나이가 들면서 심장 박동에서 혈압에 이르기까지 모두가 '손을 모아 도와야 한다'는 경보에 훨씬 약하게 반응한다. 여전히 과거와 같은 양의 호르몬을 만들어내지만 과거처럼 반응할 수가 없다. 설상가상으로 실제 경보가 울릴 때 시스템의 엔진이 켜지기까지 시간이 더 걸린다.

마지막으로, 반응을 하고 난 후 쉽게 진정하지 못한다. 나이가 들면서 스트레스 호르몬은 위협을 느끼고 난 후 평상시의 상태로 돌아오기가 어려워진다. 늙어가는 몸은 마치 이렇게 말하는 것 같다. "스트레스 반응을 올리는 데 모든 노력을 다했단 말이야. 스트레스 반응이 너무 빨리 떨어지면 안 돼!"

고장 난 자동온도조절 장치와 매우 비슷하지 않은가? 그렇다. 고령자들의 스트레스 반응은 내가 묵었던 휴스턴의 호텔 에어컨과 비슷하게 움직인다. 그 이유를 설명하기 위해 우리 가족이 좋아하는 크리스마스 영화 〈크리스마스 스토리 A Christmas Story〉의 한 장면을 예로 들겠다. 이 영화에도 말을 잘 듣지 않는 온도조절 시스템이 등장한다.

노화하는 뇌와 스트레스

영화의 한 장면이다. 1930년대 미국의 전형적인 주택 지하실에서 검은 연기가 뭉게뭉게 빠져나와 거실로 들어온다. 이것을 본 아버지는 소리를 지른다. "저놈의 빌어먹을 난로 같으니라고! 젠장!" 아버지는 반항하는 난방 시스템과 싸우기 위해 쿵쿵거리며 계단을 내려간다. "이런 염병! 바람막이를 열어야지!" 아버지의 목소리가 마치 저승에서 울리는 듯 지하에서 들려온다. "도대체 누가 이걸 닫아놓은 거야? 응? 누가 또 그랬어!"

바람막이는 굴뚝 연통의 덮개다. 바람막이를 열면 난로의 연기가 밖으로 빠져나간다. 그리고 난로가 꺼져 있을 경우는 바람막이를 닫아야 차가운 공기가 집 안으로 들어오지 못한다. 이처럼 바람막이를 열었다 닫았다 하면서 난로로 들어오는 산소의 양을 조절할 수 있다. 사람이 수동으로 조정하는 온도조절 장치라고 할 수 있다.

이 영화에서는 바람막이가 역할을 제대로 하지 못해서 아버지가 화를 내고 욕을 하며 소리를 지른다. 결국 아버지는 바람막이를 손봤고, 가족은 따뜻한 실내 온도를 되찾기 위해 아버지의 불같은 화를 견뎌내야 했다. 화면 위로 이런 내레이션이 흐른다. "그 와중에 아버지는 욕설을 계속 퍼부었는데, 그 소리는 아직도 미시건 호 위를 떠돌고 있다."

재미있는 장면이다. 내가 이 장면을 소개한 것은 영화 속 아버지의 행동 뒤에 숨은 스트레스를 설명하기 위해서만은 아니다. 고장 난 온도조절 장치 때문에 아버지가 나이를 먹으면서 어떤 일이 일어나는지를 보여주기 위해서이기도 하다. 먼저 나쁜 소식을 이야기하고, 그다음에 좋은 소식을 이야기하겠다.

나쁜 소식은 코르티솔 같은 스트레스 호르몬이 혈류 속에 남아 있으면 집으로 검은 연기가 들어오는 것과 같다는 사실이다. 우리 몸의 모든 부분이 손상을 입을 수 있다. 여러 실험실에서 이뤄진 연구 결과, 한 가지 충격적인 패턴이 드러났다. 과다한 코르티솔이 (모든 연령대의 사람들에게) 일으키는 질병은 고령자들을 괴롭히는 질병과 같다는 것이다. 여기에는 당뇨병, 골다공증, 고혈압을 비롯해 다양한 심혈관 질환이 포함된다. 나이가 들면 코르티솔은 자연스럽게 수치가 올라가기 때문에 많은 학자들은 고령자에게 흔한 질병과 코르티솔 사이에 직접적인 관련이 있다고 믿는다. 나도 그중 한 사람이다.

코르티솔은 뇌 영역 몇 군데에도 손상을 입힐 수 있다. 가장 주요한 표적은 기억을 관장하는 해마다. 해마는 우리의 생존에 결정적인 역할을 하기 때문에 코르티솔이 해마에 손상을 입히는 것은 불행한 일이다. 스트레스와 세렝게티 초원을 연결해서 기억하는 것은 인류에게 대단히 중요한 일이었다. 스트레스 요인을 기억한다는 것은 그것을 피해야 한다고 기억하는 것이다. 스트레스가 오래 지속되지 않는 한 해마는 생존에 대해 매우 귀한 교훈을 얻고 그것을 우리에게 전해준다. 스트레스와 신체 및 정신 기능의 관계를 나타내는 역U자형 곡선에서 위로 올라가는 경사면 상태다.

그러나 만성적 스트레스 상황 때문이든, 30세가 넘었기 때문이든 스트레스가 장기화되면 해마는 자신의 종말이 가까워오는 것을 조금씩 느끼기 시작한다. 원래 스트레스 반응은 짧은 기간 지속되는 스트레스에 맞춰진 것이었다. 너무 많은 코르티솔이 너무 오래 분비되면 해마 조직이 줄어들어 해마가 위축된다. 죽는 뉴런들도 생긴다. 이것은 과도한 스트레스가 실제로 뇌 손상을 일으킨다는 것을 의미한다. 죽지 않은 뉴런이라도 서로 연결하는 능력을 잃어버릴 수 있다. 일부 뉴런은 외부의 신호에 반응하지 못하게 된다.

가장 심각한 문제는 위협이 사라진 뒤에도 코르티솔 수치의 상승을 중단시키는 능력을 해마가 잃어버린다는 사실이다. 코르티솔에 과도하게 노출된 결과 온도조절 장치가 반응하지 못하는 것이다.

결론은 무엇일까? 코르티솔에 과도하게 노출될수록 뇌는 더 손상을 입고, 그러면 코르티솔 수치가 더 높아지고, 다시 뇌는 더 손상을 입고…. 어떤 상황일지 상상이 될 것이다. 나이가 들면서 우리의 뇌는 영화 〈크리스마스 스토리〉의 고장 난 바람막이처럼 될 수 있다. 이 상황이 스트레스와 신체 및 정신 기능의 관계를 나타내는 역U자형 곡선에서 아래로 내려가는 부분이다.

그런 현상은 어떤 모습으로 나타날까? 이전보다 짜증이 더 날 수도 있다. 모든 일에 흥미를 잃을 수도 있다. 아니면 기억을 못 하는 일이 종종 생기거나 아무런 감정을 느끼지 못할 수도 있다. 현재 자신이 뇌 손상을 일으킬 수 있는 스트레스를 받고 있는지 알 수 있는 분명한 신호를 여러분에게 알려줄 수 있으면 좋겠지만, 지금으로서는 그럴 수가 없다. 어쩌면 여러분은 학자들이 정체를 밝혀가고 있는 회복력을 지닌 유전자를 갖고 있을지도 모른다. 그래서 자신이 능력을 잃기 시작했다는 것을 인식하고 보상을 시작할지도 모른다.

코르티솔의 또 다른 주요 공격 대상은 전전두엽피질이다. 전전두엽피질은 계획 수립, 작업 기억, 성격 발달 등에 관여하는 매우 중요한 영역이다. 스트레스가 장기화되면 코르티솔은 전전두엽피질의 분리된 층 안에 있는 특정 신경세포(추상세포錐狀細胞)의 수상돌기와 가시를 파괴해 연결을 끊는다. 이것은 대량 학살이다. 실험에 따르면 코르티솔에 과도하게 노출되면 전전두엽피질과 시냅스의 상호작용이 40퍼센트 줄어든다. 그 결과 작업 기억이 손실되고 성격 유지를 비롯해 고도의 기능에 손상이 일어난다. 정말 나쁜 소식이다.

더 나쁜 소식이 있다. 원시적인 감정을 관장하는 편도체는 원래 강력한 전전두엽피질에 묶여 사슬에 묶인 짐승처럼 행동하게 되어 있다. 즉, 전전두엽피질의 지배를 받는다. 그런데 전전두엽피질에 문제가 생기면 뇌는 싸우거나 도망치는 감정 상태가 지속된다. 감정이 통제를 잃은 것처럼 보이는데, 감정을 관장하는 편도체와 관련 영역들은 전전두엽피질이나 해마만큼 손상을 입지 않았기 때문이다.

사실 스트레스가 만성화되면 편도체는 크기가 더 커지고 내부 구조는 더 복잡해진다. 따라서 사람들과 어울리는 일과 스트레스는 편도체의 크기를 키울 수 있다. 그런데 스트레스의 경우 더 큰 편도체가 좋은지 나쁜지는, 혹은 더 큰 편도체가 행동을 어떻게 변화시키는지는 아직 밝혀지지 않았다.

이번에는 좋은 소식을 알아볼 차례다. 이 장 도입부에서 말한 것처럼 고령자들은 젊은 사람들보다 스트레스를 덜 *느낀다*. 어떻게 그럴 수 있을까? 다음은 몇 가지 추측이다.

고령자들에게 충격적인 사진을 보여주면 젊은 사람들처럼 편도체가 과하게 반응하지 않는다. 이것이 고령자들이 젊은 사람들보다 부정적 정보에 덜 주의를 기울이는 이유를, 그리고 혐오스러운 것의 세부 사항을 잘 기억하지 못하는 이유를 설명해줄 수 있을지 모른다. 고령자들은 편도체의 변화로 환경의 자극에 별로 당황하지 않는 것일 수도 있고, 호르몬이 많이 분비되어도 동요하지 않는 것일 수도 있다. 그 결과 앞 장에서 알아본 대로 나이가 들면 행복감이 증가하는 것인지 모른다.

우리 뇌의 적응력이 효과를 발휘하는 것일 수도 있다. 뇌는 노화로 발생하는 내적 변화를 인식하고 가끔씩은 그 변화를 바로잡으려고 한다. 나중에 기억력에 대한 장에서 두뇌가 기능 손실에 반응하는 인상적인 사례를 살펴볼 것이다. 스트레스의 경우 뇌는 스트레스 호르몬에서 나이와 관련된 변화를 감지하고 그 변화를 해결할 보상 절차를 시작할 수도 있다. 〈크리스마스 스토리〉 속 아버지가 결국 난로를 고쳤던 것을 기억하자. 그 후 영화 속에서 난로는 문제없이 제 기능을 한다.

또한 스트레스를 받는 노인들이 노화에 대해 어떻게 느끼는지도 뇌의 노화 방식을 바꿔놓을 수 있다. 자신이 몇 살이라고 생각하는지 주관적 생각을 가리키는 '연령 정체성age identity'이라는 개념이 있다. 스스로 실제 나이보다 젊다고 느끼는 사람들은 실제 나이보다 늙었다고 느끼는 사람들보다 인지 테스트에서 더 좋은 결과를 얻는다.

여기서 마법의 숫자는 12다. 주관적으로 생각하는 나이가 실제 나이보다 열두 살 어리다면 인지 테스트에서 점수를 더 잘 받는다. 노벨 문학상을 수상한 콜롬비아의 작가 가브리엘 가르시아 마르케스Gabriel García Márquez는 81세의 나이에도 글을 썼다. 마르케스는 이렇게 말했다. "당신이 몇 살인지가 아니라 몇 살이라고 느끼는지가 당신의 나이다." 당시 그는 이 명언을 뒷받침해줄 신경과학적 증거가 무척 많다는 걸 미처 알지 못했을 것이다.

학자들은 연구를 통해 노화하는 스트레스 반응에 대해 좋은 소식을 계속 찾아내고 있다. 앞에서 얘기한, 코르티솔이 해마의 기능을 손상시켰던 것을 떠올려보자. 그 손상이 영속적인 건 아니다. 해마는 전구

세포前驅細胞, progenitor cell에서 새로운 신경 조직을 만들어낼 수 있기 때문이다. 이 과정을 '신경세포 생성neurogenesis'이라고 부른다. 새로운 신경세포가 생기면 기억력이 향상된다. 이 과정에 어떻게 도움을 줄 수 있는지는 운동에 대한 장에서 자세히 살펴볼 것이다. 코르티솔이 해마를 손상시킬 수는 있지만 뇌는 거기에 맞서 싸울 수 있다. 그리고 우리가 몇 살이라 해도 싸울 준비는 할 수 있다.

성별에 따른 차이

스트레스와 관련해 고려해야 할 중요한 문제가 하나 더 있다. 그 문제를 설명하기 위해 캐나다와 미국 학자들이 공동 연구팀을 구성해 진행한 실험을 살펴보자.

그들은 포유동물의 스트레스 반응을 연구했다. 쥐와 생쥐들이 불안감을 느끼거나 고통을 느낄 때의 반응을 연구하는 것인데, 이런 연구를 하면 실험 데이터에서 명확한 패턴을 발견하기보다는 무척 다양한 스트레스 반응을 확인하게 된다. 생각할 수 있는 모든 변수를 다 통제하더라도 그렇다. 그러니 실험하는 사람들 입장에서는 미칠 노릇이다. 그런데 캐나다와 미국의 학자들은 그 이유 중 하나를 찾아냈다. 그것은 반갑기도 하지만 고민이 되는 것이기도 했다.

학자들은 실험을 진행하는 사람의 성별은 대개 변수로 고려하지 않는다. 그런데 이 연구팀의 한 사람이 그 변수를 통제하기로 했고, 그 결과 충격적인 사실을 발견했다. 수컷 쥐와 암컷 쥐 모두가 실험을 진행하는 사람의 성별을 감지한 것이다. 쥐들은 학자의 성별에 따라 스트레스 반응이 변화했다.

그렇다. 쥐들은 인간의 성에 다르게 반응했다. 그런데 남자들에게 좋은 소식은 아닌 것 같았다. 연구자가 남자일 경우 실험 중 동물의 스트레스 반응이 증가했고(기준값보다 약 40퍼센트 증가) 여자일 경우는 스트레스 반응이 감소했다(기준값보다 아래). 쥐들은 사람의 겨드랑이 땀에 반응하는 것으로 나타났는데, 남성과 여성의 겨드랑이 땀은 화학 성분이 다르다.

학자들은 무척 놀랐다. 반가워하기도 했고, 걱정하기도 했다. 행동에 대한 연구에서 성별과 관련된 문제는 고려의 대상이 되지 않는 경우가 많다. 그러나 이 결과는 실험을 진행하는 사람의 성별까지 모두 고려해야 한다는 것을 분명히 보여준다. 결국 학계는 스트레스와 관련된 다수의 연구 결과를 수정해야 했다. 어쩌면 여러분은 두뇌가 노화하면서 남성과 여성이 스트레스에 반응하는 방식에 차이가 있는지 궁금할 수도 있다. 이 분야의 연구는 앞으로 더 많이 이뤄져야겠지만 그 질문에 대한 답은 잠정적으로 '그렇다'이다. 연구를 통해 밝혀진 세 가지 사실을 살펴보자.

첫 번째는 해마의 크기 변화다. 해마는 노년으로 가까워지면서 크기가 줄어든다. 그런데 성별을 고려하니 다른 그림이 나타났다. 나이가 들면서 줄어드는 것은 주로 *남성의* 해마였다. 여성의 해마도 조금 줄어들긴 하지만 남성의 해마가 네 배는 더 줄어들었다. 그런 사실이 행동의 차이로 이어지는지는 아직 모른다. 하지만 이런 연구가 더 많이 진행되어야 하는 이유는 충분히 보여준다.

두 번째는 환경에서 비롯된 스트레스에 보이는 반응 행동이다. 높아진 코르티솔 수치는 고령층 남성들보다 고령층 여성들의 정서적 안녕과 인지 능력에 더 부정적인 영향을 준다. 학자들은 통제된 실험 조건 아래에서 두뇌에 스트레스가 될 만한 자극을 제공해서 이런 현상을 관찰했다. 그 자극은 불쾌한 뉴스 영상처럼 심리적인 것일 수도 있고, 스트레스를 유발하는 약물처럼 생화학적인 것일 수도 있었다.

실험 결과 고령층 남성들도 자극에 분명 반응했지만 고령층 여성들의 반응이 세 배는 더 강했다. 그 이유는 여성 호르몬의 일종인 에스트로겐과 관련이 있을지 모른다. 코르티솔을 이용하는 스트레스 시스템, 즉 시상하부 뇌하수체 부신 축hypothalamic-pituitary-adrenal axis, HPA axis은 폐경 전 여성들보다 폐경 후 여성들에게서 훨씬 더 반응이 활발하다.

세 번째는 노화로 인한 치매의 발병률과 관련이 있다. 치매는 마치 사냥감을 찾아 헤매는 바이킹족처럼 노화하는 두뇌를 무차별적으로 습격할 수 있다. 하지만 남성보다는 여성의 두뇌 조직을 더 좋아한다. 알츠하이머병이 대표적 사례다. 미국알츠하이머병협회에 따르면 미국에서 알츠하이머병 진단을 받은 사람의 3분의 2가 여성이다. 만 71세가 넘은 여성들의 16퍼센트 정도가 알츠하이머병을 앓고 있는데, 같은 연령의 남성들 중에는 11퍼센트가 그 병을 앓고 있다.

치매 발병률은 어째서 이렇게 성별에 따라 차이가 날까? 과거에는 여성들이 남성들보다 더 오래 살기 때문이라고 생각했다. 나이는 알츠하이머병을 포함한 치매의 분명한 예측 인자이기 때문이다. 하지만 이제는 그렇게 생각하지 않는다. 치매 발병률의 차이에는 성별에 따른, 심지어 유전적인 이유가 있는 듯 보인다. 그리고 다시 한번 범인은 에스트로겐과 관련이 있을지 모른다. 에스트로겐은 알츠하이머병을 발현시키는 생화학물질들에 강력한 방화벽 역할을 하는 것으로 보인다. 그래서 에스트로겐이 대폭 감소하면 방화벽이 붕괴된다. 이 문제에 대해서는 알츠하이머병을 다룬 장에서 더 자세히 살펴볼 것이다.

이제 조금 긍정적인 주제로 넘어가보자. 스트레스를 다스리는 데 크게 도움이 되는 방법이 있다. 남성과 여성 모두에게 똑같이 효과가 있는 방법이다.

노화를 이기는 마음챙김 수련

안경을 쓴 존 카바트 진Jon Kabat-Zinn의 첫인상은 전 세계적 운동을 촉발시킬 인물로 보이진 않는다. 대중을 선동하는 사람이라기보다는 마치 회계사처럼 보이는 그는 목소리도 부드럽고 몸집도 왜소하다. 말도 차분하고 신중하게 한다. 그러나 그는 MIT에 다니던 시절 반전 운동에 활발히 참여했으며 MIT가 군의 연구 기금을 받는 것에 주도적으로 반대했던 인물이다. 또한 그는 MIT에서 세계적으로 유명한 미생물학자 살바도르 루리아Salvador Luria에게 수학하며 분자생물학으로 박사학위를 받았다.

MIT에 다닐 때 카바트 진은 불교와 요가를 공부하기 시작했다. 그리고 연구에서 진료에 이르기까지 현대 의학은 인간의 경험에 대해 중요한 뭔가를 빠뜨리고 있다고 믿게 되었다. 현재 매사추세츠 대학교 의학과 명예교수인 그는 명상 수련과 과학적 전문성을 결합해 '마음챙김에 기초한 스트레스 감소mindfulness-based stress reduction'라는 기법을 개발했다. 그의 이런 아이디어는 심신의학mind-body medicine 분야에서 혁신을 일으켜 심신의학을 확고한 과학적 토대에 올려놓았다.

카바트 진이 개발한 기법은 고령층에서 실제로 효과를 발휘하는 강력한 안티 스트레스 요법 중 하나다. 그래서 나도 그의 기법을 최고의 스트레스 해소법으로 추천한다. 매일 건강하게 마음챙김 수련을 하는 것은 무척 좋은 일이다. 마음챙김 수련의 유형에만 주의하면 된다. '마음챙김 수련의 유형에만 주의하면'이라는 표현이 경고처럼 들렸다면 제대로 읽은 것이다. 마음챙김은 최근 몇 년 사이에 대중문화에서 무척 인기를 끌었다. 〈타임〉의 표지를 장식한 적도 있다. 그러다 보니 잘못 인식되거나 오해를 받을 수도 있다(아마존에서 '마음챙김mindfulness'을 검색해보면 관련 도서가 1,000권이 넘게 나오는데, 그중에는 반려견을 위한 마음챙김에 대한 책까지 있다).

마음챙김에 대해 학계에서 인정한 연구 결과들만 받아들여 실천한다면 분명 효과가 있을 것이다. 여기서는 기초 용어 몇 가지를 정의할 것이다. 마음챙김에 대해 더 깊이 알고 싶다면 우리 웹사이트(www.brainrules.net)의 참고 문헌 부분을 살펴보고 관련 자료를 읽어보기 바란다. 그리고 마음챙김에 기초한 스트레스 해소법을 실천하고 싶다면(꼭 그렇게 할 것을 권한다) 증거에 기초한 수련법에 대한 글을 읽어보는 게 아주 좋은 출발이 될 것이다.

마음챙김이란 간단히 말해서 부드럽게, 판단하지 않는 태도로 과거나 미래보다는 현재에 두뇌를 집중시키는 명상 수련법이다. 카바트 진은 이렇게 말한다. "마음챙김은 특별한 방법으로 주의를 집중하는 것을 뜻한다. 의식적으로, 현재의 순간에 아무런 판단 없이 집중하는 것이다."

마음챙김 훈련은 크게 두 가지 요소로 이뤄져 있다. 첫 번째 요소는 '현재를 인식'하는 것이다. 지금 이 순간 일어나는 일의 세부 사항에만 온전히 주의를 기울인다. 그 외의 것에는 관심을 두지 않는다. 우선 신체 영역에서 시작한다. 호흡에 집중하는 것이 첫 번째 연습으로 많이 이용된다. 몸의 특정 부위에 주의를 집중하는 연습도 좋다. 예컨대 왼쪽 발의 감각에 주의를 집중하는 것이다. 입안에 건포도를 넣고 물고 있는 방법도 많이 이용된다. 일부 명상법에서는 정신을 비우라고 하지만 마음챙김은 정반대다. 마음챙김에서는 마음을 채우라고 한다. *집중으로* 채우는 것이다.

마음챙김의 두 번째 요소는 '받아들임'이다. 마음챙김은 지금 이 순간의 경험을 아무런 판단이나 평가를 하지 않은 채 관찰하게 한다. 자기 인생과 싸우지 말고 관찰하라는 것이다. 특정 생각, 감정, 감각을 변화시키거나 없애라고 하지 않는다. 지금 이 순간의 생각, 감정, 감각을 있는 그대로 바라본다. 현재를 인식하고 받아들이는 것은 마음챙김에 대한 여러 정의에 공통으로 등장하는 두 가지 중요한 요소다. 이 책에서도 이 두 가지 요소를 이용할 것이다.

마음챙김 명상은 단순하지만 쉽지 않다. 초심자에게는 현 순간에 집중한다는 것이 말처럼 쉽지 않다. 예를 들어 다음과 같은 상황을 상상해보자. 강사가 사람들에게 호흡 연습을 시키면서 이마에 집중하라고 했을 때 초보 수련자의 머릿속에서 일어나는 상황이다.

> 좋아, 이마에 집중하자. 이마에 집중. 안녕, 이마야. 잠깐, 쓰레기를 내다버리는 걸 깜빡했네. 애들 아빠는 쓰레기 좀 내다놓으면 안 되나? 내가 무슨 이 집 가정부…. 아, 내가 지금 뭐 하는 거야. 이마에 집중해야지. 이마에 집중. 숨을 들이쉬고. 이마에 집중. 앗, 배에서 꼬르륵 소리가 나네. 누가 들었으면 어쩌지? 어우 창피해! 아, 배고프다. 어제 연어 너무 맛있었는데. 바보같이 버터 소스를 너무 들이부었어. 왜 난 항상 그럴까? 그래, 날 비난하면 안 돼. 다시 이마로 돌아가자. 숨을 내쉬고, 부드럽게. 이마에 두통이 사라져서 좋네. 사장도 사라져주면 좋겠는데. 사장 땜에 머리가 아팠나? 치사한 인간. 아, 이마에 집중해야지, 이마. 자책하지 말고. 다시 집중….

평온한 표정으로 명상 수련을 하는 여성의 모습이 담긴 포스터 하나가 떠오른다. 거기엔 이렇게 적혀 있다. "내면의 평화야, 어서 와! 하루 종일 이러고 있을 순 없단 말이야!"

바쁜 삶 속에서 자연스럽게 마음챙김을 할 수 없는 건 당연하다. 그러나 마음챙김 수련을 꾸준히 계속하면 뇌에 정말로 좋은 일들이 생긴다. 그 좋은 일들은 두 가지로 나눌 수 있는데 감정 통제(특히 스트레스를 관리하는 능력)와 인지 기능(특히 집중하는 능력)이다.

단순하게 말해서 마음챙김은 우리를 진정시킨다. 그 결과 모든 행동에 영향을 미친다. 예를 들어 마음챙김을 하는 고령자들은 그렇지 않은 고령자들에 비해 잠을 더 잘 잔다. 아마도 코르티솔 수치가 낮아졌기 때문일 것이다. 마음챙김 수련을 하는 고령자들은 우울감과 불안감이 현저하게 감소한다. 부정적인 일들을 예전에 비해 덜 자주 곱씹게 된다고 말한다. 마음챙김 수련을 하는 사람들은 예전보다 외로움도 덜 느끼고, 매일 느끼는 행복감의 양과 질에서 극적인 변화가 생겼다고 말하는 경우도 있다.

아직 효과를 직접 측정한 일은 없지만 마음챙김이 수명을 연장시킨다고 믿는 학자들도 있다. 그들은 마음챙김이 면역 체계와 심혈관계에 미치는 영향에 대한 연구를 근거로 내세운다. 마음챙김 수련을 하는 고령자들은 전염병에 덜 걸린다. 그리고 수련을 하지 않는 고령자들에 비해 심혈관계 건강에서 아주 좋은 점수를 받을 가능성이 86퍼센트 더 높다. 면역기능 장애, 심장질환, 고혈압이(그리고 우울증도) 일찍 세상을 떠나는 것과 관련이 있다는 사실을 생각할 때 이는 아주 중요한 사실인지도 모른다.

또한 마음챙김은 인지에도 긍정적인 영향을 미친다. 주의 집중 능력이 크게 상승한다. 한 학술지에 실린 기사 일부를 보면 "연구를 통해 밝혀진 가장 놀라운 사실은 마음챙김에 기초한 명상 수련을 한 후 주의력이 상당히 향상되었다는 사실이다. 예컨대 자극에 대한 과잉 선택성stimulus overselectivity(다른 자극들은 무시하고 한 가지 자극만 선택해서 집중하는 경향-옮긴이)이 낮아지고, 지속적 주의력이 증가하고, 주의 과실attentional blink(특정 자극이 뇌의 주의를 끌어서 순간적으로 인지 오류가 생기는 현상-옮긴이)이 상당히 감소했다. 또한 명상이 전반적인 인지 기능과 집행 기능을 향상시킬 수 있다는 증거도 있었다"라고 말한다.

이런 연구 결과는 낙관적인 전망을 갖게 한다. 그런 연구 결과 중 하나를 좀 더 자세히 살펴보자. 주의 과실은 뇌가 과제를 한 가지에서 다른 것으로 바꿀 때 의식이 지연되는 것을 말한다. 뇌가 과제를 전환하려면 시간이 걸리는데, 약 500밀리세컨드(0.5초) 정도가 걸린다. 눈을 한 번 깜빡일 때 드는 시간과 비슷하다. 나이가 들수록 과제를 전환하기까지 시간이 더 걸리는데 마음챙김 수련을 하면 수련을 하지 않은 동일 연령의 사람들에 비해 과제 전환 속도가 30퍼센트 향상된다. 마음챙김 수련을 하지 않는 20대와 거의 같은 수준이 되는 것이다.

놀라운 일이다. 마음챙김은 고령자들이 주의를 할당하는 능력을 변화시켜 정신이 더 효율적으로 움직이게 만든다. 뒤에서 살펴보겠지만 뇌가 노화하면 감각 정보를 효과적으로 살펴보는 능력이 현저히 감소한다. 마음챙김은 그런 능력 감퇴를 늦추는 데 크게 도움이 된다.

마음챙김이 영향을 주는 인지 능력이 주의력만은 아니다. 공간시각 처리, 작업 기억, 인지적 유연성, 언어 유창성 등에서도 긍정적인 변화가 발견된다. 많은 학자들이 마음챙김을 그렇게나 지지하는 이유다. 마음챙김의 인식과 받아들임이라는 두 가지 개념은 행동의 회로를 새로 깔아준다. 그리고 잠시 후에 살펴보겠지만 두뇌의 회로도 새로 깔아줄 수 있다. 이를 이해하기 위해 미국 프로농구계의 전설 필 잭슨Phil Jackson을 살펴보자. 잭슨은 대기만성형이라고 할 수 있는 인물이다.

정신력이 편도체에 미치는 영향

전 미국 프로농구 감독으로 시카고 불스에 여섯 번의 세계선수권대회 우승을, 로스앤젤레스 레이커스에 세 번의 세계선수권대회 우승을 안겼던 필 잭슨은 미국에서 가장 유명한 마음챙김 수련자일 것이다. 그는 《NBA 신화》에서 존 카바트 진의 말을 그대로 따온 듯한 인터뷰로 마음챙김을 찬양했다. "인생과 마찬가지로 농구에서 진정한 기쁨은 매 순간에 온전히 존재하는 데서 온다. 상황이 자기 뜻대로 될 때만 기쁨을 느낄 수 있는 게 아니다." 좀 더 수수께끼 같은 표현들도 있다(명상적인 표현이긴 하지만). "인생에는 농구 말고도 많은 것이 있으며, 농구에는 농구 말고도 훨씬 더 많은 것이 있다."

잭슨은 은퇴 후에도 다시 나오라는 요청을 자주 받았고 실제로도 몇 차례 그렇게 했다. 2014년에는 68세의 나이에 6,000만 달러를 받고 뉴욕 닉스의 사장으로 갔다. 2017년에 사장직에서 물러나긴 했지만 그는 여전히 NBA 역사상 가장 위대한 감독 중 한 명으로 여겨진다. 그는 모든 운동에서 가장 중요한 강령인 '정신력'을 강조함으로써 그런 성공을 거두었다고 말한다.

학자들은 잭슨의 생각에 동의한다. 많은 학자들이 마음챙김 훈련 뒤에 숨은 신경학적 메커니즘을 연구하고 있다. 운동선수들만을 대상으로 하는 연구가 아니다. 대체 마음챙김은 스트레스를 줄이고 주의력을 높이기 위해 정확히 어떤 일을 하는 것일까? 코르티솔이 그 연구의 주된 대상이 아닐까 추측하는 독자가 있을지도 모른다. 훌륭한 추측이다. 코르티솔 수치를 낮추는 것은 분명 스트레스를 감소시키는 데 일부 기여한다. 하지만 전체는 아니다. 학자들은 코르티솔에 대한 연구 데이터를 반복 실험하면서 엇갈리는 결과들을 얻었다. 그래서 다른 곳으로 눈을 돌렸다. 바로 마음챙김에 기초한 스트레스 감소가 편도체의 기능을 바꾼다는 가설이다.

감정을 만들어내는 발전소인 편도체가 기억나는가? 마음챙김 수련을 하는 사람들에게 정신적 고통을 일으키는 자극(혐오스러운 살인 장면이 잔뜩 나오는 슬래셔 영화 같은 걸 보여준다든가 하는)을 주었을 때 그들의 편도체는 대조군에 비해 활성화가 덜 되는 것으로 나타났다. 또한 휴식하고 있는 상태에서도 편도체가 덜 활성화되었다. 이는 마음챙김 수련을 정기적으로 하면 전반적으로 마음이 평온해진다는 의미로 볼 수 있다.

마음챙김이 우리의 행동에 미치는 영향은 분명하지만, 그 효과 뒤에 숨은 분자 시스템은 이제 막 이해하기 시작한 단계다. 코르티솔의 통제와 편도체의 변화가 정확히 어떻게 스트레스 감소와 관련이 있는지에 대해서 현재 활발하게 연구가 이뤄지고 있다.

학자들이 감정에만 주의를 기울였던 것은 아니다. 주의력에도 주의를 기울였는데, 주의력을 높이기 위해 마음챙김은 정확히 어떤 일을 할까? 이를 알아내기 위한 노력 중 하나로 전방대상피질anterior cingulate cortex, ACC이라는 뇌 영역에 대한 연구가 진행되었다.

전방대상피질은 이마에서 몇 센티미터 뒤, 눈 바로 위에 위치한 신경의 일부분이다. 이 부위는 주의 집중 상태를 유지하는 것에서 집행 통제executive control(실행 제어)에 이르기까지 많은 기능을 수행한다. 실수 감지와 문제 해결에도 관여한다. 실수 감지와 문제 해결에는 신경 다발 중 특히 유명한 '폰 이코노모 뉴런von Economo neurons(VE 뉴런)'을 이용한다. 이 뉴런은 코끼리, 유인원, 일부 고래, 인간 등 똑똑하다고 알려진 동물들에게서만 발견된다.

마음챙김은 폰 이코노모 뉴런을 비롯한 똑똑한 뇌 영역들을 끊임없이 *활성화*함으로써 주의 집중 상태에 영향을 준다. 이 영역들은 마음챙김 수련을 하지 않는 사람들에 비해 수련하는 사람들에게서 더 크게 활성화된다. 그리고 마음챙김 수련을 하는 사람들은 수련을 하지 않고 있을 때도 높이 활성화된 상태를 유지한다.

이런 활성화는 뇌의 구조에 영향을 미칠 수 있다. 마음챙김 수련을 하는 고령자들은 이 뇌 영역들의 뉴런을 감싸고 있는 백질의 양이 더 많다. 그리고 신경의 절연체인 백질은 미엘린초가 있는 뉴런에서 효율적인 전기 신호를 만들어내는 데 도움을 준다. 마음챙김이 전방대상피질의 특정 부위를 강화하고, 그 결과 회로를 새롭게 만들어냄으로써 뇌에 영향을 미치는 것일 수 있다.

그렇다면 전방대상피질은 어떻게 편도체와 코르티솔 수치와 협력해 작용하는 것일까? 몇몇 연구팀이 마음챙김을 할 때의 뇌신경 회로도를 그리려는 노력을 해왔다. 그 결과 한 가지 결론을 냈다. 그 회로도를 그릴 수 있는 날은 아직 멀었다는 것이다. 이는 좌절감을 주기보다는 무척 흥분되는 사실이다. 아직 도전해야 할 문제가 많이 남아 있다는 사실이기도 하고 나 같은 사람들이 앞으로도 몇십 년간, 은퇴할 나이가 지난 뒤에도 할 일이 있을 거라는 이야기이기도 하다. 필 잭슨처럼 말이다. 연봉을 6,000만 달러는 받지 못하겠지만 말이다.

'앨저넌에게 꽃을'

잠시 슬픈 이야기를 하려고 한다. 마음챙김에 대한 구체적 사례로, 친구를 많이 사귀라는 조언을 비롯해 이 책에서 말하려는 내용이 모두 담긴 이야기다.

어렸을 때 미국 작가 대니얼 키스가 쓴《앨저넌에게 꽃을》이라는 공상과학 소설을 읽었는데, 지금도 잊을 수가 없다. 소설은 앨저넌이라는 생쥐와 찰리라는 수위의 이야기다. 앨저넌은 설치류의 평균적인 지능을 갖고 있고, 찰리의 지능지수는 68이었다. 둘은 사람과 동물을 더 똑똑하게 만들려는 실험적인 수술의 대상으로 선정된다. 수술은 성공적이어서, 수술 후 앨저넌의 지능은 실험실 연구원들의 표준 지능을 뛰어넘었고, 찰리의 IQ는 180이 넘게 치솟았다.

하지만 머지않아 그런 지능의 급등은 일시적인 현상이라는 게 밝혀졌다. 앨저넌의 지능은 점점 떨어지고 결국 세상을 떠난다. 그리고 작은 관에 담겨 찰리의 집 뒤뜰에 묻힌다. 얼마 안 가 찰리의 뇌도 지능이 떨어지기 시작해 수술 전 수준으로 퇴행한다. 잔인한 소멸이다. 그에게는 자신이 똑똑했던 기억이 남아 있었다. 가슴 아프게도, 찰리의 마지막 요청은 앨저넌의 무덤에 놓을 꽃을 사다달라는 것이었다. 눈물이 흐르지 않을 수 없는 대목이다.

내가 왜 이 슬픈 이야기를 꺼냈을까? 이 책에서 나는 실천하기만 하면 더 편안하고 행복하게 늙어갈 생활 방식의 변화에 대해 이야기하고 있다. 그렇다. 내가 이야기하는 것은 *생활 방식*의 변화다. 상처가 나을 때까지 며칠 동안 붙였다 떼는 반창고 같은 일시적 해결책이 아니다. 노화 과정은 상처처럼 일정 시간이 지나면 사라지는 게 아니다. 지속되는 것이다. 그렇다면 생활 방식의 변화도 지속되어야 한다.

한 연구에서 이런 반갑지 않은 경고를 입증했다. 그 연구에서는 학생들이 일주일에 한 번씩 요양원에서 생활하는 고령자들을 방문했다. 실험은 네 그룹으로 나뉘어 진행되었다. 첫 번째 그룹에서는 학생이 방문 시간을 정했다. 두 번째 그룹에서는 고령자가 시간을 선택했다. 세 번째 그룹은 임의로 아무 때나 방문했다. 고령자는 학생이 평균 일주일에 한 번 온다는 걸 알 뿐 언제 올지는 알지 못했다. 네 번째 그룹은 학생이 방문하지 않았다. 그리고 실험 기간 동안 고령자들의 정신 및 신체의 다양한 부분을 평가했다.

친구를 많이 사귀라는 조언에서 이미 예측할 수 있겠지만, 학생들이 찾아간 고령자들은 그렇지 않은 고령자들에 비해 기분, 건강, 인지 능력 등에서 훨씬 평가 결과가 좋았다. 그러나 《앨저넌에게 꽃을》처럼 이 이야기도 아주 슬프게 변한다. 학생들의 방문이 중단된 뒤에도 연구팀은 고령자들의 상태를 계속해서 평가했다. 그 결과 정기적으로 학생들의 방문을 받던 고령자들은 방문을 받지 않던 이들에 비해 상태가 훨씬 더 안 좋아지기 시작했다. 실험을 시작하기 전보다도 훨씬 나빠졌다. 학생들이 계속해서 방문했다면 그들은 더 건강해지고 똑똑해지고 행복해졌을 것이다. 그러나 방문이 중단되자 그들의 뇌 기능은 실험 이전 수준보다 *더 아래로* 퇴행했다.

이런 연구 결과를 다음과 같이 해석할 수도 있다. '애초에 학생들이 찾아가지 않았더라면 좋았을걸.' 아니면 이렇게 주장할 수도 있을 것이다. '사람들과의 교류가 계속해서 노인의 일과가 되도록 해야 한다.' 이것이 바로 생활 방식의 변화다. 앞으로 남은 인생 동안 사람들과 활발하게 교류하지 않는다면, 혹은 마음챙김 수련을 하지 않는다면 어떻게 될지 두려워할 이유는 많다. 동시에 남은 인생 동안 사람들과 활발하게 교류하고 마음챙김 수련을 꾸준히 한다면 즐겁게 살아갈 수 있는 이유도 그만큼 많다.

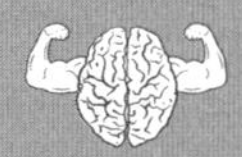

마음챙김은 마음을 진정시킬 뿐 아니라, 삶의 질을 높여준다

- 생물학적으로 볼 때 스트레스는 우리를 위험에서 벗어나게 해주는 기제다. 스트레스는 단기적이어야 한다. 스트레스를 너무 오래 받으면 두뇌 시스템이 해를 입는다.
- 노화에 대해 긍정적인 생각을 갖도록 노력하자. 스스로 젊다고 느끼면 인지 능력이 향상된다.
- 마음챙김은 과거나 미래보다는 현재에 두뇌를 집중시키는 명상 수련이다. 마음챙김 수련을 하면 스트레스도 줄고 인지 능력도 향상될 수 있다.
- 나이가 들어도 건강한 몸과 인지 능력을 유지하려면 더 좋은 생활 방식을 일관성 있게, 지속적이고 적극적으로 실천해야 한다.

BRAIN RULE

4 기억력

배우거나 가르치기에 너무 늦은 때는 없다

신은 우리에게 기억력을 주어 12월에도 장미를 피울 수 있게 했다.
_제임스 M. 배리James M. Barrie, 스코틀랜드 출신 소설가

나는 단기 기억에만 문제가 있는 게 아니다. 단기 기억에도 문제가 있다.
_무명씨

지금 소개할 에피소드에 제목을 붙인다면 '구원의 여신' 정도가 적당할 것이다. 한 축하 파티에서 매우 매력적인 인물을 소개받은 적이 있었다. 그와 나는 과학에 대한 이야기로 금방 친해졌다. 그때 아내가 내 쪽으로 걸어왔다. 아내에게 그 사람을 소개해야 한다는 생각이 든 순간, 나는 너무나 당황하고 말았다. 그의 이름이 전혀 기억나지 않았던 것이다. 아내는 내가 또 사람의 이름을 기억하지 못했다는 것을 눈치채고는 자연스럽게 그에게 손을 내밀고 자기소개를 했다. 그러자 그도 자기소개를 했다. 아내는 정말 구원의 여신이었다.

마음 아프지만 나이를 먹을수록 이렇게 뭔가 깜빡하고 기억이 안 나는 순간들이 많아진다. 그리고 그런 순간은 점점 더 잦아진다. 코미디언 조지 번스George Burns는 그런 현상에 대해 다음과 같이 재미있는 말을 남겼다. "먼저 이름이 기억이 안 나. 그다음에는 얼굴이 기억이 안 나지. 그다음에는 바지 지퍼 올리는 걸 까먹어. 그리고 마지막에는 지퍼 내리는 걸 잊어버려!"

번스는 늙어서도 기억 체계가 활기차게 유지된다는 걸 잘 보여주는 멋진 사례였다. 그런데 번스가 말한 기억력 쇠퇴와 내가 이름을 깜빡하는 현상이 어떻게 양립될 수 있을까? 우리의 뇌는 여러 가지 기억 체계를 가지고 있는데, 이들은 같은 속도로 노화하지는 않는다. 그렇다면 우리는 어떤 기억의 변화를 걱정해야 하고 어떤 변화는 무시해도 될까? 노화와 함께 잃어버리기 시작하는 기억 체계에 대해 우리가 할 수 있는 일이 있을까?

이것이 이 장에서 알아볼 질문들이다. 먼저 우리가 나이를 먹으면서 기억에 어떤 일이 일어나는지 살펴보자. 살짝 귀띔하자면, 이 장에서 우리는 잘못된 통념 여러 가지를 날려버릴 것이다.

기억의 여러 유형

우리의 이마 속에 마치 하드 드라이브가 하나 내장되어 있는 것처럼 뇌 속 기억 체계가 하나뿐이라고 생각한다면 큰 착각이다. 우리의 뇌 속에는 여러 개의 기억 체계가 있다. 20~30개의 하드 드라이브가 들어 있는 노트북과 비슷하다고 할 수 있다.

각 기억 체계는 특정 기억의 처리를 담당하며 반半독립적 방식으로 일하는 신경회로들로 이뤄져 있다. 한 예로 고등학교 기술 수업 시간에 선반(금속, 나무, 돌 등을 갈거나 자르는 데 쓰는 공작 기계 – 옮긴이) 사용법을 배우는 동안 친구 잭이 손을 베었던 일을 기억한다고 해보자. 그 사고가 일어나기 전에 배운 선반 작동법에 대한 기억은 A라는 기억 영역(동작 기억)에서 처리한다. 한편 손이 베었던 친구의 이름이 브라이언이 아니라 잭이었다는 기억은 B라는 기억 영역(서술 기억)에서 처리한다. 그리고 그 광경을 오전 기술 수업 중에 자신과 잭을 비롯한 다른 학생들과 함께 목격했다는 기억은 C라는 기억 영역(일화 기억)에서 처리한다.

이 여러 개의 기억 체계들은 끊임없이 서로 대화를 나누며 1초도 안 되는 짧은 시간 동안 각자 알아낸 사실들을 통합하고 업데이트한다. 그러나 어떻게 그렇게 하는지에 대해서는 거의 알려진 바가 없다. 그 메커니즘은 테이프를 넣고 녹음을 한 후 재생 버튼을 눌러 재생하는 녹음기보다 훨씬 더 복잡하다. 게다가 단기 기억과 장기 기억도 있다. 조금 단순하게 설명하기 위해 여기서는 장기 기억에 집중할 것이다. 특별히 명시하지 않는 한 기억이라고 하면 단기 기억이 아닌 장기 기억이라고 생각하면 된다.

과학자들이 아직은 기억에 대해 별로 알지 못한다는 사실을 감안하면 기억을 체계화하기 위해 어떤 틀을 만들더라도 그 틀은 이론적으로 중대한 빈틈이 있을 수밖에 없다. 이 책에서 사용할 틀은 특정 유형의 정보를 처리할 때 의식적 기능이 동원되는지, 아니면 무의식적 기능이 동원되는지에 따라 기억을 체계화하는 방식이다.

의식적으로 재생하는 기억 체계는 서술 기억declarative memory이라고 부른다. 말로 서술하기 쉬운 기억이라서 그런 이름이 붙었다. 서술 기억은 두 가지 요소로 이뤄져 있다. 국기에 대한 맹세 같은 것을 외울 수 있게 해주는 의미 기억semantic memory과 며칠 전에 본 시트콤 내용을 기억하게 해주는 일화 기억episodic memory이 그것이다. 여기서 기억을 의식적으로 재생한다는 건 무슨 의미일까? 가령 내가 여러분에게 몇 살이냐고 물었는데 여러분이 "알 바 아니잖아요"라고 답한다고 해보자. 여러분은 자신의 나이를 안다. 의식적으로 떠올릴 수 있다. 그리고 불쾌해하며 역시 자신이 아는 언어로 대답을 한다.

반면에 이전에 배운 기술을 의식하지 못한 채 떠올리는 경우가 있다. 운전을 예로 들어보자. 여러분은 운전하는 기술을 장기 기억으로부터 의식적으로 재생해 스스로 이렇게 속삭이는가? '이제 운전석 문을 열고, 운전석에 앉아서 엄지와 검지로 차 열쇠를 쥐고 열쇠 구멍에 집어넣은 다음 시계 방향으로 30도 정도 돌리고 시동이 걸릴 때까지 기다리는 거야.' 당연히 아니다. 그냥 차에 타 운전을 할 뿐 운전 방법을 특별히 의식하진 않는다. 이런 기억은 절차 기억procedural memory이라고 한다. 절차 기억과 서술 기억의 큰 차이점 중 하나가 의식적으로 인식을 하느냐 여부다.

여기서 명확하게 해둘 것이 있다. 모든 기억 체계는 의식적이든 아니든 '학습한 경험'에서 형성된다. 태어날 때부터 무례한 질문을 들으면 기분이 나쁘지는 않은 것처럼 태어날 때부터 운전을 할 줄 아는 사람은 없다. 하지만 그 두 가지 사실을 학습할 때 우리는 뇌의 각기 다른 영역을 이용한다. 이런 기억의 다양성을 설명하기 위해 과학자들은 이렇게 말한다. "기억은 단일 현상이 아니다."

기억 체계들이 노화하는 것 역시 단일 현상이 아니다. 기억 체계마다 노화는 다르게 일어난다. 앞에서 언급한 코미디언 조지 번스가 이런 현상을 설명하는 데 도움이 된다. 그는 라스베이거스의 한 카지노에서 스탠드업 코미디 종신계약서에 서명을 했다. 96세라는 나이에!

시들지 않는 기억, 지혜

"구두끈을 묶으려고 걸음을 멈추고 쭈그리고 앉았는데 뭘 하려고 했는지 기억이 안 난다면 나이를 먹는다는 겁니다."

조지 번스가 한 우스갯소리다. 그는 하루에 담배를 15개비씩 피우는 습관에 대해서는 이런 농담을 했다. "제 나이쯤 되면 뭔가 굳건히 지키는 일이 있어야죠." 그리고 이런 말도 했다. "저도 또래 여자들이랑 데이트를 하고 싶어요. 그런데 제 또래 여자들이 없어요."

번스는 〈오, 하느님!Oh, God!〉이라는 코미디 영화에서 주인공인 하느님을 연기했다. 한 인터뷰에서 어떻게 주연으로 선정됐느냐는 질문을 받자 당시 81세였던 번스는 이렇게 말했다. "제가 하느님이랑 나이가 제일 비슷했거든요." 그는 이미 79세였던 2년 전(1975년)에 아카데미상을 수상한 배우였다. 그의 넘치는 활력을 믿었기에 라스베이거스 시저스 팰리스 호텔의 임원들은 이 96세 노인과 계약을 체결했다. 그의 100번째 생일 공연을 방송에 중계할 권리를 갖기 위해서였다.

사실들을 기억하는 의미 기억은 나이를 먹는다고 해서 쇠퇴하지 않는다. 의미 기억을 뒷받침하는 데이터베이스인 어휘에 접근하는 능력은 나이를 먹으면서 사실상 증가한다. 어휘력 테스트를 보면 20대에는 25점을 받지만 60대 후반에는 27점 이상을 받는다. 별 차이 없다고 생각할 수 있다. 늙으면 기억력이 떨어진다는 오명을 생각하면 이 점수가 노년에 올라간다고 생각하는 사람은 거의 없을 것이다. 하지만 놀랍게도 관찰 결과 점수가 올라갔다.

절차 기억 역시 빨리 시들지 않는다. 무의식적으로 재생되며 동작 기억motor memory 밑에 있는 절차 기억은 나이를 먹어도 꾸준히 유지된다. 일부 연구에서는 나이를 먹을수록 조금 향상하는 것으로 나오기도 한다. 예를 들어 한 실험에서는 젊은 사람들과 고령자들에게 시각운동성 과제(운전이나 비디오게임처럼 시각 정보와 신체 동작을 동시에 진행하는 능력을 이용하는 과제 – 옮긴이)를 가르친 다음 2년 후에 얼마나 기억하는지 시험했다. 그 결과 동작 기억은 젊은 사람들에서는 10퍼센트 향상했고 노년층에서는 13퍼센트 향상했다.

이런 유형의 기억들이 시간이 흘러도 왕성하게 활동한다는 사실은 기쁜 소식이다. 다시 말해 사람은 나이를 먹으면서 정말로 더 현명해진다고 볼 수도 있다. 이런 연구 결과들은 노인들이 경험으로 가득 찬 뇌를 가지고 있다는 사실을 뒷받침한다. 뇌가 경험으로 가득 차 있다는 사실은 두 가지 중요한 이점이 있다.

첫째, 고령자들은 젊은 사람들보다 더 많은 지식을 갖고 있다. 따라서 의사결정을 내릴 때 선택의 폭이 더 넓다. 직면한 문제가 중동 평화 협상이나 사춘기 자녀처럼 복잡하고 혼란스럽고 미묘한 것일 때 고령자의 지식과 경험은 매우 도움이 된다.

둘째, 의사결정이 덜 충동적이고 더 신중해진다. 결정을 내리는 데 시간이 전보다 더 걸린다. 따져봐야 할 선택의 여지가 더 많기 때문이다. 고령자의 뇌도 여전히 유연하고 가소성이 있지만 뇌에 정보가 많이 차 있을수록 어떤 결정을 내리려면 뇌의 신진대사에 에너지가 더 많이 든다. 결과적으로 고령자들은 대체로 어리석은 결정을 내리지 않는다.

한 논문에서는 이런 현상을 다음과 같이 묘사한다. "건강한 고령자의 뇌는 아동과 청소년의 뇌보다 환경의 도전에 유연한 반응을 보일 가능성이 낮고 그럴 필요가 적을지 모른다. 다시 말해 고령자들은 이 세상에 대해 더 풍부하고 다채로운 모델을 갖고 있고, 그 모델에 담겨 있는 다양한 행동의 레퍼토리를 효율적으로 사용할 수 있다."

이런 풍부한 모델을 일부 학자들이 부르는 것처럼 '지혜'라고 부를 수도 있다. 다시 한번 조지 번스의 삶을 살펴보자. 번스는 소극장에서 라디오, 텔레비전, 영화에 이르기까지 20세기에 존재한 모든 미디어에서 활동한 몇 안 되는 코미디언 중 한 사람이었다. 96세가 된 그의 뇌는 80년 가까이 계속 일하면서 쌓아온 지혜로 살이 쪄 있었다. 그가 영화에서 신을 연기한 것도 자연스러운 일인지 모른다.

건망증과 노화

나이를 먹고 노년에 다가가면서 일부 기억 체계는 원래 상태를 유지하지 못한다. 나이를 먹으면서 쇠퇴하는 한 가지 기억 체계를 설명하기 위해 유명 애니메이션에 등장한 한 늙은 등장인물을 살펴보자.

우리 가족은 픽사의 애니메이션 〈니모를 찾아서〉를 좋아한다. 그 작품에서 니모의 아빠(흰동가리)는 아들이 잠수부들에게 납치되는 것을 목격한다. 곧이어 파란색 물고기인 도리와 마주친다. 도리의 목소리는 코미디언이자 영화배우 엘렌 드제너러스가 연기했다. 도리는 잠수부들의 배를 봤다고 흥분하며 말한다. “배가 이쪽으로 갔어요! 절 따라와요!” 둘은 배가 떠난 방향으로 미친 듯이 헤엄쳐 가기 시작한다.

그러나 오래 가지는 못한다. 도리는 속도가 느려졌고, 뭔가 수상쩍다는 눈빛으로 자꾸 뒤를 돌아 니모의 아빠를 쳐다보며 갈지자로 헤엄을 치기 시작한다. 니모 아빠를 알아보지 못하는 것 같다. “왜 자꾸 따라와요? 그만 따라와요!” 니모의 아빠는 깜짝 놀라 대답한다. “무슨 말이에요? 배가 어느 쪽으로 갔는지 알려주는 거 아니에요?”

도리는 헤엄치던 걸 멈추고 갑자기 미소를 지으며 이렇게 말한다. “제가 그 배를 봤어요. 조금 전에 지나갔어요.” 마치 불을 내뿜으며 발사되는 로켓처럼 갑자기 그녀의 뇌가 원기를 회복한다. "이쪽으로 갔어요! 이쪽으로! 절 따라와요!" 그녀는 조금 전과 똑같은 방향으로 빠르게 헤엄쳐 간다. 당황한 니모의 아빠는 도리가 방금 전의 일을 기억하지 못하는 걸 보고 거세게 항의한다. 도리는 이렇게 답한다. "정말 미안해요. 제가 단기 기억 상실증을 앓고 있거든요. 모든 일을 금방 잊어버려요. 우리 집안 내력이에요."

이 장면은 과학자들이 작업 기억이라고 부르는 인지 작업 공간을 설명해주는 아주 좋은 사례다. 과거에는 작업 기억을 단기 기억이라고 불렀다. 정보를 일시적으로 저장하기 위한 단순하고 수동적인 저장소라고 믿었기 때문이다. 그러나 이는 사실이 아니다. 우리는 지금도 그 저장소가 일시적인 작업 공간이라고 생각하지만 그 공간은 결코 단순하지도, 수동적이지도 않다.

영국의 심리학자 앨런 배들리Alan Baddeley는 작업 기억이라는 용어를 처음 만든 사람이다. 그는 이 작업 공간이 여러 하위 프로세스로 이뤄진 역동적인 공간으로서 바쁜 사무실 책상 위에 있는 수많은 서류철과 비슷하게 작용한다고 가정했다. 작업 기억의 공간에 있는 서류철 가운데 하나는 시각 정보를 일시적으로 보유하는 데 쓰인다(시공간적 스케치북). 다른 서류철은 언어 정보를 일시적으로 보유하는 데 쓰인다(음운 고리). 또 다른 서류철은 다른 모든 서류철을 조정하는 일을 한다. 중앙처리장치라고 하면 맞을 것이다. 마지막 하위 프로세스는 나머지 프로세스들이 하고 있는 일을 파악하는 프로그램만을 보유한다.

작업 기억에 결함이 생기면 무척 당황스러운 일들이 일어날 수 있다. 열쇠를 자주 잃어버리고, 막 하려던 말이나 일을 갑자기 잊어버리거나 다른 사람이 하는 말 또는 행동을 파악하지 못한다. 친구에게 어떤 이야기를 하는데 친구가 "그 얘기 벌써 한 거야"라고 말하는 일이 종종 생긴다. 누구나 이런 경험이 있을 것이다. 작업 기억의 쇠퇴는 무척 큰 폭으로 일어날 수 있다.

한 연구 논문에 따르면 20대에는 작업 기억 표준 척도에서 약 0.6점을 받는다(이 테스트에 대해서는 brainrules.net을 참고하기 바란다). 0.6점은 꽤 높은 점수다. 그런데 안타깝게도 나이를 먹을수록 점수가 떨어진다. 40세에 점수는 0.2점 정도이고(별로 높지 않다), 80세에는 −0.6점(정말 낮다)까지 떨어진다. 건망증이 그물처럼 뇌에 드리워지는 것이다.

작업 기억은 집행 기능이라고 하는 더 큰 네트워크의 한 부분으로, 집행 기능 역시 나이를 먹으면서 저하되는데 이에 대해서는 다른 장에서 자세히 설명할 것이다. 여기서는 〈니모를 찾아서〉의 도리에게 나타난 작업 기억 장애가 인간에게도 동일한 방식으로 나타난다고만 말해두자.

그나저나 도리는 옳았다. 작업 기억 능력은 정말로 집안 내력이다. 작업 기억 능력을 유지하고 싶다면 부모를 잘 선택해야 한다는 뜻이다. 그러나 부모를 선택할 수는 없으니 이 책에서 제안하는 방법들을 잘 따르기 바란다.

작업 기억 능력을 유지하기 위해 어떻게, 무엇을 해야 하는지 할 말이 많지만 그에 앞서 나쁜 소식을 조금 더 전해야 할 것 같다. 그 소식은 지구상에 존재했던 가장 유명한 프로권투 선수와 관련이 있다.

단기 기억만이 세월이라는 거친 파도 속에서 힘겹게 헤엄을 치는 것은 아니다. 몇몇 장기 기억 장치들도 사나운 파도를 만난다. 1950년대부터 1980년대까지 방송된 미국의 TV 리얼리티 다큐멘터리 〈디스 이즈 유어 라이프This Is Your Life〉에 좋은 예가 등장한다. 이 방송에는 인류 역사상 가장 위대한 스포츠 선수인 무하마드 알리가 등장했다. 2016년에 세상을 떠난 알리는 주먹만큼이나 언변으로도 유명했던 권투 선수였다.

〈디스 이즈 유어 라이프〉는 한 사람의 생애를 전기처럼 쭉 돌아보면서 주인공과 관련된 사람을 몰래 등장시켜 주인공을 다른 각도에서 보여준다. 이 프로그램에는 유명 인사들이 자주 출연했는데, 과거에 알고 지냈지만 몇십 년째 연락하지 않았던 사람들도 등장해 출연자를 깜짝 놀라게 하기도 했다. 1978년에 알리가 출연했을 때는 알리의 부모님, 형제, 아내, 전설적인 권투 선수들이 등장했다. 그중 특히 감동적인 장면은 전설적인 가수 톰 존스의 인터뷰였다. 거기서 톰 존스는 무하마드 알리를 처음 만난 날을 이렇게 회상했다.

"지금 내가 라스베이거스의 극장 분장실에 있잖아. 그때도… 10년 전쯤인 것 같은데, 뉴저지 주 체리힐에 있는 한 카지노의 분장실에서 대기 중이었어. 그런데 누가 노크를 해서 고개를 들어보니까 문 앞에 자네가 서 있었지…."

가장 놀라운 대목은 존스가 이 이야기를 시작했을 때 알리의 반응이었다. 알리는 깜짝 놀란 것 같았다. 존스가 이야기를 하는 동안 알리는 무릎 위에 손을 내려놓은 채 눈과 코를 계속 훔쳤다.

"그때 우린 친구가 됐지."

존스가 이야기를 끝냈고 알리는 잠시 자리에 그대로 앉아 있었다. 과거의 영광으로 둘러싸인 인생에서 이 전설적인 챔피언은 상대 선수가 아니라 기억에 KO를 당한 것 같았다.

앞에서 말했던 서술 기억의 한 부분인 일화 기억은 이름 그대로다. 과거의 일화, 사건을 기억하는 것이다. 즉, 특정 맥락과 시간 속에서 서로 관계가 있는 사건들에 대한 정보를 기억한다. 그 사건 속에서는 등장인물들이 상호작용을 한다. 인물이 자기 자신이라면 자전적 일화 기억이라고 부른다. 일화 기억은 '무엇을, 어디서, 언제' 같은 질문들에 답을 해준다. 〈디스 이즈 유어 라이프〉는 그런 질문들에 따라 구성되는 프로그램이었다.

일화 기억에서는 두 가지 요소가 결합된다. 하나는 재생되는 '정보'이고 또 하나는 그 정보가 기억되는 '맥락'이다. 재생되는 정보는 아마도 단순한 의미 기억, 즉 사실에 대한 기억일 것이다. 그러나 정보가 기억되는 맥락은 일화 기억에 고유하게 존재하는 것으로 출처 기억source memory이라고 한다. 연설하는 사람을 생각해보면 된다. 의미 기억은 연설의 '내용'을 기억하고, 출처 기억은 그 말을 '누가' 했는지를 기억한다.

일화 기억은 구조적으로 다른 기억들과 뚜렷이 구별된다. 그걸 어떻게 알 수 있을까? 말도 안 될 정도로 일화 기억을 잘 기억하는 사람들이 있지만 그들의 의미 기억 능력은 평균이거나 좀 떨어진다. 유명한 사례로, 어려서부터 자신에게 일어난 모든 일을 분명하게, 조금의 오류도 없이 기억하는 여성이 있었다. 그녀의 자전적 일화 기억은 완벽해 보였다. 그러나 그녀의 학교 성적은 평균을 밑돌았다. 그녀는 지극히 평범한 사실들을 잘 기억하지 못했고 일상적인 일들을 기억하기 위해서는 목록을 만들어 도움을 받아야 했다. 그녀는 서술 기억에 문제가 있었다. 8년 전, 7일 전, 4시간 전에 먹은 저녁 식사 메뉴는 정확히 기억할 수 있었지만 자신의 하루 일정은 기억하지 못했다. 일화 기억과 서술 기억이 별개의 시스템이라는 걸 확인할 수 있는 사례다.

일화 기억은 작업 기억과 마찬가지로 나이를 먹으면서 나빠진다. 연구에 따르면 70대에는 일화 기억 능력이 20대에 비해 33퍼센트 떨어진다(능력이 가장 뛰어난 때가 20세 무렵이다). 할아버지는 아침에 뭘 먹었는지 손녀보다 잘 기억하지 못한다는 얘기다.

또한 나이를 먹으면서 그보다 더 심하게 나빠지는 기억력이 있다. 바로 출처 기억이다. 한 실험에서는 젊은 사람들과 고령자들에게 사람들의 연설을 보여주었다. 그리고 나중에 연설 내용을 기억하게 하고 어떤 내용을 어떤 사람이 말했는지 기억하게 했다. 실험 결과 나이 든 사람들과 젊은 사람들 모두 내용은 잘 구별했다(의미 기억). 그러나 나이 든 사람들은 누가 어떤 이야기를 했는지 젊은 사람들에 비해 훨씬 잘 기억하지 못했다(출처 기억). 고령자들은 심지어 연사의 성별도 기억하지 못했다. 성별을 기억하는 것은 인지적으로 훨씬 덜 힘든 과제로 부분적 출처 기억partial-source memory이라고 부른다.

신경학적 관점에서 볼 때 우리가 나이를 먹으면 일화 기억에는 어떤 일이 일어날까? 일화 기억을 하려면 해마와 디폴트 모드 네트워크 default mode network, DMN가 전기적 신호로 연결되어야 한다. 해마가 일화 기억에 관여한다는 것은 이해가 갈 것이다. 해마는 여러 유형의 기억을 중재하는 데 도움을 주기 때문이다. 디폴트 모드 네트워크 역시 일화 기억에 관여하는데, 그 기능을 살펴보자.

디폴트 모드 네트워크는 넓게 퍼져 있는 일군의 신경망으로 두 귀 사이에 활 모양으로 자리 잡은 부위들을 연결해주는 이마 바로 뒤의 영역들이다. '디폴트'라 불리는 이유는 우리가 아무 일을 하지 않을 때도, 즉 공상을 하거나 멍하니 있을 때도 활동하기 때문이다. 디폴트 모드 네트워크는 일화 기억에 깊이 관여하는데, 특히 전전두엽피질의 오른쪽에 있는 뉴런들과 관련이 있다. 공상을 만들어내는 뉴런들이 내러티브를 구축하는 데 도움을 줄 수 있다는 것은 이해가 된다. 공상과 내러티브는 모두 일화, 이야기라는 특징이 있기 때문이다.

나이를 먹으면서 해마와 디폴트 모드 네트워크는 둘 다 쇠퇴하기 시작한다. 그런 현상은 구조적으로도 볼 수 있고(크기가 작아진다), 기능적으로도 알 수 있다(연결이 변화한다). 바로 여기서 악몽이 시작된다. 뇌는 그런 노화를 극복할 만한 힘을 모을 수가 없다. 의도적으로 어떤 노력을 하지 않으면 이런 변화는 영구적으로 유지된다. 적당한 손상은 모두에게 일어나는 평범한 현상이지만 심각한 손상은 평범한 현상이 아니다. 그렇다. 이는 알츠하이머병의 특징 중 하나다.

안타깝게도, 작업 기억과 일화 기억만이 노화와 함께 쇠퇴하는 것은 아니다. 곧 이야기할 세 번째 기억력의 쇠락도 여러분은 이미 경험했을 것이다.

혀끝에서 맴도는 이름

노부부 두 쌍이 영화를 본 후 걸어서 집으로 돌아가고 있다. 부인 둘은 앞에서 수다를 떨며 걸어가고 남편 둘은 그 뒤를 따라가고 있다. 남편 하나가 이렇게 말한다. "우리 어제 저녁에 진짜 좋은 식당에 갔었어. 자네도 꼭 가봐." 친구가 대답한다. "식당 이름이 뭔데?" 그러자 남자가 대답을 하려는데 뭔가 당황한 표정이다. "음, 이름이 뭐더라…. 기억이 안 나네. 그 왜, 사람들이 다 좋아하는 예쁜 꽃 이름이 뭐지? 있잖아, 밸런타인데이에 주는 꽃." 친구가 알쏭달쏭한 얼굴로 대답한다. "장미 말이야? 로즈?" "맞아, 그거야!" 이렇게 말하고서 남자는 앞에 걸어가고 있는 아내를 부른다. "로즈? 이봐, 로즈! 우리가 어제 저녁에 갔던 식당 이름이 뭐였지?"

내가 아는 거의 모든 사람은 위에 묘사한 상황에 등장하는 기억력 손상 중 적어도 하나는 겪고 있다. 어떤 단어를 떠올리려 하는데 그 단어가 마치 보이지 않는 구슬처럼 기억 속에서 맴도는 느낌이 든다. 그러나 곧 그 구슬은 가차 없는 인지의 배수관으로 빨려 들어가 버린다. 그리고 그다음 날 정오쯤 갑자기 그 단어가 인지의 수면 위로 떠오른다. 이것이 설단 현상舌端現象, Tip-of-the-Tongue phenomenon이다. 나이가 들면서 이런 경험은 점점 더 흔해진다. 평균적으로 설단 현상은 70세가 되면 30세에 비해 네 배는 증가한다.

이런 기억력 손상의 흥미로운 측면 중 하나가 '잃어버리지 않은 부분'이다. 즉, 손상되지 않은 부분들이 많다는 점이다. 위의 상황에서 노부부의 남편은 자신이 전날 아내와 함께 어떤 식당에 갔고, 그곳의 음식이 정말 맛있었다는 것을 기억한다. 그리고 친구에게 그 식당을 소개하고 싶어 한다. 그리고 그 식당에 대해 이야기를 한다. 이것은 그의 언어 이해력에 문제가 없다는 뜻이다. 그가 곤란을 겪는 부분은 특정 단어를 찾아내는 일이다.

요지는 이것이다. 언어 이해력과 일반적인 단어 생산력은 나이가 들어도 과일 통조림 속 복숭아처럼 잘 보존된다. 그러나 음성으로 특정 단어를 표현하는 능력은 햇빛에 너무 오래 내놓아서 말라버린 과일처럼 잘 보존되지 못한다.

기억력의 쇠퇴가 모든 기억에서 균등하게 일어나지 않는 것은 분명하다. 기억력이 악화되는 과정을 추적할 때 과학자들이 이용하는 연대표 같은 게 있을까? 이것은 중요한 질문이다. 많은 노인들이 좋아하는 와인의 이름을 기억하지 못할 때마다 치매의 그림자가 자기 뇌를 갉아먹고 있는 건 아닌지 두려워한다. 그러나 다행히도 이런 기억력 손상의 대부분은 정상적인 현상이다. 나이가 많다는 표시일 뿐이다. 그리고 기억력 저하를 늦추는 방법, 심지어 되돌려놓을 수 있는 방법들이 있다. 단어를 잘 떠올리지 못하는 기억력 손상이 치매처럼 심각한 질환의 징후인 경우는 드물다. 나중에 알츠하이머병을 다루는 장에서 평범한 기억력 쇠퇴와 무서운 기억력 쇠퇴를 구별하는 방법에 대해 살펴볼 것이다.

정확히 어떤 기억력이 얼마나 언제부터 쇠퇴하는지에 대해서는 의견이 분분하다. 문제는 개인마다 노화를 모두 다르게 경험한다는 사실이다. 그리고 기억이 어떻게 작용하는지에 대한 과학적 이해는 아직 크게 부족하다. 현재로서는 기억력에 대해 다음 두 가지 사실만이 확인되었을 뿐이다.

1. 노년이 되어갈 때 몇 가지 기억 장치는 성능이 떨어지고, 몇 가지 기억 장치는 성능이 좋아지며, 몇 가지는 성능에 변화가 없다.
2. 기억력은 대부분 30세가 지나면 성능이 떨어진다.

대부분의 사람들에서 작업 기억은 25세일 때 최고의 성능을 보이고 35세까지 그 상태를 유지하다가, 35세 이후 밤으로의 길고 느린 여정을 시작한다. 일화 기억은 작업 기억보다 5년 빠른 20세에 최고 상태에 이르고 그 후에는 작업 기억과 마찬가지로 천천히 내리막길을 걷는다.

이런 사실을 어휘 능력, 즉 전반적인 어휘력 점수는 만 68세에 최고점에 이른다는 데이터와 비교해보자. 이 데이터는 반갑게 들릴지 모르지만, 자세히 들여다보면 모순으로 들릴 수 있다. 어떻게 그게 가능할까? 25세만 지나도 설단 현상이 눈에 띄게 나타나는 마당에? 어쩌면 우리의 어휘 데이터베이스는 나이가 들어도 최고급 캐딜락 수준이지만 어휘에 접근하는 능력은 T형 포드(헨리 포드가 1908년에 처음 판매한 자동차) 수준으로 하락하는지 모른다.

노화하는 뇌의 뚜껑을 열고 기억 재생 장치를 들여다보면 이런 수수께끼들이 풀릴까? 그럴지도 모른다. 그래서 여기서는 신경과학자들이 과거에 가본 길을 따라가 보려고 한다. 그러기 위해 〈스타 트렉〉에 나온 미 해군 항공모함 엔터프라이즈호의 제임스 커크 선장과 곤Gorn이라는 파충류 외계인의 결투를 살펴볼 것이다.

노화하는 뇌의 임기응변 능력

곤은 〈스타 트렉〉의 '아레나Arena'라는 에피소드에 등장하는 엄청나게 촌스러운 복장을 한 파충류 외계인이다. 이 에피소드는 커크 선장과 곤의 결투로 시작하는데, 둘은 영토권을 두고 싸우다가 어떤 고등 종족에 의해 외계 행성으로 소환된 상태다. 이 고등 종족은 곤과 커크의 우주 병기를 모두 빼앗고 손과 주먹만으로 결투를 하게 한다.

물론 이 싸움에서는 커크 선장이 이긴다. 그는 외계 행성에 있는 동안 소구경 대포(대나무 줄기)와 다이아몬드 같은 발사체, 그리고 화약 성분만 있으면 조악한 탄도 무기를 만들 수 있다는 걸 알게 된다. 그렇게 임시변통으로 만든 대포를 적인 파충류에게 발사해 심각한 부상을 입히지만 적을 죽이지는 않기로 결심한다(디스커버리 채널의 〈호기심 해결사MythBusters〉라는 프로그램에서 위의 에피소드에 나온 기술을 그대로 따라한 적이 있다. 그 결과 대나무 대포는 불을 붙이는 순간 폭발했다. 아무리 보강을 해도 마찬가지였다. 결론적으로, 커크 선장은 무기를 아무리 잘 만들었어도 죽었을 것이다).

〈스타 트렉〉 작가의 물리학 지식에 트집을 잡을 수도 있다. 하지만 커크 선장이 매우 열악한 환경에서 창의성을 발휘했다는 사실에 토를 달 수는 없을 것이다. 그런 능력이 우리의 늙어가는 뇌가 주는 선물이다. 예를 들면 단어들을 배열해 문장을 만드는 능력이 있다. 과학자들은 고령자들의 뇌를 관찰한 결과 언어 능력은 변하지 않았지만 언어 능력을 발휘하는 방식은 변화했다는 것을 발견했다.

젊은 뇌는 보통 브로카 언어 중추Broca's speech center를 활성화해서 문장을 만든다. 브로카 언어 중추는 19세기 프랑스의 의사로 언어 중추를 발견한 피에르 폴 브로카Pierre-Paul Broca의 이름을 딴 것이다.

브로카 언어 중추는 뇌의 한쪽, 즉 왼쪽 귀 바로 위(뇌의 왼쪽에 있는 하측전두피질inferior frontal cortex과 후중측두회posterior middle temporal gyrus)에 모여 있는 신경망이다. 음성 언어는 그곳에 있는 두 영역을 통해 구사할 수 있는데, 그 두 영역을 각각 BA 45, BA 44(Brodmann Area 45, Brodmann Area 44)라 부른다. 그 영역들에 손상을 입으면 문법적으로 올바른 문장을 구사할 수 없다. 말을 해도 무슨 말을 하는지 알아들을 수 없게 된다. 언어 이해력에도 문제가 생긴다.

이 신경망들은 나이가 들면서 쇠퇴하기 시작해, 따로 떨어진 뇌 영역들을 서로 연결해주는 신경 통로가 소통하는 능력을 서서히 잃어버린다. 이렇게 연결이 끊어지면 기능도 상실하는 경우가 많다. 이것이 학자들을 고민에 빠뜨린 부분이다. 예상과 달리 문장을 만드는 능력은 노화하는 뇌에도 잘 보존되어 있기 때문이다.

여기서 우리의 뇌는 커크 선장의 뇌로 변화한다. 대나무 줄기를 갖고 즉석에서 뭔가를 만들어낼 수 있다. 뇌는 자신이 언어 능력을 잃고 있다는 것을 느끼면 보통은 언어에 사용되지 않는 뇌 영역들을 살펴본 후 그곳의 기능에 기생하기 시작한다. 과학자들은 그런 변화를 두 가지 발견했다. 첫째, 노화하는 뇌는 말을 할 때 원래 사용하는 왼쪽이 아닌 오른쪽 뇌에 있는 뉴런을 자극해 원래는 문장을 만드는 일과 관련이 없는 영역들을 모집한다. 둘째, 그런 노력이 전전두엽피질까지 확장되어 역시 언어와는 관련이 없는 특정 뉴런들을 활성화한다(이런 현상은 실험 대상자가 말을 하면서 동시에 어떤 과제를 수행할 때만 나타나는데, 그 이유는 알 수 없다).

노화하는 뇌는 이렇게 관련 없는 영역들을 끌어들여 활용할 뿐 아니라 젊어서 말을 할 때 사용했던 뇌 중추에 남아 있는 뉴런들 사이의 전기 관계를 새롭게 구성한다. 마치 두뇌 버전의 〈스타 트렉〉 '아레나' 에피소드에 출연해 먼지투성이인 뉴런 구석에 아무렇게나 흩어져 있는 물질들을 가지고 노화라는 진격의 거인과 싸우는 것 같다. 이런 사실을 커크 선장이 알면 자랑스러워할지도 모르겠다.

새로운 배움의 힘

"이게 뭐야?"

어린아이가 아침을 먹으면서 형에게 묻는다. 아이는 시리얼이 담긴 그릇을 가리킨다. 형은 어깨를 으쓱하며 대답한다. "시리얼이야. 몸에 좋대." 형제는 시리얼을 먹지 않으려고 그릇을 서로 밀어낸다. 그때 갑자기 한 아이가 말한다. "마이키한테 먹으라고 하자!" "그래." 다른 아이가 대답한다. "근데 안 먹을걸. 쟤는 뭐든 다 싫어하잖아."

형제는 시리얼 그릇을 동생 마이키에게 밀어주고 동생의 반응을 지켜본다. 그런데 놀랍게도 마이키는 시리얼을 한 입 먹어보더니 맛있다면서 계속 먹는다. "맛있나봐! 야, 마이키!" 형은 놀라서 소리친다. 화면은 제품과 광고 문구로 바뀐다.

이 30초짜리 광고는 미국에서 역대 우수 광고 10편을 뽑는 투표에 선정되며 퀘이커 오츠Quaker Oats에서 만든 시리얼의 엄청난 판매 증가를 가져왔다. 새로운 것을 시도해보는 모습만으로 강한 인상을 남길 수 있다고(그것도 30초 만에) 생각하기는 힘들지만, 광고 속 마이키는 그게 가능하다는 것을 보여주는 산증인이다.

여기서 핵심적인 아이디어인 '새로운 것을 시도해보는 일은 도움이 된다'는 생각에 밑줄을 치자. 그것이 현재로서는 노화하는 기억 체계를 개선하는 유일한 방법이기 때문이다. 그렇다. 기억력은 자연히 쇠퇴하지만 희망이 전혀 없는 것은 아니다. 시간과 함께 일어나는 기억력 쇠퇴 현상은 다음과 같은 처방으로 치료할 수 있다. '다시 학교에 가라.'

그렇다. 우리의 뇌는 평생 배우는 습관을 가져야 한다. 수업에 등록하자. 새로운 언어를 배우자. 글자를 전혀 읽을 수 없을 때까지 계속 책을 읽자. 노화하는 뇌도 새로운 것을 배울 능력은 얼마든지 있다. 그

재능을 건강하게 유지하려면 매일 스스로를 학습하는 환경 속으로 몰아넣어야 한다. 예외는 없다. 마이키처럼 숟가락을 들고 노화로 인한 기억력 쇠퇴의 거미줄을 걷어내야 한다.

학자들은 가장 도움이 되는 학습 유형이 무엇인지 알고 있다. 바로 '관여engagement'라는 심리학 개념에 기초한 학습으로, 관여에는 두 가지 유형이 있다. 첫 번째는 수용적 관여receptive engagement다. 수동적으로 가볍게 뭔가를 배우는 것이며 이미 익숙한 지식 영역을 자극하는 것이다. 이런 학습은 고령층에서 기억력을 향상시키는 것으로 나타났다.

기억력을 큰 폭으로 향상시키고 싶다면 생산적 관여productive engagement를 해야 한다. 생산적 관여는 새로운 아이디어를 접하고 적극적으로, 공격적일 정도로 그 아이디어에 관여하는 것이다. 가장 좋은 방법은 생각이 다른 사람들과 정기적으로 토론을 하는 것이다. 생산적 관여를 하면 그동안의 생각이 도전을 받고, 관점이 넓어지고, 편견이 깨지고, 호기심이 커진다. 생산적 관여는 기억의 배터리가 닳지 않도록 막는 가장 확실한 방법 중 하나다.

생산적 관여가 효과가 있다는 것은 어떻게 확인할 수 있을까? 일화 기억에 생산적 관여가 어떤 영향을 미치는지 관찰한 연구가 있다. 텍사스 대학교 댈러스 캠퍼스의 연구팀이 시냅스 프로젝트Synapse Project라는 프로그램을 개발했는데, 그 프로그램에는 '수용적 학습'과 '생산적 학습' 등 두 가지 유형의 학습이 포함되어 있었다. 프로그램에 참여한 고령자들은 3개월 동안 일주일에 15시간씩 두 가지 학습 중 하나를 했다. 생산적 학습 그룹은 디지털 사진술이나 퀼트 같은 비교적 어려운 기술을 배웠다. 수용적 학습 그룹은 사람들끼리 어울리며 사교 활동을 했다. 일정 기간이 지난 후, 양쪽 그룹 모두 일화 기억력이 향상되었다.

향상 폭은 드라마틱할 정도였다. 그러나 생산적 관여 그룹의 점수는 그야말로 급등했다. 2014년에 발표된 논문에서 주 저자인 드니즈 파크Denise Park 교수는 이렇게 썼다. "이 연구를 통해 밝혀진 사실은 고령층이 인지적으로 힘이 들고 새로운 활동에 지속적으로 참여하면 기억력이 향상된다는 것을 암시한다." 파크 교수는 효과를 온건하게 표현했지만 수용적 학습을 한 그룹에서는 일화 기억이 600퍼센트나 향상되었다.

적극적인 학습을 통해 향상되는 기능이 일화 기억만은 아니다. 시냅스 프로젝트만이 효과가 있는 방식인 것도 물론 아니다. 다른 사람들을 가르치는 일도 효과가 크다. 초등학교 학생들에게 읽기, 도서관 이용법, 교실에서의 바람직한 행동 등을 가르친 고령자들은 특정 기억 영역에서(다른 인지 기능에서도) 드라마틱한 향상을 보였다. 이는 뇌가 지식을 보존하는 효과적인 방법 중 하나가 그 지식을 다른 사람들에게 가르치는 것임을 입증한 수많은 연구와 일맥상통하는 결과다.

적극적인 학습의 효과는 무척 커서, 알츠하이머병에 걸릴 가능성을 낮춰주기까지 한다. 이에 대해서는 알츠하이머병에 대한 장에서 자세히 살펴볼 것이다. 시리얼 광고 속 꼬마처럼 용감하게 숟가락을 들고 새로운 것을 먹어보자. 그것이 우리가 뇌에 해줄 수 있는 가장 좋은 경험 중 하나다.

기억력을 위한 최고의 습관

노화하는 뇌에 우리가 줄 수 있는 선물이 또 있다. 이 선물은 다음과 같은 명언으로도 설명할 수 있다. "어리석음 역시 신의 선물이다. 그러나 그 선물을 잘못 사용해서는 안 된다."

교황 요한 바오로 2세가 한 말이다. 나는 이 말을 듣고 조금 놀랐다. 그는 어리석음이라는 신의 선물을 열어본 적도 없을 거라고 믿었기 때문이다.

교황 요한 바오로 2세의 뇌 용량은 바티칸의 도서관만큼 컸을 것이다. 그는 최소 여덟 개의 언어를 유창하게 구사했고, 탁월한 학식과 예술적 재능을 갖추고 있었으며, 여러 가지 스포츠에도 능했다. 음악을 무척 사랑해서 〈교황 요한 바오로 2세, 새크로송 페스티벌에서 노래하다Pope John Paul II Sings at the Festival of Sacrosong〉라는 음반도 냈다. 이 음반은 음반 차트 순위에 오를 정도로 판매 성적도 좋았다. 교황이 되어 바티칸에 들어갈 때는 개인 음악 자문가를 고용하기도 했다.

그는 엄청난 독서광으로 수많은 책을 읽었으며, 그보다 더 즐긴 것은 야외 활동이었다. 등산, 카약, 스키 등의 기량이 매우 뛰어나서 교황이 되기 전에는 스키 동료들로부터 '타트라 산맥의 용자'라는 별명을 얻기도 했다(타트라 산맥은 교황의 고향인 폴란드에 있는 산맥이다). 야외 활동을 즐긴 탓인지 그는 현대사에서 두 번째로 오래 교황으로 봉직했다(1978년부터 2005년까지 봉직했다—옮긴이). 그리고 사람들의 존경과 논란으로 가득했던 삶을 84세에 마쳤다.

그 스스로 인식했든 못 했든 그의 생활 습관은 뉴런에 비료 같은 역할을 했다. 이는 기억력을 키우는 방법과도 일맥상통한다. 예를 들어 두 가지 언어를 쓰는 사람은 한 가지 언어만 사용하는 사람보다 인지 테스트에서 훨씬 더 우수한 결과를 낸다. 여기에는 기억, 특히 작업 기억도 포함된다. *몇 살에 그 언어를 배웠는지는 상관이 없다.* 그리고 구사 가능한 언어의 수도 조금은 관계가 있다. 예컨대 3개 국어를 사용하는 사람은 2개 국어를 사용하는 사람보다 인지 테스트 점수가 더 높고, 두 사람 모두 한 가지 언어만 사용하는 사람보다 점수가 높다. 창의성과 문제 해결 능력을 측정하는 지표인 유동성 지능도 2개 이상의 언어를 사용하는 사람이 더 우수한 것으로 나타난다.

언어를 배우는 것은 장기적으로 여러 가지 이점이 있다. 2개 국어를 사용하는 사람들은 정상적인 인지 기능의 쇠퇴도 조금 느리게 진행된다. 치매에 걸릴 위험 역시 낮다. 언어를 하나만 사용하는 사람들에 비해 4년 이상 늦게 치매가 발병한다. 그 관련성은 너무나 커서 나중에 처음 국민연금을 받으면 그 돈을 외국어 학원 등록비로 쓰라고 제안해도 될 정도다.

교황 요한 바오로 2세의 생활 습관 중 인지 기능에 도움을 주는 또 한 가지는 음악과 가깝게 지내는 것이었다. 한 실험에서는 음악과 인연이 거의 없던 노인들에게 4개월간 음악 훈련 프로그램을 실시했다. 거기서 노인들은 피아노 치는 법을 배우고, 음악 이론을 배우고, 악보를 보고 노래하는 법도 배웠다. 4개월 후 집행 기능(작업 기억이 포함된다)을 테스트하자 크게 향상된 것으로 나타났다. 또한 우울증 지수와 심한 정신적 스트레스를 포함해 삶의 질을 평가한 결과, 노인들은 이전보다 더 행복해진 것으로 나타났다. 이들과 다르게 대조군은 컴퓨터 수업에서 그림 그리기 수업에 이르기까지 이른바 '음악 외 여가 활동'을 했는데, 결과는 명확했다. 인지 기능을 가장 크게 향상시킨 것은 음악이었다.

교황 요한 바오로 2세의 또 다른 습관이었던 독서 역시 노화하는 뇌에 좋은 습관으로 판명되었다. 놀랍게도 독서는 장수에도 도움이 되는 것으로 나타났다. 12년간 진행된 한 연구에서는 고령자들이 하루에 최소 세 시간 반 동안 책을 읽으면 읽지 않은 대조군에 비해 특정 연령에 세상을 떠날 가능성이 17퍼센트 낮아지는 것으로 나타났다. 그보다 더 많이 하면 23퍼센트까지도 낮아질 수 있었다. 여기서 말하는 독서는 글이 길게 이어지는 책을 읽는 것이다. 신문 기사 같은 짧은 글은 효과가 조금 있긴 했지만 책을 읽는 것보다는 훨씬 낮았다.

교황 요한 바오로 2세의 또 다른 습관인 운동은 단기 기억과 장기 기억 모두에 도움이 된다. 명상도 마찬가지다. 잠을 충분히 자고, 건강에 좋은 음식을 먹고, 좋은 사람들과 어울리는 등 예로부터 우리의 부모님이 늘 말했던 생활 습관은 인지 기능에 도움이 된다. 그런데 부모님도 몰랐던 것 한 가지가 있다. 바로 컴퓨터 모니터나 스마트폰 화면 등에서 나오는 푸르스름한 빛을 멀리하는 것이다.

다시 데이비드 애튼버러 경의 아마존 강 비유를 강조하고 싶다. 수많은 지류가 노화하는 기억력의 흐름을 향상시키는 데 이바지한다. 작은 지류들이지만 한데 모이면 전반적인 인지 기능, 특히 기억력에 미치는 영향은 매우 크다. 정신을 단련하는 체육관에서 역기를 많이 들수록 자연적인 기억력 쇠퇴를 늦출 수 있다. 그 비율도 이미 연구를 통해 밝혀졌다. 평소 하던 것보다 더 많이, 매일 뇌를 운동시키면 기억력 감퇴를 0.18년 늦출 수 있다. 이것은 놀라운 일이다. 하늘의 지지를 받는, 아니면 엄청나게 똑똑했던 교황의 생활 습관이 증명한 특별한 과학적 사실이다.

배움에 늦은 때는 없다

전전두엽, 그리고 전두엽 전체를 적극적으로 활용하는 교육이 이처럼 효과가 있는 이유는 무엇일까? 여기에는 인지 예비 용량cognitive reserve이라는 것이 관계가 있는 듯하다.

존 헷링거John Hetlinger라는 사람을 살펴보자. 82세가 된 그는 나이에 비해 원기 왕성하고 조금 괴짜처럼 보이는 노인으로 〈아메리카스 갓 탤런트America's Got Talent〉라는 TV 오디션 프로그램에 출연해 화제를 모은 인물이다. 그 프로그램에서 심사위원들이 직업이 무엇이냐고 물었을 때 존은 항공우주공학자였다고 대답했다. 허블 우주망원경 수리 프로젝트에서 프로그램 매니저로 일했다는 그의 말에 심사위원들은 깜짝 놀랐다. 그러나 그 놀람은 시작에 불과했다.

존이 노래를 부르기 시작하자 심사위원들은 벌어진 입을 다물지 못했다. 존은 드럼 소리에 맞춰 노래를 부르기 시작했는데, 'Let the bodies hit the floor(몸을 바닥에 던져)'라는 가사를 처음에는 낮게 읊조리다가 점점 크게 외치더니 마침내 헤비메탈 밴드의 젊은 싱어처럼 엄청난 소리로 포효했다.

존이 부른 노래는 메탈 밴드 드라우닝 풀Drowning Pool의 〈바디스Bodies〉라는 곡이었다. 관객들은 입을 다물지 못한 채 기립 박수를 보냈다. 노래가 끝나고 심사위원 중 한 명이 그에게 물었다. "당신이 일하던 곳에 춤추고 노래하는 곳이 있었나요?" 그러자 존은 웃으면서 답했다. "아뇨. 하지만 맥주는 많았죠."

허블 망원경을 수리하는 일과 헤비메탈 곡을 부르는 일만큼 동떨어져 보이는 일도 드물 것 같다. 그것도 여든두 살 먹은 노인이 헤비메탈을 부르다니! 존은 눈에 보이지 않는 불가사의한 에너지와 열정과 유머를 몸속 어딘가에 비축하고 있는 듯 보였다. 뇌과학자들도 이런 생각에 동의할 것이다. 물론 그것이 불가사의하거나 눈에 보이지 않는다고 생각하지는 않겠지만 말이다. 존이 그렇게 비축해둔 인지 능력을 학자들은 '인지 예비 용량'이라고 부른다.

인지 예비 용량이라는 것은 뇌의 예비 용량brain reserve이라는 개념에서 탄생했다. 뇌의 예비 용량은 전반적인 뇌 크기와, 아직 일을 할 수 있는 뉴런이 얼마나 되는가로 얻을 수 있는 물리적 수치다. 인지 예비 용량은 뇌의 예비 용량을 사용할 능력이 어느 정도인지를 나타낸다. 원래 인지 예비 용량은 뇌 손상에서 빠르게 회복하는 사람이 있고 그렇지 못한 사람이 있다는 연구 결과를 설명하기 위해 제기된 가설이었다. 그 차이는 뇌 손상을 입기 전의 인지 예비 용량과 관계가 있는 것으로 나타났다. 인지 예비 용량을 늘리려면 오지 오스본(헤비메탈 밴드 블랙 사바스의 리드 보컬-옮긴이)보다는 존 헷링거 같은 삶을 살아야 할 것이다.

연구 결과 뇌에 생산적인 인지 경험을 퍼부으면, 즉 이 장에서 이야기한 모든 활동을 적극적으로 하면 인지 예비 용량이 채워진다. 이는 측정할 수도 있다. 교육을 받으면 해마다 인지 능력 하락이 0.21년만큼 늦춰진다(이는 기억력 쇠퇴를 늦추는 속도와 놀라울 정도로 유사하다. 둘 사이에 관련이 있는지, 있다면 어떤 것인지는 아직 밝혀지지 않았다). 연구를 주도한 마크 안토니우Mark Antoniou는 이렇게 요약한다. "인지 예비 용량은 뇌에 입은 신경병리학적 손상을 회복하는 능력이라고 정의할 수 있다. 그리고 경험에 따라 신경이 변화한 결과라고 생각할 수 있는데, 그런 변화는 육체적, 정신적으로 자극을 주는 생활 습관으로 얻을 수 있다."

학자들은 두 가지 중요한 메커니즘으로 이런 신경의 변화를 설명하려 했다. 첫 번째 메커니즘은 선천적인 것이다. 인지 예비 용량이 많도록 두뇌가 회로화되어 있는 사람들이 있다. 타고난 것이다. 그런 사람들은 인지 예비 용량이 적은 사람들과 비교할 때 특정 뇌 영역들이 구조적으로 다르다. 정신적 손상에서 회복할 가능성이 높으려면 전두엽, 두정엽parietal lobe, 측두엽에 온전하고 손상되지 않은 뉴런이 많이 있는 게 좋을 것이다.

두 번째 메커니즘은 좀 더 후천적인 것이다. 정신적, 육체적으로 힘든 환경에서 인생을 보내온 사람들은 노년이 되었을 때 어떤 뇌를 갖고 있더라도 훨씬 더 효율적으로 사용한다. 그들은 신경해부학적으로 더 민첩하고, 원래의 신경회로가 손상되었을 때 그것을 대신할 신경회로를 더 유연하게 만들어낼 수 있다.

이런 두 가지 메커니즘의 특성을 생각하면, 특정 나이가 되면 인지 예비 용량을 추가하려고 해도 안 될 것이라고 생각할지 모른다. 그러나 이는 잘못된 생각이다. 몇 살에라도 배우기 시작할 수 있다. 그것은 확인된 신경과학 법칙이다. 다만 '시작해야 한다'는 수수료가 들 뿐이다. 컬럼비아 대학교에서 알츠하이머병을 연구하는 학자들이 한 다음과 같은 말을 기억하자. "아무리 늦게 배우기 시작하더라도 인지 예비 용량을 늘릴 수 있다. 그 결과 알츠하이머병과 기타 노화 관련 문제가 생기는 것을 줄일 수 있다."

TV 오디션 프로그램에서 헤비메탈을 힘차게 불렀던 82세의 존 헷링거는 뭔가를 배우는 데 너무 늦은 때란 없다는 생각에 동의할 것이다. '바닥에 몸을 던져야' 하는 건 이젠 너무 늙어서 새로운 걸 배울 수 없다고 말하는 사람들이다.

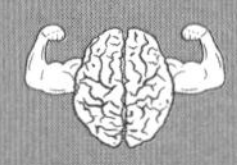

BRAIN RULE 4

배우거나 가르치기에 너무 늦은 때는 없다

- 두뇌의 기억은 각기 특정 유형의 기억을 담당하는 30개의 하드 드라이브를 가진 노트북과도 같다.
- 기억 체계들 중 다른 체계들보다 더 빨리 노화하는 것들이 있다. 작업 기억(단기 기억)은 나이가 들면 크게 기능이 떨어져 건망증을 유발할 수 있다. 삶에서 일어난 일들을 기억하는 일화 기억도 나이를 먹으면서 쇠퇴한다.
- 운동 기능을 기억하는 절차 기억은 노화하는 중에도 쇠퇴하지 않고 유지된다. 그리고 어휘력은 나이를 먹으면서 증가한다.
- 악기나 외국어를 배우는 것처럼 힘든 기능을 학습하는 것이 노화로 인한 기억력 쇠퇴를 늦춰주는, 과학적으로 증명된 가장 효과적인 방법이다.

BRAIN RULE

5 정신

비디오게임으로 뇌를 훈련시키자

어느새 꼬리에 꼬리를 물고 이어지는 생각을 따라가지 못하는 나이가 되었다.
_무명씨

하루하루 아무것도 변하는 게 없는데, 돌아보면 모든 게 달라져 있다.
참 재미있지 않은가?
_무명씨

1950년대에 미국에서 선풍적인 인기를 끌었던 TV 시트콤 〈왈가닥 루시I Love Lucy〉(우리나라에서는 1970년대에 MBC TV에서 방영되었다－옮긴이)의 팬들은 바이타미타베자민Vitameatavegamin이라는 제품을 기억할 것이다. '루시, TV 광고 찍다'라는 에피소드에 나온 제품으로, 주인공 루시는 바이타미타베자민이라는 가공의 건강음료 광고를 촬영하게 되었고 리허설을 한다.

"안녕하세요, 여러분. 저는 바이타미타베자민 아가씨예요!"

루시는 캘리포니아 사람다운 인공적인 미소를 지으며 대사를 시작한다. "피곤하세요? 지치셨어요? 무기력하세요? 파티에 가도 제대로 즐기지 못하세요? 인기가 없으세요? 이 모든 문제에 대한 해답이 이 작은 병에 담겨 있어요!" 루시가 제품을 들어올린다. "바이타미타베자민에는 비타민, 고기, 채소, 미네랄이 들어 있어요."(Vitameatavegamin은 vitamin(영어 발음은 바이타민), meat, vegetable, mineral을 합쳐서 만든 이름이다—옮긴이) 그녀는 제품을 한 숟가락 따라서 삼킨다.

그다음에 일어나는 일은 코미디 세계에서 전설적인 장면으로 남았다. 그 건강음료에는 알코올이 23퍼센트 함유되어 있었고, 리허설 동안 음료를 몇 숟가락 먹은 루시는 일종의 정신 장애 징후를 보인다. 뇌의 처리 속도processing speed가 느려져 주의를 집중하기가 점점 힘들어지고 대본도 제대로 보지 못한다. 의사결정에도 문제가 생기고 혀가 꼬이고 발음도 불분명해진다.

"피골하세요? 지키셨어요? 무기명하세요? 네? 그래요?" 목소리가 점점 높아지고, 몽롱한 눈으로 카메라를 쳐다보며 손에 들고 있는 병을 쓰다듬는다. "이런 모든 무제에 대한 해달이 이 작은 병에 담겨…, 미타민이랑 고기랑 채소랑 비네랄이 들어 있어요." 루시는 딸꾹질을 한다. "그러니까 수천, 수만의 행복하고 햄보칸 사람들과 함께 바이타-미이티-비이니-미니-미니-모를 마시세요!"

루시는 제품을 바닥에 흘리고, 한 숟가락 따르려고 하지만 실패하고, 결국 그냥 병을 입에 대고 마신다. 2009년에 미국의 TV 프로그램 정보지 〈TV 가이드〉는 '루시, TV 광고 찍다'를 역대 TV 에피소드 톱 100 중 4위로 꼽았다.

루시는 알코올이 함유된 음료를 마신 후 처리 속도, 주의 집중력, 의사결정 능력 등 인지 기능에 서서히 문제가 생겼다. 그런데 사람이 늙으면 알코올이 포함된 건강음료를 마신 루시처럼 일부 인지 기능이 저하된다. 술을 마시지 않아도 그런 인지 기능 저하가 일어나는 것이다. 안타깝지만 세월 탓이다.

그러나 희망을 가질 만한 사실도 있다. 학자들은 바로 그 인지 능력이 외부의 개입을 잘 받아들인다는 사실도 알아냈다. 만일 컴퓨터 게임을 하면 처리 속도와 주의 집중력과 의사결정의 노화가 느려지고 심지어 역전될 수도 있다. '루시, TV 광고 찍다'의 상황을 거꾸로 돌리는 것과 같은 현상이 일어나는 것이다. 생각만 해도 기쁜 일이 아닐 수 없다. 자세한 방법은 뒤에서 살펴보자. 그 전에 나이가 들면서 위의 세 가지 두뇌 처리 과정에 어떤 일이 일어나는지 살펴보자.

노화와 느려지는 머릿속

제일 먼저 살펴볼 문제인 '처리 속도'는 현대의 컴퓨터광들은 쉽게 이해할 것이다. 인지신경과학의 세계에서 처리 속도는 사람이 어떤 과제를 수행하는 속도다. 어떤 유형의 신경 속도를 측정하는지는 어떤 과제를 하는지에 따라 다르다. 과학자들은 운동 처리 평가법motor processing evaluation을 이용해 반사 작용을 측정한다. 인지 처리 평가법cognitive processing evaluation을 이용해서는 지각 속도와 의사결정을 측정한다. 여기서는 지각 속도 한계perceptual speed limits라는 것에 집중할 것이다.

지각 속도 한계는 세 단계로 나눌 수 있다. 현실의 사례를 들어 설명해보자.

짜증 날 정도로 시끄러운 칵테일파티에 갔다고 해보자. 참석하지 않으면 안 될 것 같은 파티다. 그런데 누군가 자기 손자가 대학에 들어간다는 얘기를 하는 게 들린다. 이때 우리는 첫 단계로 그 사실을 '받아들임'에서 시작한다. 정보를 인식하고 처리하기 위해 뇌로 끌고 가는 능력이다(이렇게 혼잣말을 할 수도 있다. "아, 몰리 말이구나. 나도 아는 애네."). 두 번째 단계는 '반응'이다. 정보의 의미를 평가하는데, 여기에는 흔히 판단이 포함된다("몰리가 정말 대학에 갔다고?"). 마지막 단계는 행동으로 반응을 보이는 것이다. 언어를 구성하고 표현해서, 무엇을 어떻게 할지 계획을 세우고 '실행'하는 것이다("잘됐네요!" 라고 말하고 자리를 뜬다).

나이가 들면서 이 세 단계를 해내는 것이 점점 어려워진다. 그래서 당혹스럽다. 과거에는 어려운 일이 아니었기 때문이다. 처리 속도는 초등학교에서 고등학교 때까지 드라마틱하게 상승하고, 대학교에 갈 때쯤 최고조에 이르렀다가 대학교를 졸업한 후부터 감소하기 시작한다. 그리고 40세가 넘으면 변화가 눈에 띈다. 평균적으로 20세가 지난 후 10년마다 10밀리세컨드(0.01초) 정도씩 속도가 느려진다.

별것 아닌 일로 들릴지 모르지만 실제로는 큰일이다. 연구에 따르면 뛰어난 기능을 수행하는 두뇌와 인지 기능이 손상된 두뇌의 처리 속도 차이는 100밀리세컨드(0.1초) 정도다. 상징 대체symbol replacement와 관련된 한 테스트에서 20세 청년들은 75세 노인들보다 처리 속도가 75퍼센트 빨랐다.

안타깝게도 이 역U자형 그래프에서 내리막은 관절염만큼 쉽게 느낄 수 있다. 기억력에 대한 농담을 제외하고, 사람들은 자신의 뇌가 늙어가고 있다고 말할 때 자기도 모르게 지각 속도를 언급하는 경우가 많다. 이는 정말로 우려할 만한 일이다. 처리 속도가 떨어지는 것은 인지 기능 쇠퇴의 가장 큰 예측 인자이자, 누가 일상적인 일을 혼자 할 수 없게 될지를 탐지할 수 있는 가장 큰 통계적 요인이다. 노화과학은 모든 사람이 이런 '상승–최고점–하락' 여정을 동일한 형태로 경험하지는 않는다는 사실을 보여주지만, 모두가 그런 여정을 겪는다는 것은 분명한 사실이다.

처리 속도가 떨어지는 것은 어떻게 느껴질까? 뇌에 활기가 없어진 느낌이 든다. 문제를 해결하기가 점점 어려워지고, 해결하더라도 시간이 더 오래 걸린다. 또한 칵테일파티처럼 우리의 감각에 영향을 미치는 것들이 많을 때는 정보에 주의를 기울이는 게 점점 어려워진다.

우리는 뇌에 이런 일이 일어나는 이유를 알고 있다. 예를 들어 가정집에 있는 전선으로도 설명할 수 있다. 전선은 어째서 화려한 색의 피복으로 싸여 있을까? 피복은 전선을 구별하는 데 도움을 줄 뿐 아니라 절연 기능도 한다. 한 지점에서 다른 지점으로 전기를 보내려면 전선에는 부분적인 절연이 필요하다. 그렇지 않으면 전기가 둑 없는 강처럼 곳곳으로 흘러넘친다. 즉, 전기가 사방으로 퍼져서 전선에 손을 대지 않는 한 아무 데로도 전해지지 못한다.

절연 물질로 싸여 있지 않은 고압 전선을 생각해보자. 사람이 고압 전선에 손을 대면 목숨을 잃는다. 가연성 물질이 고압 전선에 닿으면 불이 난다. 대부분의 시간 동안 고압 전선은 문제가 되지 않는다. 고압 전선을 건드리지 않는 한, 고압 전선을 둘러싸고 있는 공기가 충분한 절연 효과를 준다. 그것이 고압 전선을 지상에서 높이 떨어진 곳에 설치하는 이유다.

뉴런도 절연 처리가 필요하다. 뉴런에 절연 처리를 해주는 것은 백질이다. 반면, 뉴런의 세포체, 축삭돌기, 수상돌기가 모여 있는 부위는 흐릿한 회색빛으로 보인다. 그래서 회백질이라고 부른다. 태어날 때는 회백질이 많다. 시간이 지나면서 백질이 많아지는데 이 과정을 수초 형성(미엘린 형성myelination)이라고 부른다. 뇌는 25세가 될 때까지는 수초 형성이 충분히 이뤄지지 못한다. 신체의 발달 단계에서 뇌가 마지막 단계라는 뜻이다.

백질이 없으면 뉴런은 절연 처리가 되지 않은 전선과 같다. 그러면 액체로 가득 차 있는 뇌 속 세계에서 신호는 길을 잃고, 결국 인지 처리 과정이 느려진다. 뉴런이 절연 기능을 잃는 것은 처리 속도를 포함해 노화로 인한 여러 기능의 쇠퇴를 설명해준다.

처리 속도의 저하

백질과 인지 기능의 둔화 뒤에 숨은 이야기도 선천적이냐, 후천적이냐의 문제와 관련이 있다. 선천적인 면에서 뇌의 구조적 변화는 전두엽

(이마 뒷부분)에서 일어나는데, 이 역시 백질의 절연 처리를 둔화시킨다. 이런 손실을 일으키는 세포의 메커니즘을 자세히 살펴보자.

백질은 희소돌기아교세포oligodendrocyte라는 살아 있는 세포들로 이뤄져 있다. 희소돌기아교세포들은 신경의 축삭(길고 가느다란 부분)을 둘러싸고 있다. 마치 판지로 만든 튜브에 휴지를 감아놓은 것과 같다. 백질이 서서히 손상되는 것은 희소돌기아교세포들이 죽으면서 축삭에서 떨어져나가기 때문이다. 뇌는 그 자리를 대체할 희소돌기아교세포들을 불러 모아 손상된 자리를 메우려고 하지만 이는 완벽한 전략이 아니다. 원래의 것들을 그보다 열등한 복제본들이 대체함으로써 구조적으로 불완전해진다. 그 결과 전기 신호의 질을 손상시키고 처리 속도가 느려진다.

백질의 손실을 유발하는 또 다른 메커니즘은 이 책에서 아직 언급한 적이 없는 뇌 부위의 변화에서 비롯된다. 그 부위는 소뇌小腦, cerebellum로, 콜리플라워의 머리 부분처럼 생겼고 뇌의 아래쪽에 붙어 있다. 소뇌는 움직임에 관여하는데, 가장 잘 알려진 기능은 운동을 제어하는 것이다. 바느질을 하기 위해 바늘에 실을 꿰면서 두 팔을 허우적거려 보라. 그것이 바로 소뇌가 없을 때 일어나는 현상이다.

운동 제어가 소뇌의 유일한 기능은 물론 아니다. 소뇌는 언어, 집중력, 기분, 처리 속도에도 관여하는 것으로 보인다. 나이가 들면서 정보 처리 속도를 직접적으로 변화시키는 두 가지 현상이 발생한다. 첫째, 소뇌 속의 회백질 양이 줄어든다. 둘째, 소뇌와 소뇌에서 멀리 떨어진 두정엽(정수리 밑쯤에 위치해 있다) 같은 곳들의 연결이 약해진다. 이것은 큰일이다. 두정엽은 여러 감각에서 받아들인 정보를 통합하는 데 도움을 주는 부위이기 때문이다. 이런 변화들은 처리 속도를 떨어뜨린다. 이에 더해 전두엽 쪽에서 일어나는 변화까지 생각해보면 나이가 들면서 정보 처리 속도가 느려지는 이유가 선명하게 보일 것이다.

게다가 나이가 들면 시각과 청각 기능도 쇠퇴하는데, 이로 인해 뇌가 처리할 수 있는 데이터의 양과 유형이 달라질 수 있다. 갑상선과 심혈관 질환 같은 의학적 문제들도 뇌의 기능을 변화시킬 수 있다. 당뇨병도 마찬가지다. 호흡기 감염조차도 속도를 바꿀 수 있는데, 이는 호흡기 감염과 노화의 관련성을 설명하는 데 도움이 될지 모른다. 고령자들은 쉽게 면역 체계가 약해진다는 사실을 생각하면 말이다.

물론 후천적인 측면도 처리 속도를 떨어뜨린다. 잠을 규칙적으로 충분히 자지 못하면 정보 처리 속도가 느려질 수 있다. 스트레스도 마찬가지다. 항히스타민제와 수면제, 우울증 치료제 같은 약물들도 정보 처리 속도를 늦출 수 있다. 여기서 다시 한번 아마존 강의 비유가 떠오른다. 뇌가 문제 해결 능력을 발휘하려면 구불구불한 진흙탕 같은 강물을 빠져나가야 한다.

지금까지는 처리 속도에 대해 살펴봤다. 이제 처리 속도와 깊은 관련이 있는 주의 집중력으로 관심을 돌려보자.

주의 분산과 '방 기억상실증'

어느 흐린 날 아침, 나는 주스를 가져오기 위해 식료품을 보관해둔 지하실로 내려갔다. 계단을 내려가다 보니 1층 거실이 세상의 종말이라도 온 것처럼 난장판이었다. 10대인 아들이 전날 밤 친구들과 파티를 했던 흔적이었다. 바닥 곳곳에 널브러져 있는 피자 테두리 빵 조각, 일회용 접시, 종이컵 등을 치운 후 아이가 일어나면 한마디 해야겠다고 생각했다.

그러고 나서 지하실로 내려간 후 나는 그 자리에 멈춰 섰다. 갑자기 짙은 안개처럼 묵직한 기분이 덮쳐왔다. 아, 가만. 내가 여기 왜 왔지? 전혀 생각이 나지 않았다. 잠시 황망한 기분으로 서 있다가 계단을 다시 터벅터벅 올라갔다. 계단을 올라가는데 주방에 주스가 떨어져서 가지러 갔었다는 사실이 뒤늦게 떠올랐다. 어이가 없어서 웃음이 났다.

나의 기억력에 무슨 일이 생긴 것일까? 젊은 뇌는 목표를 한번 설정하면 이를 방해하는 것들이 아무리 몰려와도 목표를 달성할 수 있다. 그러나 뇌가 나이를 많이 먹으면 주의를 방해하는 것들을 무시하는 능력이 약화된다. 주스를 가지러 내려가다가 난장판이 된 거실을 보고 주스를 잊어버리는 것은 노화와 함께 나타나는 대표적인 인지 기능 문제 중 하나다.

이런 문제를 어떻게 알 수 있을까? 과학자들은 반대 과제counter-task 테스트라는 평가를 이용한다. 주의를 방해하는 것들을 무시하는 능력은 젊었을 때(평균 26세) 최고점인 82퍼센트에 도달했다가 나이가 들면(평균 67세) 56퍼센트로 떨어진다. 그래서 나는 지하실에 갔다가 허탕을 치고 돌아온 것이다. 거실의 쓰레기들을 무시하고 주스를 가지러 가는 대신, 쓰레기들로 인해 주의가 흐트러졌다. 흥미롭게도, 여기서 문제는 집중하지 못하는 게 아니다. 나이 든 사람들도 젊은 사람들처럼 어떤 일에 잘 집중할 수 있다. 어쩌면 더 잘 집중할 수 있을지도 모른다. 문제는 그게 아니다. 주의 집중을 방해하는 것들을 무시하지 못하게 된 게 문제다.

위의 에피소드에서 내가 보인 모습은 '방 기억상실증room amnesia'이라는 이름까지 가지고 있다(실제로 과학자들이 이런 이름으로 부른다). 다행히도 방 기억상실증은 꼭 나이가 들어야만 걸리는 게 아니다. 몇 살에도 걸릴 수 있다. 이 문제는 사건의 경계event boundary라는 것과 관련이 있다. "문지방은 나쁘다. 무슨 일이 있어도 문지방은 넘지 말아야 한다." 방 기억상실 현상을 20년 이상 연구한 미국 인디애나 주 노터데임 대학교의 심리학과 교수 가브리엘 라드반스키Gabriel Radvansky가 한 말이다. 라드반스키 교수는 "문지방을 넘어가면 머릿속에서 사건의 경계가 생겨나 사건을 분리해서 정리한다. 그래서 다른 방에서 형성된 판단이나 활동을 회상하기 어렵다"라고 말했다. 분리가 이뤄졌기 때문이라는 것이다.

한편 내가 지하실에 갔다가 그냥 돌아온 일은 한 가지 일을 하려다가 방해를 받은 사례다. 그런데 동시에 두 가지 일을 하는 건 어떨까? 그런 것을 흔히 (잘못된 표현이지만) 멀티태스킹이라고 부른다. 과학자들은 분리적 주의 집중divided attention이라고 부른다. 실제로는 두 가지 일을 동시에 하는 것이 아니라 두 가지 일을 왔다 갔다 하는 것이기 때문이다.

나이를 먹을수록 몇 가지 일에 주의를 번갈아가며 기울이는 것이 점점 어려워진다. 특히 몇 초 단위로 그렇게 하는 건 더 힘들다. 서글프게도, 20대 초반부터 그런 행동을 하는 능력이 서서히 떨어진다. 고도의 집중을 요하는 과제일수록 특히 더 힘들다.

분리적 주의 집중 능력을 측정하는 방법은 여러 가지가 있다. 한 가지 방법은 보이지 않는 누군가가 다른 것으로 우리의 주의를 끄는 동안 하던 일에 주의를 집중하는 것이다. 말하자면 TV 뉴스 앵커와 같은 상황이다. 앵커가 뉴스를 전달하는 동안 우리 눈에 보이지 않는 PD가 앵커의 이어폰에 대고 계속 뭔가 속삭이는 것이 *완벽한* 실험 사례다. 앵커는 뉴스를 전달하면서 동시에 PD가 하는 말에도 주의를 기울여야 한다. 주의를 집중해야 하는 일이 복잡할수록 나이 든 뇌는 따라가기가 더 힘들어진다.

과학자들은 오래전부터 진정한 멀티태스킹은 신화에 불과하다는 걸 알았다. 뇌가 동시에 두 개의 목표에 주의를 기울이는 것은 불가능하다. 뇌가 복수의 목표물을 추적하는 유일한 방법은 번갈아가며 목표물에 집중하는 전략을 이용하는 것뿐이다. 고령자들은 그런 전환을 잘하지 못한다. 전환 능력의 하락 정도는 앞에서 말한 처리 속도의 경우와 비슷하다.

할머니가 자동차를 운전하는 경우를 살펴보자. 고속도로에서 차선을 바꿀 때 할머니는 옆에 있는 차를 긁을 뻔한다. 앞차가 갑자기 속도를 늦춰서 주의가 흐트러졌기 때문이다. 또한 할머니는 평행주차를 할 때 차간 간격을 잘못 생각할 수도 있고, 자동차 앞 유리에 떨어지는 빗물에 주의가 흐트러질 수도 있다. 모두가 둘 이상의 일에 번갈아가며 주의를 집중하는 게 어려워져서 일어나는 일들이다.

설상가상으로 나이가 들면 이런 상황에서 처리 속도까지 느리다. 뇌의 기어가 느린 상태로 변했는데 해결해야 하는 문제들이 늘어나면 뇌는 질식하기 시작한다. 인지의 문제에는 하임리히 요법Heimlich maneuver(목에 이물질이 걸린 사람을 뒤에서 안고 흉골 밑을 주먹 등으로 세게 밀어 올려 이물질을 토하게 하는 방법–옮긴이)이 존재하지 않기 때문에 느려진 처리 속도는 인생을 위험하게 만드는 요소가 된다. 그래서 사람들은 나이가 들면 운전을 그만둔다. 우리는 계속 차를 운전하고 싶을지 몰라도, 우리의 뇌는 생각이 다르다.

처리 속도에 이어 주의 집중력을 살펴봤다. 이제 이 두 가지가 모두 관련 있는 일에 대해 알아보자. 바로 의사결정이다.

굳어버린 유동성 지능

독일의 심리학자 빌헬름 분트Wilhelm Wundt에 대해 들어본 독자들은 별로 없을 것이다. 하지만 그는 영향력이 매우 큰 과학자로, 1920년에 세상을 떠났지만 그의 통찰은 지금까지도 많은 연구에 영향을 미치고 있다. 여기서는 그중 하나인 감정에 기초한 의사결정에 대해, 이것이 어떻게 노화하는지에 대해 이야기하고자 한다.

어린 시절의 분트는 별로 특별하지 않았다. 깡마른 외톨이였던 그는 학교 성적도 안 좋아서 한 선생님은 그에게 우편배달부가 되라고 제안하기도 했다. 그러나 기적적으로 그가 의과대학에 진학한 후 상황이 바뀌었다. 의과대학에서 그는 생리학에 큰 관심을 느꼈고, 인간의 정신에 더 큰 관심을 느꼈다. 그래서 인간의 행동에 대해 65년에 걸친 연구를 시작했다. 그 여정은 눈부실 정도여서 오늘날 그는 현대 심리학의 창설자로 여겨진다. 그의 놀라운 연구는 많은 제자들을 이끌었고, 그중에는 세상을 떠들썩하게 만든 연구를 한 사람들도 있었다. 아동심리학의 창시자 G. 스탠리 홀G. Stanley Hall과 '공감empathy'이라는 단어를 만들어낸 에드워드 티치너Edward Titchener 같은 학자들이 여기에 속한다.

분트의 탁월한 연구 결과 중 하나는 '각성arousal'이라는 개념과 '감정에 기초한 의사결정에서 각성이 하는 역할'에 대한 것이다. 만일 두 가지 대안 중 하나를 선택해야 한다고 해보자. 그러면 우선 얻을 수 있을 이익을 기초로 두 대안을 평가할 것이다. 뇌가 어떤 기회로 인해 긍정적으로 각성된다면 그쪽으로 움직일 것이고, 부정적으로 각성된다면 거기서부터 멀어질 것이다.

이렇게 '접근할 것이냐 피할 것이냐'에 따른 선택은 더 복잡한 결정을 내리기 위한 기본 바탕이 된다(이것이 우리가 결정을 내리는 유일한 방법은 아니지만 많은 것을 설명해준다). 그런데 접근할 것이냐 피할 것이냐를 결정하는 능력은 세월의 영향을 받는다. 나이가 들면서 감정적인 결정을 내리는 능력은 서서히 변화한다.

미국에 있는 노의사에게 사랑으로 사기를 친 런던의 여성 이야기가 생각나는가? 나이를 먹으면서 우리의 동기는 '촉진'에서 '예방'으로 바뀐다고 앞에서 설명했다. 즉, 젊어서는 어떤 일을 적극적으로 하려는 동기가 강하지만 나이가 들면 위험을 예방하려는 동기가 강해진다. 하지만 학자들은 감정적 의사결정에 나타나는 손상은 그보다 더 큰 손상의 일부에 불과하다는 것을 연구를 통해 알아냈다. 나이가 들면 정말로 큰 균열을 일으키는 것은 '유동성 지능'이다.

유동성 지능은 거칠게 정의하면 우리의 문제 해결 능력이 제 역할을 할 수 있도록 해주는 능력이다. 구체적으로 말하면 개인적 경험과 무관하게 어떤 문제를 파악하고, 처리하고, 해결하는 기능이다. 한 연구 논문에서 정의했듯이 유동성 지능은 새로운 정보를 유연하게 만들어 내고, 변형시키고, 다루는 능력과 관련이 있다.

정보는 조작되는 동안은 불안정한 기억의 완충 장치에 있다. 그때는 작업 기억(단기 기억)이 어떤 역할을 한다. 실험 결과에서도 유동성 지능은 작업 기억 능력과 깊은 관련을 갖고 있음이 밝혀졌다. 실제로 유동성 지능과 작업 기억은 서로에게 영향을 줄지 모른다. 그런데 앞서 살펴봤듯이 작업 기억은 나이가 들면서 급격히 악화된다.

유동성 지능은 결정성 지능crystallized intelligence과 대조적이다. 결정성 지능은 데이터베이스에 저장된 정보를 이용해 '경험을 통해 배운 것에서' 뭔가를 끌어내는 능력이다. 기억하겠지만, 노화로 모든 기억 체계가 약화되는 건 아니다(오히려 더 좋아지는 기억 체계도 있다). 결정성 지능도 어떻게 측정하느냐에 따라 평생 상당히 안정적으로 유지된다.

유동성 지능은 그렇지 못하다. 일반적으로 유동성 지능은 20세에 정점을 찍고, 그 후 서서히 하락해 75세가 될 때까지 거의 40퍼센트가 하락한다. 따라서 유동성 지능의 공구함에서 꺼낸 장치를 이용하는 의사결정 능력 역시 시간이 지나면서 떨어진다. 거기에는 다양한 원천으로부터 *동시에* 정보를 받아들여 결정을 내리는 일도 포함된다. 말하자면 추수감사절 만찬에 여러 가지 요리를 하나도 식지 않도록 차려 내는 것과도 같은 일이다(여기에 작업 기억이 관여하는 것도 도움이 되지 않는다. 작업 기억 역시 나이가 들면서 기능이 떨어지기 때문이다). 또한 유동성 지능에는 접근-회피 문제와 관련해 결정을 내리는 일도 포함된다.

이 모든 일은 예일 대학교 학자들이 'AIMaffect-integration-motivation(정서-통합-동기) 틀'이라 부르는 신경망에서 일어난다. AIM 틀은 주관적 각성과 유동성 지능이라는 두 가지 기능으로 한데 묶여 있는 여러 뇌 영역의 결합물들로 이뤄져 있다.

AIM 틀 안에서 긍정적인 주관적 각성을 통제하는 것은 측핵이다(측핵은 유쾌한 기분과 중독 행위들도 조절한다). 그리고 부정적인 주관적 각성은 뇌섬엽이 통제한다(뇌섬엽은 고령층의 '잘 속아 넘어가는' 특성과 전 연령이 느끼는 혐오감에도 관여한다). 앞서 언급했듯이 이 시스템도 나이를 먹으면서 기능이 저하된다. 젊은 사람들의 경우 뇌섬엽은 부정적인 주관적 각성 상황에서도 매우 활동적이다. 반면에 고령자들은 그런 상황에서 뇌섬엽이 조용하다.

새로운 학습 역시 영향을 받는다. 고령자들은 최근 학습한 정보에 기초해 결정을 내려야 하는 과제가 주어지면 잘 해내지 못한다. 여러 가지 정보가 동시에 들어올수록 더 잘 못한다. 여기서도 AIM 신경망이 작용을 한다. AIM 신경망은 전전두엽피질과 측두엽에 있는 특정 뉴런들을 활성화해 유동성 지능과 의사결정을 통제한다. 하지만 나이가 들면서 전전두엽피질(보통은 들어주기만 하면 어떤 뇌 영역에게도 이야기를 하는)은 측핵과 소통하지 않게 된다. 이런 회피 현상은 특정 과제들에 영향을 미친다. 즉, 뇌가 새로운 정보를 처리해 이미 처리된 과거의 정보를 업데이트하기 위해 사용하는 과제에 영향을 미친다. 여기서도 작업 기억이 쇠약해진다.

그렇다면 고령자들은 의사결정을 내리면 안 된다는 걸까? 그렇지는 않다. 어떤 과제를 하기 위해 오래전에 배운 정보가 필요할 때, 즉 결정성 지능을 이용해야 할 때 고령자들은 젊은이들만큼 잘 해낸다.

한 예로 스티븐 스필버그 감독의 1977년 작품 〈미지와의 조우Close Encounters of the Third Kind〉의 한 장면을 보자. 장면은 항공교통관제 본부에서 시작된다. 초로에 접어든 관제사의 힘 있으면서 침착한 목소리가 본부 내부를 채운다(관제사의 목소리는 배우 모건 프리먼과 놀라울 정도로 흡사하다). 그는 레이더 화면 앞에 앉아서 초비상 사태를 처리하느라 애쓰는 중이다. 항공기 조종사 여러 명이 UFO의 소리를 들었고, UFO와 충돌하면 어쩌나 걱정하고 있다. 긴장이 고조되는 가운데 사람들이 관제사 주변으로 모여들어 흥분된 목소리로 너도나도 이야기를 한다. 오디오가 무척 혼란스러워진다. 그때 갑자기 UFO와 곧 충돌할 것임을 경고하는 비상벨 소리가 울린다.

여기서 관제사는 어떤 모습을 보일까? 위험한 상황에서 시끄럽게 떠드는 동료들에게 화를 낼까? 주의가 흐트러지거나 신경이 예민해질까? 아니다. 그는 침착한 태도를 잃지 않는다. 관제사는 권위 있는 모습으로 일련의 지시를 내리고 모두를 진정시킨다. 그리고 위기는 지나간다. 이 장면이 끝나기 직전에 그는 한 항공기의 조종사에게 이렇게 질문한다. "TWA 517, UFO를 신고하고 싶은가, 오버?" 마치 아침 식사로 무엇을 먹었느냐고 묻는 것처럼 태연하다. 조종사는 거절한다.

이 비범한 관제사의 마음속에서는 무슨 일이 일어나고 있었을까? 어떻게 그렇게 빠르고 정확하게 결정을 내릴 수 있었을까? 그는 나이 든 뇌에서는 동시에 결정을 내리는 능력이 제대로 발휘되지 못한다는 데이터에 정면으로 도전하는 것 같다. 하지만 이는 할리우드 영화에나 등장하는 마법이 아니다. 영화 속 관제사는 경험이 없는 햇병아리가 아니다. 그는 숙련된 전문가이고 튼튼한 인지 근육으로 무장되어 있다. 그는 일하는 내내 뇌의 체육관에서 특정 영역들을 운동시켜왔다. 통계적으로는 그의 나이쯤 되면 정신 기능이 약화되고 있을지 몰라도, 그의 능력은 본부에 있던 누구보다도 뛰어났다. 이것이 바로 후천적인 노력이 선천적인 특성과 상호작용하는 방식이다.

고령자들을 위한 비디오게임

경험을 통해 인지 기능을 향상시키겠다며 영화 속 관제사처럼 하루 종일 레이더 화면 앞에 앉아 있을 필요는 없다. 연구 결과, 집에서도 주의력 향상 연습을 할 수 있다는 게 밝혀졌다. 화면이 필요하긴 하지만 항공기가 필요하지는 않다. 비디오게임만 있으면 된다. 맞다. 비디오게임이다. 고령자들을 위한 비디오게임이 필요하다. 특히 두뇌 훈련 프로그램brain training programs, BTP이 필요하다.

몇 년 전이라면 내가 이런 이야기를 하지는 않았을 것이다. 루모스 랩스Lumos Labs라는 회사에서 루모시티Lumosity라는 이름으로 출시한 두뇌 훈련 프로그램이 있다. 벌써 여러 해 전에 이 회사는 비디오게임을 이용한 두뇌 훈련 프로그램을 하루에 몇 분씩만 하면 65세 이상 고령자들이 가장 두려워하는 기억력 손상, 치매, 알츠하이머병 등 인지 문제들을 피할 수 있다고 주장했다.

면밀한 검사 결과 그 게임은 그런 효과가 없는 것으로 나타났다. 미국연방거래위원회Federal Trade Commission, FTC는 루모스 랩스에 대중을 호도한 혐의를 물어 5,000만 달러의 벌금을 부과했다(나중에 200만 달러로 삭감되었다). 이는 두뇌 훈련 프로그램에 대한 엄중 단속의 일부였다. ADHD 증상을 줄여준다고 주장한 정글 감시대Jungle Rangers, 심각한 인지 기능 손상을 치료해준다고 주장한 러닝RXLearningRX도 비슷하게 엄격한 조사를 받았다.

그럼에도 두뇌 훈련 프로그램의 혜택을 극찬하는 조잡한 연구들은 계속해서 이뤄졌다. 물론 가능성을 보여준 연구도 있었다. 얼마 안 가 이 분야에 서로 대립된 의견을 가진 책임감 있는 과학자들이 모여들었다(대립되는 목소리가 존재한다는 것은 활발하게 연구가 이뤄진다는 증거로, 과학계에서는 희망적인 신호다). 이들의 목소리를 들어보자. 연방거래위원회가 루모스 랩스에 벌금을 물리기 바로 전해에 70명 이상의 과학자들이 두뇌 훈련 프로그램은 '헛소리'라는 청원에 서명했다. 그들은 청원에 이렇게 적었다. "우리는 두뇌 게임이 소비자들에게 인지 저하를 늦추거나 되돌려놓을 과학적 방법을 제공한다는 주장에 반대한다. 현재로서는 두뇌 게임이 그런 방법을 제공한다는 설득력 있는 과학적 증거는 없다."

한편 유명한 신경과학자 마이클 머제니치Mikael Merzenich가 이끄는 과학자들(약 120명)은 반대의 목소리를 냈다. "그 누구도 두뇌 게임이 평범한 사람을 셰익스피어나 아인슈타인으로 바꿔놓을 거라고 주장하지는 않는다. 그러나 컴퓨터에 기초한 인지 훈련이 특정인에게 정말로 혜택을 준다는 증거는 많이 있다. 가장 주목할 만한 사실은, 컴퓨터 인지 훈련이 고령자가 자동차 사고를 당할 위험을 반으로 줄여줄 수 있다는 것이다."

이들은 두뇌 훈련 프로그램에 회의적인 학자들을 성급하고 무지하다고 비판했다. 그러면서 그 증거로 게임을 잘 설계하고 평가 도구를 그보다 더 잘 설계한다면 효과가 있을 수 있음을 보여주는 연구 논문들을 들었다. 이들은 수백 건의 연구가 그런 게임이 인지 능력에 도움을 준다는 것을 입증했다고 주장했다. 이들 대부분은 연방거래위원회의 구체적인 업체 규제에는 동의했지만, 인지 훈련이라는 새로운 과학을 단지 새로 생겼다는 이유로 완전히 무시하는 것은 불합리하다고 주장했다.

이와 관련해 한층 수준 높은 연구 결과가 계속해서 발표되고 있다. 연구 데이터는 분명한 추세를 보여주고 있는데, 대부분은 긍정적이다. 이런 것이 과학의 매력이다. 합의를 도출하는 데 시간이 오래 걸리고 많은 논쟁이 필요하며 감정이 상하는 일도 많다. 자존심이 살았다가

상했다가 한다. 일부 프로그램은 더 심층적인 연구가 필요하고 확인을 더 거쳐야 한다. 어쨌든 관련 과학은 점점 성숙해지고 있고 루모스 랩스 역시 성장했다. 루모스 랩스는 "인간의 인지 능력에 대한 이해를 증진시키는 것이 사명"이라고 말하며 연구를 계속하고 있다.

이제 학계의 평가라는 집중 포화 속에서도 굴복하지 않고 살아남은 두뇌 훈련 게임 몇 가지를 소개하도록 하겠다.

인지 기능에 도움이 되는 두뇌 훈련 게임 몇 가지

난생처음 비디오게임을 했던 때가 지금도 생생하게 기억난다. 게임의 이름은 퐁Pong이었다. 그 게임기는 볼링장에 있었는데, 마치 달팽이 눈처럼 생긴 노란색 가판대에 놓여 있었다. 퐁은 탁구의 단순한 기계 버전이었지만 나는 금방 마음을 빼앗기고 말았다. 나중에는 게임을 완벽하게 마스터하고 그보다 더 복잡한 게임으로 옮겨 갔다(퐁 다음으로 사랑한 게임은 미스트Myst였다).

이 이야기를 하는 것은 비디오게임 문제에 있어서는 내가 확증 편향confirmation bias(자신의 신념이나 이익과 일치하는 정보는 받아들이고 그렇지 않은 정보는 무시하는 경향-옮긴이)을 가지고 있음을 인정하기 위해서다. 하지만 다행히도 두뇌 훈련 프로그램은 나의 확증 편향과는 별개로 많은 실증적 연구 결과들이 뒷받침을 해준다.

오늘날도 두뇌 훈련 프로그램은 퐁처럼 단순하다. 여기에는 과학적 이유가 있다. 단순하고 덜 복잡하다는 것은 제어되지 않는 변수가 적다는 뜻이다. 그러면 더 정확한 수치와 분명한 연구 결과를 얻을 수 있다. 가장 뛰어난 두뇌 훈련 프로그램은 원전이遠轉移, far transfer 효과를 높여주는 것이다. 그보다 못한 두뇌 훈련 프로그램은 훈련을 잘하는 능력 하나만을 향상시킨다. 이런 효과는 근전이近轉移, near transfer라고 부른다. 우리가 진정 원하는 것은 게임을 하고 그것이 게임과 무관한 인지 과정(처리 속도를 바꾸는 것이나 기억력을 향상시키는 것 등)에도 영향을 미치는 것이다. 바로 원전이 효과다.

반가운 소식이 있다. 실험실에서 설계한 단순한 게임 몇 가지만 해도 인지 기능에 큰 원전이 효과가 나타난다고 한다. 단, 학자들이 의도한 대로 게임을 해야 한다. 아주 단순한 처리 속도 게임을 이용한 잘 설계된 연구를 하나 소개하겠다.

일단 컴퓨터 모니터 앞에 앉아서 화면을 본다. 화면에 두 개의 이미지가 아주 잠깐 번쩍하고 나타났다 사라진다. 하나는 화면 중앙에, 또 하나는 옆쪽에 나타난다. 그런 다음 그 경험에 대한 질문에 답을 해야 한다. '중앙에 있던 물체는 무엇입니까?' '옆에 있던 물체는 무엇입니까?' '화면의 어디에 지엽적인 이미지가 나타났나요?' 이 질문들에 대답을 잘할수록 게임은 점점 어려워진다. 화면에 이미지가 나타나는 시간도 더 짧아진다. 주의를 흩트리는 이미지들도 등장한다. 그리고 게임을 하는 내내 게임을 하는 속도와 정확성이 측정된다.

존스홉킨스 대학교 연구소와 뉴잉글랜드 연구소New England Research Institute의 학자들은 이런 훈련이 처리 속도에 미치는 영향과 치매에 걸릴 가능성에 대해 연구했다. 치매에 걸릴 가능성을 낮춘다면 원전이 효과라 할 수 있다. 이들은 연구를 위해 평균 연령이 74세이고 인지 기능에 문제가 없는 고령자들을 2,800명 정도 모집했다. 그리고 연구에는 'ACTIVEAdvanced Cognitive Training for Independent and Vital Elderly(독립적이고 생명력 넘치는 고령자들을 위한 고급 인지 기능 훈련)'라는 이름을 붙였다.

학자들은 실험에 참여하는 고령자들을 네 그룹으로 나누었다. 한 그룹은 아무것도 하지 않았고(대조군), 다른 한 그룹은 기억력을 향상시키는 훈련을 받았다. 또 다른 한 그룹은 추론 능력을 향상시키는 훈련을 받았고, 마지막 그룹은 처리 속도 게임 훈련을 했다. 훈련을 받는 세 그룹은 한 번에 60분 정도씩 6주 동안 10회 훈련을 했다. 그리고 1년 후와 3년 후쯤 추가 훈련을 최대 4회까지 했다. 이후 실험 대상자들이 80대 중반이 되는 10년 후에 이들에게 치매 증상이 나타나는지 살펴봤다.

결과는 충격적이었다. 10년이 지난 후 처리 속도 훈련을 한 그룹은 다른 그룹보다 치매에 걸릴 가능성이 48퍼센트 낮았다. 놀라운 결과였다. 사실 이들이 훈련을 받은 총 시간은 24시간도 되지 않았다. 그러나 10년 뒤에 그 훈련이 가져온 효과는 엄청났다. 그것이 바로 원전이 효과다. 또 하나, 기억력 향상 훈련을 받은 사람들은 기억력이 전혀 향상되지 않았다. 시간 낭비였던 셈이다.

이 실험 결과를 아직 다른 연구팀이 검증하지는 않았지만 그래도 매우 놀라운 결과다. 학자들이 원전이 효과를 보고한 건 이번이 처음은 아니었다. 그보다 몇 년 앞서서 마요 클리닉Mayo Clinic이 주도한 연구에서는 이와 동일하되 시각이 아닌 청각 버전의 속도 처리 실험을 탐구했다. 이 연구에서는 차례대로 들려주는 두 개의 소리를 식별하게 했다. 그 소리는 두 개의 다른 음일 수도 있고, 비슷하게 들리는 두 개의 단어일 수도 있었다(예를 들어 'sip'과 'slip' 같은). 테스트 결과가 좋을수록 두 소리 사이의 간격은 점점 짧아졌다. 고령자들은 하루에 한 시간, 일주일 5회, 총 8주 동안 이 훈련을 했다.

이 실험에서도 비슷하게 강력한 원전이 효과가 나타났다. 처리 속도가 빨라지자 사람들의 기억력이 향상되었다. 처리 속도의 경우 이 훈련을 받은 고령자들은 그렇지 않은 고령자들에 비해 *두 배는 빠르게* 반응했다. 글렌 스미스Glenn Smith 박사는 RBANSRepeatable Battery for the Assessment of Neuropsychological Status라는 평가 방법으로 그들의 작업 기억을 테스트했다. 테스트 결과 스미스 박사는 이렇게 말했다. "실험 집단이 대조군에 비해 처리 속도와 작업 기억 능력이 크게 향상했다는 것을 발견했습니다. 거의 두 배 정도로요."

캘리포니아 대학교 샌프란시스코 캠퍼스에서 개발한 '빕 시커Beep Seeker'라는 오디오 게임도 작업 기억을 향상시킨다. 대상이 되는 음 하나를 기억한 다음 일련의 음을 듣는다. 그리고 대상음이 들릴 때마다 표시를 한다. 이 과제는 생각보다 어렵다. 정답을 맞힐수록 더 헷갈리는 소리들, 대상음과 비슷한 소리들이 들리기 때문이다.

빕 시커를 이용하는 학자들이 관심을 두는 것은 음을 구별하는 능력이 아니다. 그들이 진짜로 관심 있는 것은 주의 산만함, 집중력, 원전이 효과다. 이 훈련이 겉보기에는 서로 관계없어 보이는 인지 처리 기능을 향상시킬 수 있을까? 작업 기억은? 대답은 반갑게도 둘 모두

'향상시킬 수 있다'이다. 작업 기억을 테스트한 어떤 실험에서 이 훈련을 한 사람들은 0.75점을 받았고(좋은 점수다), 훈련을 하지 않은 대조군은 −0.25점을 받았다(나쁜 점수다). 실험용 동물들을 대상으로도 동일한 실험을 했다. 그 결과 동물들도 동일한 원전이 효과를 보여주었다.

이것은 우리가 학자들이 제안한 비디오게임을 해야 한다는 의미일까? 그렇다. 바로 그 의미다. 글렌 스미스 박사가 이용한 게임은 미국의 파짓 사이언스Posit Science에서 개발한 것으로 시중에서 구할 수 있다. 그 외에도 이용할 수 있는 게임들은 더 있다. www.brainrules.net에서 자세한 내용을 찾아보기 바란다.

게임으로 뇌의 근력을 키워라

이 장을 집필하기 위해 어렸을 때 인기 있던 비디오게임을 오랜만에 했다. 그 게임은 아타리Atari에서 개발한 나이트 드라이버Night Driver의 온라인 버전이다. 이 게임은 오래된 것이지만 여전히 흥미진진하다. 그 이유는 게임이 단순하기 때문이다.

핸들을 잡고 검은색 화면을 쳐다보고 있으면 눈앞에 고속도로가 나타난다. 그러면 구불구불한 도로를 따라 운전을 하면 된다. 물론 실제로 고속도로가 앞에 있는 것도 아니고 고속도로 사진이나 그림이 있는 것도 아니다. 화면 좌우에 '노변 반사 장치'들이 움직일 뿐이다. 작은 흰색 직사각형들이 밤에 고속도로를 달리고 있다고 생각하게 만든다. 그저 반사 장치 사이로만 달리면 된다. 게임이 진행될수록 반사 장치들은 점점 더 빠르게 지나간다. 그런데 이 나이트 드라이버를 연상시키는 비디오게임 하나가 실험 결과 인지 기능 저하를 늦추는 것으로 나타났다.

〈네이처〉에 뉴로레이서NeuroRacer라는 게임이 소개되었다. 캘리포니아 대학교 샌프란시스코 캠퍼스의 과학자들이 개발한 이 게임은 나이트 드라이버의 3차원 주간 버전이라 할 수 있다. 이 게임은 풍경을 따라 가상의 자동차를 운전한다. 운전 중에 다양한 크기와 형태의 간판들이 갑자기 시야에 등장하고 그중 일부를 격추해야 한다. 특정 크기와 형태의 간판들만 격추하면 된다.

뉴로레이서를 개발한 학자들은 평균 연령 73세인 고령자들을 대상으로 실험을 했다. 실험에 앞서 주의 집중 상태(과제를 이것저것 바꿔가며 할 때의 상태)를 측정하는 일련의 인지 기능 테스트를 했고 몸에 뇌전도electroencephalogram, EEG 장치를 연결했다. 뇌전도 장치는 외부의 자극에 반응하는 뇌의 전기적 활동성을 측정한다. 이 실험을 진행한 학자들은 특히 전전두엽피질의 활성화에 집중했다.

그다음에 실험 대상자들에게 이 게임을 4주 동안 하게 했다. 그동안 뇌의 활성화를 계속해서 모니터했고 1개월 후 인지 기능을 다시 평가했다. 대조군은 게임으로 훈련을 하지 않은 20세 젊은이들이었다.

결과는 정말 놀라웠다. 우선 원전이 효과를 살펴보자. 뇌의 활성화가 변화했는데 특히 전전두엽피질의 활성화가 훨씬 젊은 패턴으로 바뀌었다. 마치 전전두엽피질이 체육관에서 근력 운동이라도 한 것 같았다. '주의를 흩트리는 것들이 있을 때의 작업 기억'에 대한 테스트 점수는 훈련 이후 드라마틱할 정도로 향상되었다(이 게임을 한 사람들은 +100, 하지 않은 사람들은 −100이었다). '주의를 흩트리는 것들이 없을 때의 작업 기억'에 대한 평가와 TOVA 테스트Test of Variables of Attention(주의력 변수 테스트)에서도 비슷한 결과가 도출되었다.

이 실험을 통해 밝혀진 또 다른 사실은 기능 향상의 안정성에 대한 것으로, 이것이 정말 중요한 결과다. *6개월이 지난 후에도 기능이 향상된 상태가 관찰되었다.* 이 게임을 해오다가 반년 동안 하지 않은 고령자들과 20세 청년들을 테스트한 결과 고령자들이 더 좋은 결과를 얻었다. 실로 놀라운 일이 아닐 수 없다. 〈네이처〉는 이렇게 말했다. "[이런 연구 결과들은] 비디오게임이 어떻게 인지 능력과 그 바탕에 깔린 신경의 메커니즘을 평가하면서 인지 기능을 향상시키는 강력한 도구로 사용될 수 있는지 보여주는 최초의 증거다."

'팀 뉴로레이서'의 리더인 애덤 개절리Adam Gazzaley 교수는 뉴로레이서가 어쩌면 "세계 최초로 처방된 비디오게임"일지 모른다고 열변을 토한다. 오랫동안 우리는 주의 집중력은 나이가 들면서 떨어진다고 알고 있었다. 그러나 이들의 연구 데이터를 보면 꼭 그렇지도 않다는 것을 알 수 있다. 게임을 통해 주의 집중력을 향상시킬 수 있다. 그것은 손에 쥔 게임기의 손잡이에서 시작해 두피에 붙인 전극으로 끝나는 기술 덕분이다.

분명 모든 사람이 이런 연구 결과를 박수 치며 환영하지는 않을 것이다. 이 연구에 대한 비판은 샘플의 규모뿐 아니라 현실 세계와의 연관성(이런 실험이 내가 지하실에 갔던 이유가 주스를 가져오기 위해서였다는 것을 기억하는 데 도움이 될까?)에 이르기까지 다양하다. 연구 결과에 대한 비판도 타당하다. 그러나 결정적인 비판은 거의 없다. 그저 더 많은 연구가 필요하다는 뻔한 경고를 할 뿐이다.

데이비드 애튼버러 경이 수많은 작은 지류가 모여서 도도히 흐르는 거대한 아마존 강을 이룬다고 했던 이야기가 기억날 것이다. 아마존 강을 뇌의 주의 집중 상태라고 생각한다면 그 거대한 물줄기에 기여하는 많은 지류들은 더 많은 친구들, 더 적은 스트레스, 도서관과 친숙해지는 것 등일 것이다. 비디오게임 역시 그중 무척 즐거운 지류가 될 것이다. 그러나 앞으로 살펴보겠지만 그런 지류에는 비디오게임만 있는 것은 아니다.

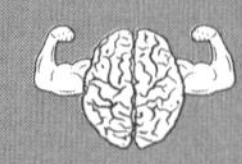

BRAIN RULE 5

비디오게임으로 뇌를 훈련시키자

- 처리 속도, 즉 두뇌가 외부의 자극을 받아들이고 처리하고 반응하는 속도는 우리가 노화하는 과정에서 느려진다. 이는 인지 능력 감퇴를 예측할 수 있는 가장 큰 요인이다.
- 나이가 들면서 두 가지 이상의 일을 번갈아가며 하는 것이 점점 더 어려워진다. 결과적으로, 나이가 들면서 주의를 집중하지 못하고 산만해지기 쉽다.
- 뉴로레이서처럼 인지 기능 향상을 위해 특별히 설계된 비디오게임들이 고령자들의 작업 기억과 주의 집중력을 향상시키는 것으로 나타났다. 놀랍게도 그런 비디오게임을 한 고령자들은 그런 게임을 한 적이 없는 20대보다 주의력 검사에서 더 좋은 점수를 받았다.

BRAIN RULE

6 알츠하이머병

알츠하이머병의 10가지 징후를 확인하자

머지않아 이 세상에는 두 종류의 사람들이 있을 것이다.
알츠하이머병에 걸린 사람들과 알츠하이머병에 걸린 사람을 아는 사람들.
_메멧 오즈Mehmet Oz, 미국의 의사

우리는 늙어서 노망이 들 때까지 친구일 것이다.
그리고 노망이 들면 우리는 새로운 친구가 될 것이다.
_무명씨

아우구스터 데터Auguste Deter는 분명 문제가 심각했다. 밤이면 정신병원에서 이불을 끌고 돌아다니며 몇 시간 동안이고 비명을 질렀다. 노쇠한 여성이었지만 사람들을 물리적으로 공격할 수 있었기 때문에 주변인들에게는 위험 인물이었다. 또한 정신적, 정서적으로 혼란스러운 상태였다.

주치의가 진행한 한 면담은 이렇게 시작된다.

"이름이 뭔가요?" 의사가 묻자 "아우구스터요."라고 대답한다. "남편분 이름은요?" 의사가 또 묻자 잠시 망설인 뒤 이렇게 대답한다. "아우구스터 같은데요." "남편분이요." 의사가 다시 묻는다. 그러자 "아, 남편이요!"

이렇게 의사의 말을 따라 하지만 질문의 의도를 이해하지 못한다. 의사는 질문을 계속한다. "어디 사세요?" 이 질문을 듣자 그녀는 깜짝 놀라서 소리친다. "어, 우리 집에 와보셨군요!" 의사가 다시 묻는다. "결혼하셨나요?" 그러자 아우구스터는 머뭇거리며 이렇게 말한다. "아, 뭐가 뭔지 모르겠어요."

그녀는 뭔가 잘못되었다는 걸 느끼고 어느 순간 이렇게 말한다. "절 나쁘게 생각하지 마세요." 의사는 계속해서 질문한다. "지금 당신은 어디 있나요?" 그러자 아우구스터는 마치 다른 질문을 들은 것처럼 맥락에 맞지 않는 대답을 한다. "우린 거기서 살 거예요."

아우구스터는 독일 프랑크푸르트에 있는 한 정신병원에 입원해 있었다. 그녀를 면담한 사람은 알로이스 알츠하이머Alois Alzheimer 박사였다. 아우구스터는 그의 이름을 딴 알츠하이머병 진단을 받은 첫 번째 환자였다.

아우구스터 데터는 1906년에 세상을 떠났다. 알츠하이머 박사는 그녀가 죽은 후 뇌를 자세히 관찰했는데, 뇌의 신경섬유가 이상하게 변해 있고 뇌에 꽃등심의 마블링처럼 플라크plaque가 잔뜩 끼어 있는 것을 발견했다. 그는 이런 뇌 손상이 아우구스터의 정신에 문제를 일으킨 것으로 생각했다.

당시에는 아우구스터의 상태를 초로성 치매presenile dementia라고 불렀다. 오늘날에도 이 병은 사람들에게 큰 공포를 불러일으킨다. "나, 알츠하이머병인가?" 이 말은 나이가 든 사람이 할 수 있는 가장 걱정스러운 질문 중 하나다. 우리의 뇌는 우리를 감시하는 비밀경찰이 되어 모든 말실수를 따져보고, 휴대전화를 잃어버린 일을 철저히 심문하며, 낯익은 사람의 이름이 기억나지 않을 때면 너무나 괴로워한다. 이 질문은 환자들, 의사들, 학자들을 모두 답답하고 안타깝게 만든다. 그 질문에 대한 답이 너무나 불분명하기 때문이다. 일반적인 노화와 비정상적인 뇌의 이상을 구별하는 것은 현재 의학계가 직면한 가장 힘든 과제 중 하나이며, 나이가 들어가는 환자들의 가장 큰 걱정거리 중 하나다.

이 장에서는 우리가 지금 알츠하이머병에 대해 알고 있는 것들, 알츠하이머병을 감지하는 법, 경도 인지 장애와 알츠하이머병을 구별하는 법, 수녀들을 대상으로 한 특별한 연구에서 알게 된 사실 등을 살펴볼 것이다. 아마도 반가운 내용은 별로 없을지도 모른다. 지금 이 순간에도 우리는 알츠하이머병 같은 치매의 정체가 정확히 무엇인지 정의하기 위해 노력하고 있다. 그런데 그런 노력에 비해 앞으로 나아가는 속도는 너무나 더디다.

경도 인지 장애

정상적인 기능과 뭔가 걱정스러운 일의 시작 사이에는 구별하기 힘든 중간 지대가 존재한다. 의사들은 그런 현상을 경도 인지 장애mild cognitive impairment, MCI라는 용어로 표현한다. 이 현상은 처음에는 장애를 알아차릴 수 없을 정도로 약하게 시작되다가 점점 심해진다. 물론 그렇지 않을 수도 있다. 의사가 이 장애를 보이는 환자에게 어떤 조언을 해야 할지 결정하기 위해 이용할 수 있는 테스트는 아직 없다. 경도 인지 장애는 여러 유형이 존재하는데, 이제 막 그 유형들을 구별하는 법이 나오기 시작했기 때문이다.

연구에 따르면 경도 인지 장애를 갖고 죽은(경도 인지 장애 때문에 죽은 게 아니다) 사람들 중 일부의 뇌는 뇌혈관에 아주 작은 구멍이 수천 개나 있었다. 경미한 뇌졸중이 여러 번 일어난 것이라 생각할 수 있다. 또한 알츠하이머병 전 단계의 뇌를 갖고 있는 사람들도 있었다. 즉, 뇌에 플라크가 쌓이기 시작하고 있었다. 또 파킨슨성 치매 전 단계나 루이소체 치매Lewy body dementia 전 단계처럼 보이는 뇌를 갖고 있는 사람들도 있었고, 치매의 징후가 전혀 보이지 않는 경우도 있었다(이 다양한 치매 유형에 대해서는 곧 살펴볼 것이다). 경도 인지 장애를 갖고 있는 게 확실했던 일부 사람들의 뇌는 부검 결과 완벽하게 건강해 보였다. 그 어떤 질환의 징후도 없었다.

그렇다면 어떻게 해야 할까? 현재의 판단으로는 65세 이상 인구의 10~20퍼센트 정도가 경도 인지 장애를 가지고 있는 것으로 보인다. 그러니 우선 경도 인지 장애를 살펴보고 그다음에 알츠하이머병을 탐구하는 게 좋을 것 같다.

뇌가 전형적인 노화를 벗어나 병에 걸렸다는 것을 암시하는 행동적 증상에는 어떤 것들이 있을까? 치매를 다루는 대부분의 병원에서는 잘 살펴보고 경계해야 할 증상 리스트를 제공한다. 마요 클리닉에서도 훌륭한 리스트를 제공하는데, 여기서는 '경계해야 할 증상'을 크게 두 개의 범주로 나누고 있다.

인지 기능

자동차 열쇠를 어디에 뒀는지 기억이 안 난다. 약속을 깜빡한다. 어떤 이야기를 하다가 갑자기 자기가 무슨 이야기를 하고 있었는지를 잊어버린다. 이런 기억력의 변화는 건망증성 경도 인지 장애amnestic MCI라고 한다. 한편 익숙한 지역에서 길을 찾는 게 점점 어려워질 수도 있다. 간단한 의사결정을 내리기도 벅차진다. 어떤 일을 완수하기 위해 필요한 일을 잘못 판단하거나 그 일을 하는 데 걸릴 시간을 잘못 판단한다. 혹은 두 가지를 다 잘못 판단한다. 이런 변화는 비건망증성 경도 인지 장애nonamnestic MCI라고 한다.

감정

행동이 점점 더 사회적으로 부적절해진다. 이전보다 더 충동적이 되고, 더 신중하지 못하고 무모해지며, 판단력이 점점 부족해진다. 이런 증상들에 우울증과 불안증 같은 정신 건강 문제가 동반될 수 있다.

이런 증상들이 지금까지 이야기한 단순 노화로 인한 문제들과 어떻게 다를까? 사실은 다르지 않다. 가장 중요한 차이점은 마요 클리닉에서 만든 리스트에 나오는 다음과 같은 내용일지 모른다. *'친구들과 사랑하는 사람들이 뭔가 문제가 생겼다는 걸 눈치채기 시작한다.'* 일상적인 일들은 여전히 잘 해내지만(그래서 치매보다는 경도 인지 장애로 진단하는 것이다), 친구들과 사랑하는 사람들이 보기에 한 가지 혹은 그 이상의 영역에서 어려움을 겪는 게 분명히 나타나는 것이다. 한동안은 문제가 생긴 것을 숨길 수 있을지 모른다. 그러나 상태가 악화되면 더 이상 아무렇지 않은 척 연기하는 게 통하지 않을 수 있다. 인지 기능에 생긴 손상과 균열이 다른 사람에게도 보이는 시점이 되면 뭔가 조치를 취해야 한다.

무엇을 해야 할까? 여러분이 이런 증상을 보인다면, 혹은 여러분이 사랑하는 사람이 이런 증상을 보인다면 우선 의사에게 진단을 받아야 한다. 대부분의 병원 신경과에서는 일단 정신 상태와 기분(정서 상태)을 평가하고 신경학 검사를 통해 반사 작용, 균형, 다양한 감각 능력 등을 테스트한다. 그리고 의사들은 거의 예외 없이 뇌졸중을 예방할 수 있는 생활 습관을 추천한다.

일부 사람들은 위에서 언급한 증상 이상으로 발전하지 않는다. 경도 인지 장애를 가지고도 오랫동안 행복하게 살아간다. 조금 별난 아줌마나 아저씨가 되는 것이다. 물론 한동안 경도 인지 장애를 갖고 있다가 그 후 눈에 띄게 증상이 악화되어 다른 증상을 보이는 사람들도 있다. 일상적인 일을 해내는 데 어려움을 겪는 시점이 되면 경도 인지 장애를 넘어 치매로 나아가는 것이다. 따라서 경도 인지 장애는 다가오는 폭풍을 예측할 수 있는 예언자라고 생각할 수 있다. 아니면 폭풍이 될 수도 있는 것을 예측하는 예언자다.

로빈 윌리엄스와 치매

대학 시절부터 로빈 윌리엄스의 코미디를 보며 웃곤 했다. 그의 목소리 연기만 들어도 배꼽을 잡고 웃었다. 나만 그런 게 아니었다. 그가 토크쇼에 등장하면 청중의 기대치는 엄청나게 치솟았다. 윌리엄스의 희극적 마인드는 언제든 핵폭탄처럼 터질 준비가 되어 있었다. 그가 세상을 떠난 지 몇 년이 지났지만, 그를 잃었다는 사실을 떠올리면 아직도 마음이 아프다. 윌리엄스는 스스로 목숨을 끊기 몇 달 전에 파킨슨병 진단을 받았다. 부검 결과 다른 문제도 발견되었다. 그는 루이소체 치매도 앓고 있었다. 루이소체 치매는 경도 인지 장애가 발전해 생길 수 있는 질병이다.

치매의 주범은 알츠하이머병이다. 노화와 관련된 치매의 80퍼센트 정도가 알츠하이머병 때문에 발생한다. 그러나 알츠하이머병이 유일한 치매는 아니다. 로빈 윌리엄스를 쓰러뜨린 치매를 비롯해 3대 치매를 살펴보자.

루이소체 치매

로빈 윌리엄스에게 내려진 진단은 드문 것이 아니었다. 연구에 따르면 루이소체 치매는 미국에서 두 번째로 많은 치매의 원인으로, 전체 치매의 15~35퍼센트를 차지한다. 루이소체 치매라는 이름은 루이소체를 처음 발견한 독일 출신의 미국 신경학자 프레드릭 루이Frederic Lewy에게서 따온 것이다.

루이는 흔히 말하는 '노망'으로 죽은 사람들의 뉴런 주위에 작은 검은 점들이 있는 것을 처음 발견했다. 그 점들은 알파 시누클레인alphasynuclein이라는 단백질이 비정상적으로 뭉쳐 있는 것으로 이를 루이소체라고 한다. 루이소체가 일으키는 증상에는 수면 장애, 운동 불균형, 기억 손실, 환시, 알츠하이머병 등이 있다.

우리는 그 점 덩어리들이 치매를 일으키는 이유를 아직 모른다. 치료법도 알지 못한다. 어떻게 이 병에 걸리는지도 모른다. 그래서 루이소체 치매의 기원을 '특발성idiopathic(어떤 개인에게 특유한)'이라고 한다. 로빈 윌리엄스가 이 용어를 들었다면 웃음을 터뜨렸을 것이다.

파킨슨성 치매

두 번째 치매는 잘 알려지지 않은 치매다. 파킨슨병은 몸의 움직임을 스스로 통제할 수 없게 만드는 병이다. 팔은 이리저리 마구 움직이고 다리는 제대로 일어서서 걷지 못한다. 유명인들 중 파킨슨병 환자로는 마이클 J. 폭스, 무하마드 알리, 빌리 그레이엄 목사 등이 있다. 파킨슨병이라는 이름은 19세기 영국의 의사 제임스 파킨슨James Parkinson의 이름을 딴 것인데, 그는 원래 이 병을 '떨림 마비Shaking Palsy'라고 불렀다.

떨림 마비도 좋은 이름이지만 완벽하진 않다. 파킨슨병이 운동에 장애가 일어나는 병이긴 하지만 후기로 가면 늘 치매가 동반된다. 집중력이 떨어지는 것 같은 인지 기능 장애나 우울증과 불안 같은 정서 장애도 일어난다. 파킨슨병은 특정 부위의 뇌세포가 죽기 시작할 때 생긴다. 그중 한 부위가 중뇌의 '흑질'이라는 부위다. 이렇게 세포가 집단적으로 죽는 이유는 아무도 모른다. 익숙한 악당인 알파 시누클레인과 관련이 있을지도 모른다. 사실 파킨슨병을 앓는 사람들은 죽어가는 신경 주위에 루이소체가 얼쩡거리는 경우도 많다.

전측두엽 치매

전측두엽 치매frontotemporal dementia는 다른 치매에 비해 비교적 젊은 사람들에게도 찾아온다(대개 60세 정도에 발병하는데 20세에도 발병할 수 있다). 언어 장애가 한 증상이지만 가장 큰 증상은 성격이 돌변하는 것이다. 낯선 사람에게 소리를 지르거나, 사람들을 때리거나, 음식을 닥치는 대로 먹거나, 사랑하는 사람들에게 눈에 띄게 무관심한 것 등 부적절한 행동들을 보인다. 그리고 똑같은 주제에 대해 계속해서 이야기하거나, 끊임없이 잔디를 깎거나, 같은 길을 계속 걸어 다니는 등의 반복 행동도 포함된다. 전측두엽 치매는 신경 변성(신경 퇴행성) 질환으로, 전두엽과 측두엽에 손상이 계속 진행되어 생긴다. 그 이유는 아직 밝혀지지 않았다.

그 외에 혈관성 치매vascular dementia가 있다. 혈관성 치매는 적은 양의 뇌출혈이 일어나 뇌졸중과 마찬가지로 인지 기능에 대혼란이 일어나 발생한다. 헌팅턴병Huntington's disease도 있다. 미국의 가수 우디 거스리의 목숨을 앗아간 치매다. 전염될 수 있는 치매도 있는데, 바로 크로이츠펠트-야콥병Creutzfeldt-Jakob disease이다. 이 병은 프리온이라는 단백질 입자에 의해 생기는데, 그나마 다행인 것은 치매 가운데 발병률이 가장 낮다는 점이다.

금전적인 면에서, 그리고 인도주의적인 면에서 알츠하이머병은 아마도 현대를 강타한 질병 중 비용과 희생을 가장 많이 요구하는 병일 것이다. 지금부터 알츠하이머병에 대해 자세히 알아보자.

인류 최후의 질병

알츠하이머 박사는 아우구스터에게서 뭔가 중요한 것을 발견했다. 그러나 당시에는 추측에 불과했다. 사실 지금도 알츠하이머병에 대한 모든 것은 논쟁과 숙고의 대상이다. 알츠하이머 박사가 알아낸 사실조차도 그가 세상을 떠난 후에는 의심스럽게 여겨졌다. 다행히도 그는 꼼꼼하게 메모를 했고 뇌 조직 슬라이드를 남겨두었다. 현대의 과학자들은 그가 연구한 것을 다시 조사해 확인했다.

알츠하이머병에 대해 과학적으로는 여전히 논란이 많지만 경제적으로 어마어마한 비용을 초래한다는 점에서는 논란의 여지가 없다. 알츠하이머병은 인간의 목숨 차원에서도, 돈 차원에서도 너무나 큰 비용이 든다. 치매는 선진국에서는 사망 원인 5위를 기록한다. 그리고 치매에 드는 돈은 모든 질병 가운데 1위다. 환자가 진단을 받은 후 비교적 오랫동안 살 수 있어서 그동안 많은 돈이 들기 때문이다(진단을 받고 나서 세상을 떠날 때까지 대개 10년 정도 걸린다). 미국만 보면 2016년에 540만 명이 치매에 걸렸는데, 이 환자들을 돌보는 데 들어간 돈은 2,360억 달러였다(약 260조 원).

학계에서 알츠하이머병이 정확히 어떤 병인지 안다면 우리 사회에 경제적으로 그토록 큰 부담을 주지 않을 수도 있다. 그러나 학계는 아직 이 질병에 대해 정확히 알지 못한다. 알츠하이머 박사의 슬라이드는 아우구스터가 뇌에 손상을 입었다는 것을 분명히 보여주었다. 그러나 심층 연구 결과 그녀와 동일한 행동으로 진단받은 모든 환자가 그녀와 같은 뇌의 병상病狀을 보이는 것은 아니었다. 더 혼란스러운 것은, 아우구스터와 같은 뇌의 병상을 보이는 환자들 모두 그녀와 같은 행동을 보이는 것도 아니었다. 원인은 여전히 미궁 속에 있다.

알츠하이머병의 기원에 대한 가장 유력한 이론은 아밀로이드 가설amyloid hypothesis이라고 불리는 이론이다. 학자들은 이 가설이 지금까지 관찰된 알츠하이머병의 모든 병리학적 측면을 설명할 수 있다고 생각하진 않는다. 일부를 설명하기에도 부족하다고 생각하는 학자들도 있다. 어떤 학자들(나도 그중 한 사람이다)은 알츠하이머병 '들'이라고 불러야 한다고도 한다. 알츠하이머병이 한 가지 유형만 존재하지는 않는 게 거의 확실하기 때문이다. 이런 모호한 면 때문에도 한 가지 테스트로 알츠하이머병을 확정적으로 진단하기란 불가능하다.

혹시 알츠하이머병이 아닐까 해서 병원을 찾아가면, 모든 종류의 치매를 진단하기 위해 개발된 테스트를 받을 것이다. 그리고 특정한 행동들을 보일 때 의사는 이렇게 말할 것이다. "알츠하이머병일지도 모르겠네요." 이것이 의사들이 이 병을 표현하는 방식이다. 결코 "알츠하이머병입니다"라고 확정적으로 말하지 않는다. 거기에는 중요한 이유가 있다.

의사는 환자가 알츠하이머병인지 아닌지 정말로 알지 못한다. 누구도 알지 못한다. 부검을 해도 확정적으로 알 수는 없다. 그 이유는 곧 살펴볼 것이다.

그렇더라도 이런저런 증상으로 인해 일상적인 일들을 해내지 못하기 시작하면 즉시 의사를 찾아가야 한다. 지하실에 내려가서 왜 거길 내려왔는지 생각이 안 나는 것과, 지하실에 내려가서 거기가 어디인지 생각이 안 나는 것은 전혀 다른 문제이기 때문이다.

알츠하이머병의 위험 신호

사랑하는 사람이 알츠하이머병에 걸렸는지, 아니면 단순히 나이가 든 것인지를 판단하는 데 도움이 될 만한 훌륭한 체크리스트가 여러 가지 개발되었다. 그중 특히 잘 만들어진 것이 미국알츠하이머병학회Alzheimer's Association에서 개발한 '알츠하이머병의 10가지 위험 신호10 Warning Signs of Alzheimer's Disease'다. 이 10가지 신호는 주제에 따라 기억력, 집행 기능, 감정 처리, 일반적인 처리 등 네 가지 범주로 묶을 수 있다.

기억력

10가지 위험 신호 중 네 가지 징후는 기억력과 관련이 있다.

1. 기억력 손실로 일상에 방해를 받는다

작업 기억은 나이를 먹으면서 자연히 쇠퇴한다. 하지만 사랑하는 사람이 중요한 날짜와 약속을 자꾸 잊어버리면, 혹은 무엇을 기억하기 위해 물리적인 수단(포스트잇 메모 같은)에 비정상적일 정도로 의존한다면, 그리고 어떤 정보를 계속해서 물어본다면 병원에 데리고 가야 한다. '빈도'가 중요하다. 가끔 약속을 잊어버리거나 가끔 사람 이름을 잊어버리는 건 걱정하지 않아도 된다. 항상 약속이나 사람 이름 등을 잊어버리면 걱정을 해야 한다.

2. 익숙한 일을 잘 해내지 못한다

사랑하는 사람이 가계부를 쓰는 법이나, 마트로 운전해서 가는 길이나, 보드게임 규칙 등을 잊어버린다면 걱정해야 한다. 알츠하이머병이 진행되면 익숙한 일상적 일들을 해내는 데 어려움을 겪는다. 자주 하던 보드게임을 누가 발명했는지 잊어버리는 건 괜찮다. 하지만 그 보드게임을 하는 방법과 규칙을 잊어버리는 건 문제다.

3. 말을 하거나 글을 쓸 때 단어 사용에 문제가 생긴다

앞에서 말했듯이 핵심적인 언어 능력은 나이가 들어도 거의 쇠퇴하지 않는다. 따라서 사랑하는 사람이 자꾸 말실수를 하거나, 대화를 따라가는 데 점점 어려움을 겪거나, 말을 어떻게 계속해야 할지 몰라서 문장 중간에 말을 멈춘다면 주의해서 지켜봐야 한다. 적당한 단어를 떠올리지 못한다면 정상적인 노화다. 그러나 아무런 단어도 떠올리지 못한다면 정상적인 노화가 아니다. 흥미롭게도, 말뿐만 아니라 글로 하는 의사소통에서도 똑같은 어려움이 발생한다.

4. **물건을 부적절한 장소에 두고 어디에 두었는지 기억하지 못한다**

   알츠하이머병의 독특한 특징 중 하나가 정보를 순서대로 다시 배열하지 못하는 것이다. 그래서 물건을 어디에 두었는지 기억하지 못하고 헤맨다. 그리고 초기 알츠하이머병 환자들은 물건을 이상한 장소에 둔다(냉장고에 향수를 넣거나, 비누 놓는 곳에 약을 놓거나 하는 식이다). 물건을 아무 데나 놓을 수는 있다. 하지만 전혀 어울리지 않는 곳에 놓는 것은 걱정해야 할 현상이다.

집행 기능

나이를 먹으면서 집행 기능이 저하되는 것은 자연스러운 일이지만, 다음과 같이 삶을 방해하는 급작스러운 변화는 자연스러운 것이 아니다.

5. **계획 수립/실천이나 문제 해결이 어려워진다**

   갈수록 계획을 따라 하지 못하게 되거나(요리법 같은 것), 계획을 세우지 못하게 되는 것(비용이 드는 일을 위해 예산에 여유를 두는 것 같은)은 빨간 신호다. 집중력이 점점 떨어져서 매달 공과금을 내는 것처럼 규칙적으로 하던 일에 점점 더 시간이 많이 걸리는 것 역시 빨간 신호다. 월말에 케이블 TV 요금 내는 것을 잊어버리는 것은 반드시 걱정할 일은 아니다. 하지만 요금을 내는 것 자체를 잊어버리는 건 문제다.

6. **판단력이 떨어진다**

집행 기능에는 의사결정 능력도 포함되는데, 알츠하이머병에 걸리면 의사결정 능력이 비정상적으로 저하된다. 돈과 관련해 결정을 잘 내리지 못하는 것에서부터 양치질 하는 것을 잊어버리는 것에 이르기까지 모든 일에서 문제가 나타난다. 몸을 단장하는 습관에도 변화가 나타나는 걸 흔히 볼 수 있다. 가끔 자기 안경이 어디 있는지 잊어버리는 건 정상적인 현상이다. 하지만 바지를 입는 걸 잊어버리는 건 정상이 아니다. 또한 노숙자에게 자신의 퇴직금을 줘버리는 것 역시 정상이 아니다.

감정 처리

다음 두 가지 위험 신호는 기분과 감정 통제에 변화가 생겼음을 나타내는 것이다.

7. **일이나 사회 활동을 하지 않으려 한다**

알츠하이머병의 초기 신호 중 하나는 익숙하고 즐겁게 했던 사회 활동을 하지 않으려는 것이다. 1장에서 살펴본 것처럼 그런 태도는 인지 기능에 엄청나게 부정적인 영향을 줄 수 있다. 그리고 알츠하이머병에 걸렸다면 훨씬 나쁜 영향을 줄 것이다. 자신에게 문제가 생기고 있다는 것을 인식하면서 다른 사람이 그것을 알아챌까봐, 그리고 그 문제에 대해 이야기하기가 싫어서 사람들을 멀리하는 경우가 많다.

8. **기분과 성격이 변화한다**

알츠하이머병의 또 다른 초기 신호는 기분이나 성격이 이전과 달라지는 것이다. 알츠하이머병에 걸린 사람들은 피해망상에 사로잡히거나, 불안해하거나, 두려워하거나, 감정적으로 혼란스러워질 수 있다. 인생의 정상적인 기복에 부적절하게 반응할 수도 있다. 익숙한 환경이 아닐 경우 특히 더 그럴 수 있다. 노인들이 일상적으로 하는 일들을 재삼 확인하려고 하는 것은 일반적인 일이지만, 일상적으로 하는 일을 하지 못하게 되었을 때 하늘이 무너지기라도 한 것처럼 낙담하거나 화를 내는 것은 일반적인 일이 아니다.

그 외의 기능

마지막 두 가지 위험 신호는 기억력이나 집행 기능, 감정 통제와 관련 없는 일들을 처리하는 것과 관련이 있다.

9. **시각적 이미지와 공간적 관계를 잘 이해하지 못한다**

경험이 많은 우리의 눈도 많이 사용하면 기능이 떨어지는 것은 마찬가지다. 즉, 나이가 많은 사람들은 눈을 너무 오래 써온 탓에 시력이 약화되어 잘 보지 못한다. 그러나 알츠하이머병에 걸리면 눈이 나빠져서 잘 보지 못하는 게 아니라 눈으로 본 것을 제대로 지각하지 못한다. 거리를 가늠하고, 색이나 명암을 구별하고, 물체들 사이의 공간적 관계를 해석하는 능력을 잃어버린다. 이것은 자연히 운전하는 능력에도 영향을 미친다.

10. 시간이나 장소에 혼란을 느낀다

아마도 이런 증상이 가장 익숙할 것이다. 시간 감각을 잃어버리거나 자신이 있는 곳이 어디인지 인식하지 못하는 것은 알츠하이머병의 대표적 특징이다. 알츠하이머병 환자들은 갈수록 눈앞의 일들에만 집중하게 되는데, 이는 계획을 세우는 능력에 문제가 생긴 것과 관련이 있을지도 모른다. 또한 공간지각능력이 약해지기 시작한다. 알츠하이머병이 많이 진행되면 여기저기 돌아다니다가 결국 어딘가에 도착한 후 당혹감과 두려움과 분노를 느끼는 일이 흔해진다. 이것은 심각한 문제다. 오늘이 무슨 요일인지 잠깐 기억이 나지 않거나, 동네를 걸어 다니다가 순간적으로 자기가 서 있는 곳이 어디인지 기억이 안 나는 것은 정상적인 현상이다. 하지만 한밤중에 동네를 오랫동안 배회하거나, 어떻게 거기까지 왔는지 전혀 기억을 못 하거나, 허공에 대고 크게 소리를 지르는 것은 정상적인 현상이 아니다.

사랑하는 사람이 알츠하이머병을 앓고 있다면 미국알츠하이머병학회 홈페이지(www.alz.org)에 올라와 있는 정보를 읽어보기 바란다.

대통령에게서 얻는 교훈

세상을 떠난 로널드 레이건 전 미국 대통령이 썼던 편지 두 통은 지금도 내게 인상적인 기억으로 남아 있다. 하나는 레이건이 내 어머니 도리스 메디나 여사에게 쓴 편지였다. 배우였던 어머니는 잠깐 동안이었지만 1940년대 후반 할리우드에서 떠오르는 샛별이었다. 어머니는 미국배우조합Screen Actors Guild에 가입했었고, 당시에 조합을 이끌고 있던 '배우' 레이건이 어머니에게 편지를 보냈다. 편지에서 그는 어머니가 남부 캘리포니아에 온 것과 배우조합에 가입한 것을 환영했고, 편지 끝에는 그와 당시 아내였던 제인 와이먼, 딸 모린의 서명이 있었다.

두 번째 편지는 1994년에 쓴 것으로, 전 세계에 보낸 것이었다. 레이건은 그 편지에서 자신이 곧 세상을 떠나리라는 것을 알렸다.

> 최근에 저는 머지않아 제가 미국의 수백만 알츠하이머병 환자 중 한 명이 될 거라는 이야기를 들었습니다. 불행히도, 알츠하이머병이 진행되면 가족이 무거운 짐을 지는 경우가 많습니다. 낸시가 그런 고통스러운 경험을 하지 않을 방법이 있으면 좋겠습니다. 제가 알츠하이머병으로 고통받는 날이 오면 여러분의 도움으로 낸시가 믿음과 용기를 가지고

상황을 이겨낼 수 있을 거라고 믿습니다. 저는 지금 저를 인생의 황혼으로 데려다줄 여정을 시작합니다.

나는 레이건과 정치적 성향은 많이 달랐다. 그러나 이런 인간적이고 겸허한 모습 앞에서는 정치적 입장 같은 건 의미가 없었다. 거기에는 세상을 떠나는 가장 잔혹한 길 앞에서 고군분투하는 위대하고 나약한 노인이 있을 뿐이었다. 나는 이 편지를 보고 눈물이 났다.

레이건은 이 편지를 보내고 10년 후 세상을 떠났다. 알츠하이머병 환자들이 진단을 받은 후 세상을 떠나기까지는 평균 4~8년이 걸린다. 그래서 알츠하이머병은 '롱 굿바이'라고 불리기도 한다. 하지만 평범한 노화와 비교하면 그 시간은 긴 게 아니다. 70세의 알츠하이머병 환자 60퍼센트 정도는 80세 전에 세상을 떠난다. 반면에 알츠하이머병에 걸리지 않은 사람들은 30퍼센트 정도만 80세 전에 세상을 떠난다. 따라서 알츠하이머병은 사망 위험을 약 두 배로 높인다고 볼 수 있다. 알츠하이머병은 연령과 무관하게 미국에서 여섯 번째 사망 원인이다.

평균 66초에 한 명꼴로 알츠하이머병 환자가 발생한다. 하지만 이 말에는 약간 오해의 소지가 있다. 실제로 알츠하이머병은 증상이 겉으로 드러나기 10~15년 전에 시작되며 무려 25년 전에 시작된다는 주장도 있다. 즉, 우리가 마트까지 운전해서 가는 길을 잊어버릴 때쯤이면 이미 알츠하이머병과 10년 이상 살아왔다는 의미다. 따라서 알츠하이머병 환자가 66초에 한 명꼴로 '발생'한다고 말하면 안 된다. 약 1분에 한 명꼴로 알츠하이머병이 '발견'된다고 말해야 한다. 현재 65세가 넘은 미국인 10명 중 한 명이 알츠하이머병 환자로 총 500만 명이 넘는다. 베이비붐 세대가 노년에 다가가고 있으므로 2050년이 되면 그 숫자는 지금의 세 배에 이를 것으로 예상된다.

알츠하이머병은 한 사람의 삶을 세 단계에 걸쳐 서서히 폐허로 만든다. 1단계는 '경도'로, 밖에서 길을 헤매기 시작하고 성격이 바뀐다. 그다음 2단계는 '중도'로, 기억을 더 잃고 인지와 감정이 더 혼란스러워지며 다른 사람들에게 이전보다 더 의지해야 생활할 수 있다. 3단계는 '심도'로, 다른 사람들에게 완전히 의존해야 생활이 가능하다. 이 세 단계가 모든 사람에게 정확히 들어맞는 것은 아니다. 알츠하이머병은 개인마다 모두 다르게 나타나기 때문이다.

알츠하이머병이 진행되면서 경도에서 죽음으로 나아가는 것은 피할 수 없는 일이지만, 그 과정에서 경험하는 것은 사람에 따라 모두 다르다. 그렇다. 알츠하이머병에 걸리면 죽음으로 가는 것을 피할 순 없다. 알츠하이머병학회에서 발행한 홍보 책자에는 이렇게 적혀 있다. "알츠하이머병은 10대大 사망 원인 가운데 예방하거나, 치료하거나, 진행 속도를 늦추는 것이 불가능한 유일한 질병이다."

그렇다고 해서 학자들이 알츠하이머병의 치료법을 찾아내는 일을 포기한 것은 아니다. 진전이 느리고, 논란이 많고, 헛수고로 보이기도 하지만 치료법을 찾아내려는 노력은 분명히 존재한다. 알츠하이머병 치료법을 찾는 연구는 유전자에 대한 연구로 시작되었다. 지금까지 우리는 이 문제에 수십억 달러를 썼고 뭔가 의미 있는 것을 알아내기까지 또 수십억 달러를 쓸 것이다.

작으나마 그런 연구가 맺은 열매는 DNA와 관련이 있다. 알츠하이머병의 일부 유형에는 어떤 유전적 기초가 있는 것으로 보인다(Apoliprotein E와 관련된 ApoE4라는 유전자 변형체를 갖고 있는 여성이라면 조심해야 한다). 하지만 예일 대학교의 빈스 마르케시Vince Marchesi 교수에 따르면 이렇게 유전이 가능한 유형은 지금까지 알려진 모든 알츠하이머병 사례의 5퍼센트밖에 안 된다. 나머지 95퍼센트의 알츠하이머병을 일으킨 원인은 알 수 없다.

어떤 사람들은 알츠하이머병이 실제로는 여러 가지 질병이 결합된 것일지 모른다고 생각한다. 하지만 어떤 사람들은 아밀로이드 가설의 엄청난 연구를 증거로 지목하면서 그것은 말도 안 되는 생각이라고 이야기한다. 지금부터는 이 가설에 대해 살펴보자. 이야기는 1980년대 뉴욕 맨해튼의 조직 폭력배들로 거슬러 올라간다.

아밀로이드 가설

1985년 뉴욕 맨해튼에서 한 범죄 조직이 일으킨 살인 사건이 있었다. 감비노 조직의 인기 없는 두목이었던 폴 카스텔라노Paul Castellano가 맨해튼 한복판에서 총을 맞고 쓰러졌다. 막 차에서 내리던 순간에 벌어진 일이었다. 그 살인을 계획한 사람이 실제로 그를 쏘지는 않았다. 알다시피 조직이 저지르는 온갖 더러운 행동은 그 일을 지시하는 사람들이 직접 하지 않는다. 그런데 카스텔라노의 암살은 조금 색달랐다. 살인을 지시한 존 고티John Gotti가 길 반대편에 있는 차 안에서 그 장면을 바라보고 있었던 것이다.

아밀로이드 가설은 살해된 조직 두목과 암살자 사이의 거리에 비유할 수 있다. 여기서 조직원들은 두 세트의 단백질과 같다. 하나는 노화하는 뉴런을 암살할 것을 명하고, 다른 하나는 그 명령을 수행한다. 이것이 어떻게 작용하는지 이해하기 위해서는 세포가 단백질을 어떻게 만들어내는지 살펴봐야 한다.

알다시피 뉴런의 세포체에는 핵이 있는데, 핵은 작고 둥근 공갈이 생겼으며 수많은 명령과 통제 기능을 가지고 있다. 가느다란 DNA 분자들이 소금물로 이뤄진 핵 속에 가득 들어 있기 때문에 그런 기능을 할 수 있다. 작은 나선형 구조로 되어 있는 이 DNA가 힘을 발휘하는 방법 중 하나는 단백질을 만들어내라는 지시를 내리는 것이다.

단백질은 숨을 쉬는 것만큼이나 생명에 아주 중요한 분자들의 모임이다. 하지만 단백질을 만들려면 작지만 큰 문제를 해결해야 한다. DNA는 핵 안에 단단히 갇혀 있는데, 단백질을 만들어내는 곳은 그 바깥쪽인 세포체(세포질)다. 움직이지 못하는 DNA는 지시 사항이 담긴 전령 RNAmessenger RNA라는 아주 작은 조각을 만들어서 이 문제를 해결한다.

전령 RNA는 세포핵에서 나와서 세포질로 들어간다. 전령 RNA가 세포질에 도착하면 분자 메커니즘이 거기 담긴 메시지를 읽고 단백질 생성 장치를 불러와 일을 한다. 새로 생성된 단백질은 곧 조립 라인으로 굴러 떨어지는데, 이때의 단백질은 대개 볼품없고 아무 *쓸모가 없*

는 형태다. 이 단백질이 기능을 하도록 만들기 위해 편집 과정을 거친다. 관계없는 부분은 잘라내고, 중요한 부분은 새롭게 정렬하고, 작은 분자들을 덧붙인다. 이 과정을 번역후변형飜譯後變形, post-translational modification이라 부르는데, 아밀로이드 가설에서 중요한 과정이다.

세상을 떠난 알츠하이머병 환자들의 뇌를 현미경으로 들여다보면 마치 조직 폭력배들의 유혈 충돌 흔적을 보는 것 같다. 죽은 신경세포들의 사체와, 건강한 조직들의 흔적인 구멍, 플라크plaques(신경반neurotic plaque), 탱글tangles(신경섬유의 다발성 병변neurofibrillary tangle) 등 잡동사니들이 흩어져 있다. 플라크는 아밀로이드 단백질이 뭉쳐 있는 것으로, 솜털이 보송보송한 큰 미트볼처럼 생겼다.

아밀로이드는 보통 생성된 후에 번역후변형을 겪지만 알츠하이머병 환자에게는 그런 과정이 일어나지 않는다. 그 이유는 유전적인 것으로 보인다. 그런 기능 장애로 인해 아밀로이드 베타Aβ라는 끈적거리는 파편들이 쌓이게 되는데, 이 파편들이 모여서 유독성 덩어리가 되고 훨씬 더 치명적인 수용성 집합체가 된다. 마치 화가 단단히 난 마피아 두목을 만들어내는 것과도 같다. 이 비정상적인 구조물은 곧 뉴런을 죽이라고 명령한다. 직접 죽이기도 하지만(시냅스가 그들이 좋아하는 표적 중 하나다) 대부분의 살해는 다른 단백질에게 맡긴다. 그 단백질을 암살자라고 생각할 수 있다.

걸핏하면 총질을 하는 그 암살자는 탱글과 관련이 있다. 독사가 똬리를 틀고 있는 것처럼 생긴 탱글은 살아 있는 뉴런 속에 모인다. 탱글은 타우tau라는 단백질로 이뤄져 있는데 타우는 정상적인 형태로는 흔히 볼 수 있고 도움도 되는 단백질이다. 그런데 알 수 없는 이유로 아밀로이드 마피아 두목은 뉴런들에게 타우를 치명적인 형태로 만들라고 명령한다. 바로 그런 변형된 형태의 타우가 뉴런의 내부를 파괴하고, 세포들을 죽여서 세포 사이의 공간으로 내보낸다. 세포들은 거기서 다른 뉴런들을 자유롭게 암살한다. 이렇게 파괴된 시냅스에서 파괴된 뉴런에 이르기까지 파괴의 길을 만들어서 뇌 속을 엉망진창인 상태로 만들어놓는다. 마지막 단계에 이르면 알츠하이머병 환자의 뇌는 말라버린 스펀지처럼 쪼글쪼글해진다.

지금까지의 설명이 일부 사람들이 생각하는 알츠하이머병 환자의 뇌에서 일어나는 일이다. 그러나 아밀로이드 가설에 선뜻 동의하지 못하고 머리를 긁적이게 되는 이유가 여러 가지 있다. 가장 중요한 이유는 뇌 속에 그런 플라크와 탱글이 있는데도 알츠하이머병에 걸리지 않는 사람들이 있다는 사실이다. 또한 알츠하이머병에 걸렸지만 뇌 속에 플라크와 탱글이 없는 사람들도 있다. 우리에게 이런 사실을 알려준 최초의 실험 대상자들은 바로 수녀들이었다.

가톨릭 수녀 연구

"저는 은퇴하지 않을 거예요!"

메리 수녀가 마치 반항하는 10대 소녀 같은 모습으로 동료들에게 당돌하게 선언했다. 그것은 메리 수녀의 진심이었다. 당시 80대 중반이었던 그녀는 137센티미터의 키에 40킬로그램밖에 되지 않는 작은 체구였지만 결코 무시할 수 없는 당당한 기세가 있었다.

메리 수녀는 거의 70년 가까운 세월 동안 중학교에서 학생들을 가르쳤다. 은퇴한 뒤에도 그녀는 후배 수녀들에게 재미있는 이야기를 들려주었고, 101세의 나이로 배터리가 다 닳을 때까지 수녀원에서 일했다. 그리고 마지막에는 '가톨릭 수녀 연구Nun Study'에 참가해 자신이 살아온 역사만이 아니라 뇌까지도 과학에 기증했다.

가톨릭 수녀 연구는 데이비드 스노든David Snowdon 박사가 계획한 연구였다. 스노든 박사는 세상을 떠난 알츠하이머병 환자들의 뇌를 꾸준히 연구했다. 그런데 사후에 자신의 뇌를 기증해 대조군으로 연구할 수 있게 해줄 비교적 건강한 고령자들을 찾기가 어려웠다. 알코올 의존증이나 만성적인 약물 복용 같은 좋지 않은 생활 습관이 없는 사람들은 더 찾기가 쉽지 않았다.

그런데 스노든 박사가 있던 곳에서 남쪽으로 몇 킬로미터밖에 떨어지지 않은 곳에 문제의 해결책이 있었다. 당시 그가 재직 중이던 미네소타 대학교에서 멀지 않은 곳에 로마가톨릭 수녀원이 있었다. 그에게 한 가지 아이디어가 떠올랐다. 바로 노트르담 교육 수녀회School Sisters of Notre Dame와 장기 연구 파트너가 되는 것이다. 그곳의 수녀들 중에는 나이가 많은 사람들이 많았고, 이미 알츠하이머병과 관련된 행동을 보이는 사람들도 일부 있었다.

스노든 박사가 보기에 그곳 수녀들이 이상적인 연구 기회를 줄 수 있을 것 같았다. 그들이 살아온 과정은 문서로 잘 기록되어 있었고, 대부분은 위에서 말한 좋지 않은 생활 습관과는 거리가 멀었다. 스노든 박사는 수녀들에게 살아 있는 동안 행동을 평가할 수 있게 해달라고, 그리고 세상을 떠나면 뇌를 기증해달라고 부탁하기로 했다. 그러면 그들의 뇌신경 구조를 자세히 연구할 수 있을 것이었다.

수녀들의 반응은 압도적이었다(그들도 누군가를 가르치는 일을 하는 사람들이었던 것이다). 680명에 가까운 수녀들이 연구에 참여하겠다고 신청했는데, 모두 75세가 넘은 사람들이었다. 이렇게 1986년에 알츠하이머병 분야에서 가장 의미 있는 연구인 '가톨릭 수녀 연구'가 탄생했다. 미국국립노화연구소National Institute on Aging에서 자금 지원을 받았고, 학자들이 그 후 몇십 년간 수녀원에 수시로 드나들며 인지 테스트, 생리 테스트, 체력 테스트 등 수녀들의 상태를 평가했다. 그리고 한 수녀가 세상을 떠나자 뇌를 기증받아 연구했다. 메리 수녀가 그다음이었다. 스노든 박사는 메리 수녀가 인지 기능이 정상적으로 노화한 최적의 표준이라고 말했다.

스노든 박사의 그와 같은 연구를 생각하면, 메리 수녀의 뇌는 기능이 온전히 보존되어 있을 거라고 생각하기 쉽다. 나이가 있으니 마모되긴 했겠지만 온전한 상태일 것이고 나이보다 젊은 상태일 거라고 말이다. 그러나 실상은 전혀 그렇지 않았다. 메리 수녀의 뇌는 신경 조직적으로 엉망진창인 상태였다. 플라크와 탱글로 가득 차 있었고 세포의 상태는 최적 표준이 아니라 알츠하이머병에 가까웠다. 메리 수녀가 인지적 측면에서 그런 세포의 영향을 받지 않은 것은 기적에 가까워 보였다.

이 불가사의에 또다시 덧붙이자면 메리 수녀가 그렇게 특별한 경우는 아니라는 사실이다. 치매 징후를 전혀 보이지 않는 사람들의 30퍼센트가 알츠하이머병의 분자 쓰레기로 가득 찬 뇌를 가지고 있다. 그리고 알츠하이머병에 걸린 사람들의 25퍼센트 정도는 뇌에 플라크가 많이 쌓여 있지 않다. 이 통계 수치는 아밀로이드 가설을 폐기할 정도로 강력한 것이었다.

사실 제약 업체들은 아밀로이드를 표적으로 해서 알츠하이머병의 치료법을 개발하려고 했다. 특히 솔라네주맙solanezumab이라는 기묘한 이름을 가진 약품이 특별한 주목을 받았다. 이 약은 뇌를 둘러싸고 있는 액체에 있는 치명적인 아밀로이드 베타 단백질 조각에 달라붙는다. 그렇게 해서 뇌에서 그 단백질을 많이 제거한다. 여기서 알 수 있는 것은 깊은 곳의 뇌 조직을 아수라장으로 만들 수 있는 아밀로이드 베타의 농도를 낮출 수 있으면 뇌 손상을 줄일 수 있으리라는 것이었다.

그 약을 개발한 제약회사 릴리Lilly는 10억 달러를 들이고 난 후에야 이 아이디어가 잘못된 것이었다는 사실을 알았다. 솔라네주맙은 알츠하이머병 환자들의 경도 치매조차도 감소시키지 못했다. 결국 릴리는 2016년 11월에 실험을 중단했다. 옛날에는 '아밀로이드가 없으면 알츠하이머가 아니다'라는 제목을 단 연구 논문이 있었다. 지금 한 평론가는 소리 높여 말한다. "아밀로이드 가설은 죽었다."

내가 생각하기에 아밀로이드 가설에 사망 선고를 내리는 것은 다소 시기상조가 아닌가 한다. 아무리 완고한 평론가라도 아밀로이드가 알츠하이머병에서 역할을 *조금은* 한다고 믿는다. 그러나 플라크와 탱글이 문제의 전부가 아니라면 무엇이 문제인 걸까? 학자들은 지금 제대로 된 질문을 하고 있기나 한 걸까? 그렇지 않다고 주장하는 사람들도 있다.

그런 비난이 거세지는 것은 동반질환comorbidity(역학에서 둘 이상의 질병이 공존하는 것을 가리키는 말-옮긴이) 연구 때문이기도 하다. 학자들은 오래전부터 알츠하이머병으로 목숨을 잃은 환자들 중 다수가 뇌에 다른 문제도 있었다는 사실을 알고 있었다. 예를 들어 뇌에 아밀로이드가 쌓이면 루이소체가 있는 경우가 많다. 로빈 윌리엄스의 뇌를 가득 채우고 있던 작고 검은 점 루이소체가 기억날 것이다. 알파 시누클레인 단백질이라고 불리는 이 점이 아밀로이드 베타와 결합하는 건 사소한 문제가 아니다. 알츠하이머병 진단을 받은 환자들의 절반 이상에서 그런 복합적인 병리 현상이 관찰된다. 그러면 '아밀로이드 가설'이라는 이름을 '아밀로이드와 알파 시누클레인 가설'이라고 바꿀 수 있을까?

또 다른 이론은 검은 점보다는 상처 난 무릎과 더 비슷하다. 일부 학자들은 아밀로이드 베타의 존재가 알츠하이머병을 일으키는 게 아니라 뇌 속의 염증, 즉 신경세포염증neuroinflammation이 알츠하이머병을 일으킨다고 믿는다. 사실 아밀로이드 베타가 형성되기에 앞서 염증이 일어나는 경우가 흔하다. 이런 관점에서 보면 주범은 사이토카인이다. 사이토카인은 뇌 전체에, 심지어 몸 전체에 염증을 유발하는 분자다. 이 작은 자극 물질은 인간 두뇌의 면역 체계를 과자극해 손상 반응을 만들어낸다. 이는 신경 퇴행(신경 변성neurodegeneration)으로 이어지고(시냅스들이 아주 적절한 표적을 잡는다), 신경 퇴행은 보통 알츠하이머병과 관련이 있다.

이런 아이디어들은 설득력이 있긴 하지만 아직 추측에 불과하다. 그것이 지금 우리가 알츠하이머병에 대해 알고 있는 현실이다. 현재로서는 알츠하이머병의 치료법을 알 수 없다. 병의 진행 속도를 늦추는 법도 모른다. 병의 정체가 무엇인지도 제대로 알지 못한다.

이 장의 내용은 별로 재미없을 거라고 이미 말한 바 있다. 그러나 가톨릭 수녀 연구는 알츠하이머병 연구가 나아가야 할 방향을 보여준다. 그 방향에는 약도, 유전자도 없다. 스스로 쓰는 자신의 이야기가 있을 뿐이다. 나는 이 가장 흥미로운 결과를 마지막을 위해 일부러 아껴두었다.

20대에 알츠하이머병 예측하기

가톨릭 수녀 연구가 진행된 수녀원에서는 그곳에 처음 들어오는 수녀들에게 자신이 살아온 이야기를 글로 쓰게 했다. 그때 수녀들의 나이는 대개 20대였다. 그리고 수녀원에서는 그들이 쓴 글을 보관했다. 그 사실을 알고 스노든 박사는 한 가지 아이디어를 떠올렸다. 60년쯤 뒤에 수녀들이 세상을 떠난 후 그들이 젊었을 때 썼던 글을 신경언어학적으로 관찰하는 것이다.

무슨 이유에서였을까? 당시 스노든 박사는 수녀들 중 누가 치매에 걸렸고 누가 걸리지 않았는지를 알았다. 그 덕에 그는 다음과 같은 흥미로운 질문을 해볼 수 있었다. '20대에 쓴 글을 분석해서 그 사람이 80대에 알츠하이머병에 걸릴지를 예측할 수 있을까?' 그리고 실제로 이 연구는 결실을 맺었다.

수녀들이 20대에 쓴 글을 언어적 밀도, 복잡성 척도, 문장 하나에 담긴 아이디어의 수를 기준으로 분석한 결과, 글이 특정 신경언어학적 기준에 맞지 않았던(언어 능력 점수가 낮았던) 수녀들 중 80퍼센트가 나이가 들어서 알츠하이머병에 걸렸다. 반면에 동일한 기준에서 높은 점수를 받았던 수녀들은 10퍼센트만이 알츠하이머병에 걸렸다. 특히 아이디어의 밀도를 통해서 알츠하이머병 발병 여부를 예측할 수 있었다.

이것은 무슨 의미일까? 현재로서는 아무 의미도 없다. 알츠하이머병과 관련된 손상이 생각보다 더 일찍 시작될지 모른다는 것과, 치매가 시작됐을 때는 치료하기에 이미 너무 늦었을지 모른다는 추정을 할 수 있을 뿐이다. 어쩌면 10억 달러를 날리게 했던 치매 치료제 솔라네주맙이 실제로는 효과가 *있어서* 아밀로이드 가설의 일부를 확인해줄지도 모른다. 단지 저 약으로 환자들을 구하기에는 이미 병이 너무 많이 진행되었던 것인지도 모른다.

이런 사실들은 알츠하이머병에 대한 연구가 장차 어느 방향을 향할지 알려준다. 그리고 조심스럽지만 기뻐해도 될 이유가 있다. 최근에 학자들이 아밀로이드 플라크에 달라붙는 분자의 특성을 밝혀냈다. 그 분자의 이름은 PiB로, 피츠버그 화합물 B Pittsburgh Compound B의 준말이다. PiB는 솔라네주맙처럼 플라크를 제거하는 게 아니라 플라크가 PET 촬영 영상에 나타나게 만든다. PiB가 방사성 물질이기 때문이다.

이제 과학자들은 PiB 덕분에 사람의 뇌에 플라크가 얼마나 많이 쌓여 있는지를 실시간으로 볼 수 있다. 이것은 아주 귀중한 지식이다. 의사들은 이제 부검을 할 수 있을 때까지 기다리지 않고도 환자가 아밀로이드 알츠하이머병일 가능성을 알아낼 수 있다.

PiB는 귀중한 연구 수단이기도 하다. PiB 촬영은 모든 연령의 사람들에게 할 수 있기 때문에 긴 시간에 걸쳐서 환자들을 추적 연구할 수 있고, 치매가 발생하기 몇십 년 전부터 누가 뇌에 플라크가 쌓이고 있고 누가 그렇지 않은지를 판단할 수 있다. 이는 아밀로이드 가설 논쟁을 연구하는 데 중요한 정보가 될 것이다. 또한 치료제를 만들어내는 데도 도움이 될 수 있다.

한 가지 합동 연구 프로젝트가 실제로 진행 중이다. 알츠하이머 예방 계획Alzheimer's Prevention Initiative이라는 이 프로젝트는 이상의 아이디어 중 일부를 활용한다. 이름에서도 짐작할 수 있듯이 이 프로젝트는 알츠하이머병 예방책을 찾아내겠다는 대담한 시도다. 연구 대상은 남아메리카 콜롬비아의 안티오키아 주에 사는 한 대가족 구성원 300명 정도다.

이 마을의 주민들 다수는 전 세계에서 가장 치명적인 것으로 여겨지는 알츠하이머 돌연변이 유전자를 보유하고 있다. 그 유전자의 이름은 PSEN 1presenilin-1으로, 그 유전자 산물은 앞에서 이야기했던 아밀로이드 편집 작업을 수행한다. 이 돌연변이 유전자는 특히나 잔인하다. 첫째, 이 유전자를 갖고 있으면 100퍼센트 알츠하이머병에 걸린다. 둘째, 이 알츠하이머병은 조기에 발생하는 드문 유형으로 40대 중반부터 증상이 나타난다. 대부분의 알츠하이머병처럼 이 알츠하이머병도 증상이 나타난 후 사망하기까지 5년 정도가 걸리지만 인생의 전성기에 발병한다는 것이 무섭다. 이 마을은 전 세계에서 이 유형의 알츠하이머병 환자가 가장 많이 모여 있는 곳이다. 학자들은 다음과 같은 세 단계를 시행했다.

1. **스크리닝**Screening

   이 마을에 사는 30대 중반의 비교적 젊고 알츠하이머병 증상이 없는 사람들을 애리조나 주의 연구실로 데려왔다. 그중 일부는 위에서 말한 유전자를 갖고 있었고, 일부는 갖고 있지 않았다. 연구실에서는 이들의 뇌를 각각 PiB 검사와 PET 촬영으로 스크리닝했다. 문제의 유전자를 갖고 있는 사람들은 이미 뇌에 플라크가 쌓이기 시작한 상태였다.

2. **치료**

   실험 대상자들에게 솔라네주맙과 비슷한 항체 기반의 약을 주었다. 그 약의 이름은 크레네주맙crenezumab이었다. 행동 연구의 표준 기법(실험 대상자들 중 치료를 받는 사람이 누구인지 모르게 하는 이중맹검법)에 따라 일부 대상자들은 그 약을 복용했고 나머지는 복용하지 않았다.

3. 기다림

치매를 물리칠 수 있을 만큼 약물 치료가 일찍 이뤄졌을까? 학자들은 이 질문의 답을 앞으로 오랫동안 알 수 없을 것이다(부수적 실험에서는 가족 구성원들을 신경언어학적으로 평가했다. 예상할 수 있듯이 치명적인 돌연변이 유전자를 갖고 있는 사람들은 신경언어학 평가에서 상당히 낮은 점수를 받았다). 알츠하이머병 예방 계획이 성공하더라도 모든 유형의 치매를 다 예방할 수는 없을 것이다. 그리고 약한 치매를 앓더라도 극심한 고통을 겪고 있는 사람들을 위한 치료법도 아직은 없다. 하지만 뭔가 긍정적인 기대를 하게 된다. 그런 사실이 중요하다. 이런 연구는 노화과학의 가장 그늘진 구석에서 가장 밝은 빛이 되어준다.

다행히도, 노화하는 뇌와 관련해 반가운 소식이 있다. 연구를 통해 노화 과정을 상당히 늦춰줄 수 있는 행동들이 밝혀졌다. 다음 장에서는 그런 행동들을 살펴볼 것이다. 당장 노화 과정을 멈추는 것은 불가능하더라도 노화의 경험을 앞 세대에 비해 더 편안하게 만들 수 있는 일은 많다. 어쩌면 노화가 우리에게 미치는 영향을 뒤집어놓을 수 있을지도 모른다.

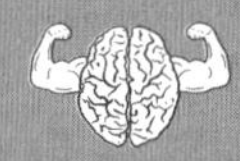

알츠하이머병의 10가지 징후를 확인하자

- 신경과학자들은 뇌의 정상적인 노화와 비정상적인 두뇌의 병적 측면을 구분하는 힘든 임무를 맡고 있다. 증상 몇 가지가 보인다고 해서 무조건 알츠하이머병인 것은 아니다.

- 경도 인지 장애는 의사들이 두뇌의 질환이 시작됐음을 나타내기 위해 사용하는 용어다. 경도 인지 장애가 있다고 해서 반드시 알츠하이머병을 비롯해 치매에 걸린다는 의미는 아니다. 많은 노인들이 경도 인지 장애를 지니고도 오랫동안 건강하고 행복하게 산다.

- 치매는 정신적 기능의 상실과 관련된 일련의 증상들을 가리키는 포괄적인 용어다. 노화와 관련된 치매에는 여러 유형이 있다.

- 만 65세 이상의 미국인 10퍼센트가 알츠하이머병을 안고 살아간다. 알츠하이머병은 가장 돈이 많이 드는 병이다. 그리고 알츠하이머병 환자들은 진단을 받은 후 평균 4~8년을 산다.

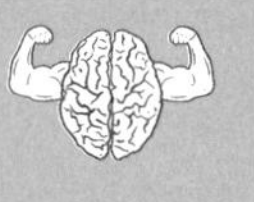

3부

몸과 뇌

BRAIN RULE

7 음식과 운동

식생활에 신경 쓰고, 많이 움직이자

운동할 시간이 없다고 말하는 사람들은 머지않아 병을 치료할 시간을 내야 할 것이다.
_에드워드 스탠리Edward Stanley, 영국의 정치가

녹색 채소가 베이컨처럼 맛있는 냄새가 난다면 우리의 기대수명은 대폭 늘어날 것이다.
_더그 라슨Doug Larson, 미국의 칼럼니스트

87세인 패티 길 리스 할머니는 뉴욕에 있는 하이드파크 노인 시설에서 식사 중에 좋아하는 고기를 먹고 있었다. 그런데 갑자기 고기 조각이 목에 걸렸고 기도가 막히고 말았다. 옆에서 식사를 하던 사람이 무슨 상황인지 눈치채고 자리에서 벌떡 일어섰다. 그는 패티 할머니의 몸을 돌린 다음 뒤에서 할머니의 겨드랑이 밑에 자신의 팔을 받치고 주먹을 할머니의 흉곽 바로 밑, 배꼽 바로 위에 대고 위로 세 번 빠르게 움직였다. 기도에 이물질이 끼었을 때 빼내는 방법인 하임리히 요법을 시도한 것이다. 그러자 할머니의 목에서 단백질 덩어리가 튀어나왔다.

전부 다 나온 건 아니었다. 하임리히 요법을 두 번 더 하고 나서야 목에 끼었던 고기가 모두 밖으로 나왔다.

그런데 패티 할머니의 목숨을 구한 사람은 몇 살이었을까? 놀랍게도 96세였다! 그렇다면 그는 누구였을까? 유명한 흉부외과 의사 헨리 하임리히Henry Heimlich 박사였다. 그렇다. 하임리히 요법을 개발한 바로 그 하임리히 박사다.

노화와 운동, 음식에 대한 장을 시작하면서 이 신기한 우연을 소개하는 이유는 무엇일까? 87세의 나이에도 패티 할머니가 왕성하게 고기를 즐겼다는 이야기를 하기 위해서가 아니다. 96세의 하임리히 박사가 패티 할머니의 목숨을 구할 수 있었던 이유에 주목하기 위해서다. 하임리히 요법은 젊은 사람이 하기에도 꽤 힘이 든다. 96세의 나이에 그 요법을 시도한다는 것은 거의 공상과학에 가깝다. 하이드파크 노인 시설의 총책임자 페리 게인스Perry Gaines는 이렇게 말했다. "그분 나이에 그건 육체적으로 무척 힘든 일이거든요. 정말 놀라워요." 한 직원은 이 시설에서 6년째 거주 중인 하임리히 박사에 대해 "나이에 비해 무척 활동적이세요. 수영도 하시고 규칙적으로 운동을 하세요"라고 확인해 주었다.

하임리히 박사는 그 나이에도 실로 매우 건강했다. 인터뷰 영상을 보면 그런 사실을 더 확실하게 알 수 있다(그는 가수 제임스 테일러를 많이 닮았다. 테일러가 더 나이를 먹으면 그런 모습일 것 같다). 그러나 그의 건강과 체력만이 우리의 눈길을 끄는 건 아니다. 그의 빛나는 얼굴과 정중하고 친절한 태도에는 감탄이 나올 정도다.

그는 정신도 몸만큼이나 건강하고 맑았다. 신중하고 사려 깊으며 조용하지만 단호한 태도가 몸에 배어 있었다. 늘 긴장이 감도는 외과 병동에서 그가 평생을 성공적으로 보낼 수 있었던 이유다. 그리고 대부분은 세상을 떠났을 나이인 90이 한참 넘었어도 여전히 사람의 생명을 구할 수 있을 정도로 건강했다. 패티 할머니를 구했을 때 그는 은퇴한 지 오래였지만 정신은 여전히 현역이었다.

주의력과 신체 운동, 이 두 가지가 이 장의 주제다. 우선 받아들이기 조금 힘든 사실부터 시작해보자. 바로 '주의력은 나이를 먹으면서 자연스럽게 저하된다'는 사실이다. 그러나 그런 우울한 사실을 오래 붙들고 고민하지는 않을 것이다. 두뇌의 기능을 향상시키는 좋은 방법들이 있다. 그 방법들의 일부는 운동과 관련이 있고 일부는 음식과 관련이 있다. 많은 사람들에게 새 생명을 찾아준 96세 의사의 생활 습관에는 그 두 가지가 잘 녹아 있었다.

통제와 조절의 집행 기능

우선 어려운 문제부터 시작해보자. 여기서는 주의력의 특정 범주에 집중할 것이다. 바로 집행 기능이라는, 뇌에서 이뤄지는 복잡한 행동들이다. 집행 기능은 앞에서도 몇 번 언급한 적이 있다. 그때마다 뒤에서 자세히 살펴보겠다고 했다. 그 뒤가 지금이다. 일단 이제까지 내가 본 것 중에 집행 기능이 가장 명확하게 발현된 사례를 들어보겠다.

나는 오사마 빈 라덴이 살해당한 날이 생생히 기억난다. 빈 라덴 살해 뉴스 때문이 아니라, 그 전날 있었던 2011년 백악관 출입기자 만찬 장면 때문이다. 그날 만찬에서는 오바마 대통령이 연설을 했다. 대통령은 편안한 표정으로 미소를 띤 채 연설했고 간혹 참석자들에게 농담도 했다. 당시 만찬에 참석했던 도널드 트럼프에게도 자신의 출생증명서 문제를 잠재워준 것에 감사를 표하면서 그로 인해 누구보다도 트럼프 본인이 행복할 거라고 농담을 했다.

"비로소 중요한 문제들에 다시 집중할 수 있게 되셨을 것이기 때문입니다. 인간이 정말로 달에 착륙했을까? 로스웰에서는 무슨 일이 일어났던 걸까?(1947년 7월 2일 미국 뉴멕시코 주의 시골 마을 로스웰에 UFO가 추락했고, 미국 정부가 외계인의 시신을 수습해 비밀에 부쳤다는 설이 있다-옮긴이) 노토리어스 B. I. G.와 투팍은 지금 어디 있을까?(미국의 래퍼 노토리어스 B. I. G.와 투팍은 모두 20대에 총격으로 사망했지만 어딘가에 살아 있다는 소문이 끝없이 돌고 있다-옮긴이) 이런 문제들 말이에요."

나중에 밝혀진 바에 따르면 이 전날 오바마 대통령은 미 육군 특수부대에게 오사마 빈 라덴을 암살하는 '넵튠 스피어 작전Operation Neptune Spear'을 수행할 것을 재가했고 만찬 다음 날인 일요일 오전에 작전이 실행되었다. 그러나 만찬이 있던 날에는 대통령의 모습에서 아무도 그런 사실을 눈치챌 수 없었다. 그의 얼굴에서는 거사 전날의 긴장 같은 건 전혀 보이지 않았다. 시선이 흔들리거나 산만하지도 않았고 안절부절못하는 듯한 모습도 전혀 없었다. 심지어 만찬의 사회를 맡았던 코미디언 세스 마이어스가 오사마 빈 라덴에 대해 농담을 했을 때도 대통령은 밝고 편안한 모습으로 웃었다. 그러나 사실은 미국 군대가 거의 10년간 추적해온 인물을 곧 암살할 생각을 하고 있었던 것이다.

이 오바마 대통령의 모습은 바로 집행 기능이 멋지게 발휘되는 것을 잘 보여주는 사례다. 간단히 말해서 집행 기능은 우리가 어떤 일을 수행할 수 있도록 해주는 인지 기능이다. 그리고 그 일을 하는 동안 침착하고 예의 바른 태도를 유지하게 해준다. 집행 기능은 자유 세계가 돌아가게 하는 것을 포함해 삶의 많은 측면에서 없어서는 안 되는 기능이다.

다양한 인지 처리 과정이 집행 기능을 구성하는데, 뇌 안의 어떠한 기능의 영역들이 집행 기능에 들어가는지에 대해서는 대부분의과학자들의 생각이 일치한다. 바로 집행 기능이 감정 통제emotional regulation와 인지 제어cognitive control라는 두 영역으로 나눌 수 있다고 동의하는 것이다.

감정 통제에는 충동 조절이 포함되는데, 충동 조절에는 만족감을 지연시키는 능력도 포함된다. 예를 들어 동맥경화를 불러올 수 있는 치즈버거를 먹고 싶지만 그 대신 몸에 좋은 샐러드를 먹는 경우다. 감정 통제에는 감정 조절도 포함된다. 감정 조절은 사회적으로 적절한 방식으로 감정을 조절하는 능력이다(예를 들면 장례식장에서는 웃지 않거나 하는 식으로).

충동 조절과 감정 조절은 함께 작용하는 경우가 많다. 만일 상사가 여러분의 업무 평가를 부당하게 한다면 상사의 얼굴을 주먹으로 날리고 싶을지 모른다. 그러나 감정 조절 덕분에, 그리고 소송에 걸리면 어쩌나 하는 두려움에 충동을 억누른다.

인지 제어는 분별력을 유지하는 것이다. 계획을 수립하는 능력(어떤 목표를 추구하기 위해 단계를 세우는 능력), 변화하는 환경에 유연하게 적응하는 능력, 겉보기에 전혀 달라 보이는 것들을 관리가 가능한 체계적 항목들로 조직하는 능력 등이 인지 제어를 대표하는 능력이다. 그리고 한 가지 일에서 다른 일로 주의를 옮기면서 주의가 흐트러지지 않고 정보의 우선순위를 매길 수 있는 능력도 인지 제어 능력에 포함된다.

집행 기능에 포함되는 또 다른 주요 멤버는 작업 기억이다. 작업 기억은 과거에 단기 기억이라고 불렀던 것으로, 기억을 일시적으로 저장하는 것이다.

집행 기능이 인간의 인지 능력에 매우 중요하다는 사실을 생각하면 과학자들이 집행 기능을 신경생물학적으로 오랫동안 연구해왔을 거라고 예상할 수 있다. 실제로 그랬다. 집행 기능에 대해 분명하게 밝혀진 사실 중 하나가 집행 기능은 발달 단계에 따라 조정된다는 사실이다. 나이를 먹으면서 구체적이고 눈에 띄는 변화가 일어나는데, 예를 들어 10대 청소년들은 집행 기능이 별로 없거나 있더라도 무시한다.

자신의 10대 시절이, 아니면 자녀의 10대 시절이 기억나는가? 그러면 인터넷에 돌아다니는 다음과 같은 말이 이해가 될 것이다. "10대 여러분, 바보 같은 부모들에게 시달리는 데 지쳤나요? 지금 당장 행동하세요! 밖으로 나가서 일을 구하고 자기 돈은 자기가 벌어서 쓰세요. … 여러분은 세상에 대해 알 만큼은 아니까요."

10대들은 자신의 어리석은 행동에 대해 다른 견해를 가지고 있는 것 같다. 인터넷에서는 다음과 같은 글도 만날 수 있다. "우리는 10대다.

우리는 아직 배우고 있다. 우리는 속이고, 거짓말을 하고, 비판을 하고, 어리석은 일에 맞서 싸운다. 우리는 사랑에 빠지고, 상처도 받는다. 새벽까지 파티를 하고, 필름이 끊길 때까지 술을 마신다. 곧 그 모든 게 지나갈 것이다. 지금은 바람직하지 않은 일들을 하면서 시간을 낭비해도 된다. 하지만 언젠가 자신이 아직 10대라면 얼마나 좋을까 생각할 것이다. 그러니 지금 최대한 즐기고, 드라마 같은 일이 일어날 거라는 기대는 버리고, 얼굴에 미소를 띠고 자신의 삶을 살아라."

위의 글에 묘사되는 거의 모든 일이 집행 기능과 관련이 있다. 계획을 세우고 의사결정을 내리고 대인관계를 형성하고 개성을 지키고 자제력을 유지하는 일 말이다. 그리고 이 모든 일을 책임지는 뇌 부위는 전전두엽피질이다. 전전두엽피질은 집행 기능의 거의 모든 측면과 관련이 있다. 이는 전전두엽피질이 이마 뒤에 혼자 따로 떨어져 자리 잡고 있기 때문이 아니다. 전전두엽피질이 집행 기능을 조정하는 이유는 복잡한 신경망을 통해 다른 뇌 부위들과 교류하기 때문이다.

알다시피 방대한 뉴런 시스템은 도시들을 서로 연결해주는 고속도로처럼 뇌의 여러 부위들을 연결해준다. 전전두엽피질은 많은 신경의 고속도로를 통해 다른 지역들과 연결되어 있는 하나의 '도시'라고 볼 수 있다. 기술적으로는 전전두엽피질이 다른 뇌 부위들과 고도의 '구조적 연결성'을 가지고 있다고 말할 수 있다.

신경과학자들은 기능적 연결성의 측면에서도 생각하는데, 기능적 연결성은 구조보다는 '하는 일'과 관련이 있다. 뇌가 모든 고속도로를 항상 이용하는 것은 아니기 때문이다. 일부 신경 고속도로는 다른 도로들과 선택적으로 결합해 특정 위치로 연결되며 특정 기능을 할 수 있게 된다. 이것이 전전두엽피질이 집행 기능을 조정하는 방식이다.

여기서 말하는 뇌의 특정 영역들은 이제 익숙할 것이다. 잘 쓰인 로맨스 소설 같은 기능을 하는 편도체는 감정을 느끼도록 도와준다. 전전두엽피질을 편도체에 연결해주는 신경 고속도로는 집행 기능 중 감정 통제에 도움을 준다. 그리고 장기 기억과 관련 있는 부위인 해마에 연결된 신경 고속도로는 인지 제어에 도움을 준다. 전전두엽피질은 내부에서도 연결이 이뤄져 작업 기억의 형성에 관여한다.

집행 기능은 우리가 아장아장 걸어 다닐 나이에 드라마틱하게 발달하다가 잠시 성장을 멈추고 사춘기 동안 더 발달한다. 20대 중반은 되어야 제대로 자리를 잡으며, 노년이 되면 기능이 떨어지기 시작한다. 설명을 돕기 위해 내가 사는 도시에 대한 사고 실험thought experiment(머릿속에서 생각으로 진행하는 실험으로, 이론을 바탕으로 일어날 현상을 예측한다-옮긴이) 하나를 소개한다.

집행 기능의 쇠퇴

나는 미국 워싱턴 주 시애틀에 살고 있다. 시애틀은 비교적 작은 도시이지만(인구가 68만 6,800명이다) 세계적인 기업들의 본사가 있는 곳이다. 아마존, 질로우Zillow(미국 최대의 온라인 부동산 정보 제공 업체-옮긴이), 노드스트롬Nordstrom(신발, 의류, 가방, 액세서리 등을 판매하는 미국의 백화점

체인-옮긴이), 스타벅스 등 많은 다국적기업들이 시애틀을 본거지로 삼고 있다. 마이크로소프트도 시애틀에서 호수 건너에 있는 도시에 본사가 있다.

여기서 나의 사고 실험이 시작된다. 이 거대 기업들은 기업을 운영하기 위해서만이 아니라 기반 시설을 유지하고 보수하기 위해서도 엄청나게 많은 인력이 필요할 것이다. 그런 유지 및 보수 인력이 시애틀에서 사라진다면 이 기업들은 어떻게 될까? 여기저기 낡고 부서지고 고장 난 것을 수리하지 않고 그냥 놔둔다면 어떨까?

전력 공급이 중단되면 전기를 사용할 수 없을 것이다. 수도관이 망가져도 물이 새는 것을 막거나, 배관을 교체하거나, 걸레질을 할 사람이 없을 것이다. 유리창도 깨진 채 방치될 것이고 지붕에서는 빗물이 샐 것이며, 건물은 쓰러지고 말 것이다. 마찬가지로 기업도 휘청거리다가 종국에는 무너질 것이다. 한 기업과 다른 기업을 연결해주던 도로들은 여기저기 구멍이 나고 허물어져서 결국은 도로의 역할을 하지 못할 것이다. 사방이 지구 종말 이후 같은 모습이 되기까지 그리 긴 시간이 걸리지 않을 것이다.

이것이 바로 집행 기능의 쇠퇴 현상이다. 젊었을 때는 구조와 연결이 불완전하더라도 보수 메커니즘이 활발히 작동한다. 그런데 60세쯤 되면 그런 유지 및 보수 메커니즘이 슬슬 은퇴 준비를 한다. "사람이 젊어서는 고기를 무척 좋아한다. 그러나 나이가 들면 계속 젊을 수가 없다." 셰익스피어가 했던 말이다. 나이를 먹으면 자연스럽게 기능이 약화되고, 손쓸 수 없는 채로 점점 더 나빠진다.

집행 기능의 저하는 두 가지 차원에서 발생한다. 첫째, 집행 기능을 조정하는 뇌 영역들과 전전두엽피질을 연결해주는 도로들이 상태가 나빠지기 시작한다. 한 연구에서는 집행 기능의 손실 82퍼센트가 전전두엽피질이 이용해온 신경 고속도로들의 상태가 나빠졌기 때문임을 밝혀냈다. 둘째, 그 신경 고속도로들로 연결되어 있는 뇌의 구조물들(고속도로들이 연결해주는 도시들) 역시 쇠락하기 시작해 버려진 도시들처럼 무너진다. 연구에 따르면 해마는 나이가 들수록 쪼그라든다. 전전두엽피질 역시 크기가 작아진다.

이상의 손실들은 치명적이다. 작업 기억에 도움을 주는 전전두엽피질의 뉴런들은 흥분 네트워크excitatory network라는 것을 통해 전기 활성화를 유지함으로써 작업 기억을 뒷받침한다(외부의 요인이 없어도 이런 자극이 유지된다). 그런데 너무 많은 뉴런이 소실되어 눈에 띌 정도로 크기가 작아지면 내부 신경망을 온전하게 유지하는 건 점점 불가능해진다.

나쁜 소식이 아닐 수 없다. 더 울적해지기 전에 이쯤에서 사례 하나를 살펴봐야 할 것 같다. 미국의 TV 프로듀서 노먼 리어Norman Lear의 사례다.

소파에 누워 있지 마라

1970년대에 미국 시트콤을 즐겨 보던 사람들에게 노먼 리어는 마치 산소와도 같은 존재였다. 〈올 인 더 패밀리All in the Family〉, 〈굿 타임스Good

Times〉, 〈더 제퍼슨스The Jeffersons〉, 〈모드Maude〉 같은 시트콤이 그에게서 탄생했다. 1922년생인 그는 아직 은퇴하지 않았다. 심지어 2016년에는 만 93세의 나이에 새로운 TV 프로그램을 출범시켰다. 자신이 과거에 만들었던 프로그램인 〈원 데이 앳 어 타임One Day at a Time〉을 리메이크한 작품이었다.

리어의 뇌는 지금도 여전히 광선검처럼 날카롭다. 그는 2016년에 〈잠깐, 잠깐… 말하지 마세요!Wait Wait…Don't Tell Me!〉라는 퀴즈 프로그램에 출연했다. 사회자인 피터 세이걸이 그에게 물었다. "당신처럼 성공해서 혈기 왕성하고 행복하게 93세 생일을 맞고 싶어 하는 사람들에게 팁을 주신다면요?" 그러자 리어가 이렇게 대답했다. "우선 두 가지 단어가 생각나네요. 영어 단어 중에 가장 단순한 단어들이 아닐까 하는데요. 그건 바로 '오버over'와 '넥스트next'입니다. 우리는 그 두 단어에 충분히 주의를 기울이지 않아요. 어떤 일이 끝나면(오버) 끝난 거예요. 다음(넥스트)으로 나아가야죠. 그리고 그 중간에, 그러니까 오버와 넥스트 사이에 그 둘을 연결하는 게 있다면 그건 지금 이 순간을 살아간다는 의미일 거예요. 저는 늘 지금 이 순간을 살아요."

리어는 신경학적으로 중요한 것을 알고 있었다. 그런 사실을 자신은 깨닫지 못했을지라도 말이다. 앞서 이야기했던 마음챙김이 기억날 것이다. '지금 이 순간을 살아가는 것'이 마음챙김의 대표적인 태도 중 하나라고 했다. 평소 같으면 냉소적인 반응을 보였을 사회자와 패널들은 그 순간 무장 해제되고 말았다. "멋지네요. 정말 멋져요." 누군가가 말했다.

리어는 정신적으로만이 아니라 육체적으로도 건강하다. 90대임에도 그는 여전히 가볍고 힘 있게, 마치 운동선수처럼 걷는다. 운동은 그의 삶에서 결코 빠지지 않는 부분이다. 이것은 그가 〈닥터 오즈 쇼The Dr. Oz Show〉에서 입증한 사실이다. 이 프로그램의 진행자이자 의사인 메멧 오즈 박사는 리어를 요가 매트 위에 앉힌 후 그가 매일 하는 운동을 조금만 해보라고 했다. 리어는 92년 된 몸을 굽혀서 손가락으로 발가락을 짚었다. "손가락이 세 개나 발가락에 닿았습니다!" 오즈 박사가 소리쳤다. 그러자 리어는 웃으면서 이렇게 말했다. "예전에는 주먹이 바닥에 닿았었는데."

노화는 모든 것의 속도를 늦추지만 리어는 걱정할 게 별로 없다. 리어의 생활 습관을 따라 한다면 모두 걱정할 게 없다. 여기서 핵심은 지적 활력과 신체 운동의 관계다. 최근 노화과학 연구에서 밝혀진 놀라운 사실 중 하나는 나이와 무관하게 신체 활동을 많이 할수록 지적으로도 더 활력이 생긴다는 것이다.

학자들은 이미 오래전에 몸이 건강한 고령자들이 잘 움직이지 않는 고령자들보다 더 똑똑하다는 것을 연구를 통해 발견했다. 통계적으로도 그런 결과가 나왔다. 특히 인상적인 것은 유산소 운동과 집행 기능의 변화의 관계를 보여주는 연구 결과였다. 유산소 운동과 집행 기능에 대한 많은 연구 결과를 종합적으로 고찰해보면(이런 것을 메타 분석이라고 한다) 매우 인상적인 숫자를 만날 수 있다. 규칙적으로 운동한 고령자들은 그렇지 않은 고령자들에 비해 집행 기능 테스트에서 더 높은 점수를 받았다(상관관계를 나타내는 효과 크기는 운동을 하지 않는 사람들에 비해 운동을 규칙적으로 하는 사람들이 거의 일곱 배가 더 컸다). 이런 연구에서 그렇게 분명한 숫자가 도출되는 것은 매우 드문 일이다.

하지만 상관관계가 인과관계는 아니다. 운동이 집행 기능을 향상시킨 원인이라고 말할 수 있으려면 집행 기능 테스트에서 점수가 낮은 고령자들을 대상으로 일정 기간 운동을 시킨 다음 다시 집행 기능을 평가해봐야 한다. 그래서 집행 기능이 향상되었다면 운동과 집행 기능 향상에 '인과관계가 나타났다'라는 사치스러운 표현을 잠정적으로라도 쓸 수 있을 것이다.

그런 연구들이 이뤄져왔다는 사실과 그 결과들이 일관성 있고 설득력 있다는 사실만으로도 나는 기쁘다. 한 연구에서는 가벼운 걷기로 이뤄진 3개월간의 운동 프로그램을 실시한 후 집행 기능이 30퍼센트 향상되는 결과가 나왔다. 그보다 더 크게 향상되는 결과를 보인 연구들도 있으며 그렇게 향상된 상태는 오랫동안 유지되는 것으로 나타났다. 한 실험실에서는 중년이 된 사람들이 운동을 한 후 집행 기능이 향상되었고, 그 상태는 *25년이 지난 후에도* 뚜렷이 유지되었다.

학계에서 여러 차례 확인한 결과 이제 우리는 '운동은 고령자의 인지 기능을 향상시킨다'고 생각한다. 하버드 대학교의 프랭크 후Frank Hu 교수는 이렇게 말하기도 했다. "운동은 매우 강력한 혜택을 누구에게나 가져다준다는 점에서 유일한 해결책이라 할 수 있다."

당연히 이런 연구 결과들에도 불확실한 부분이나 미심쩍은 부분은 있다. 우선 집행 기능의 모든 부분이 운동의 영향을 받는 것은 아니다. 예를 들어 집중력은 운동에 영향을 받지 않는다. 작업 기억에 대한 운동의 영향 역시 복합적이다. 일부 연구에서는 유산소 운동을 할 경우 작업 기억이 향상되는 것으로 나타났고, 다른 연구들에서는 전혀 영향을 받지 않는 것으로 나타났다. 따라서 학계에서는 더 심도 있는 연구가 필요하다고 말한다. 하지만 희망을 잃지는 말자. 학자들은 실제로 작업 기억에 영향을 주는 요인을 찾아냈다. 그런데 이는 운동보다는 식생활과 더 관련이 있는 것으로 보인다. 여기에 대해서는 식생활에 대해 논할 때 좀 더 이야기하겠다. 지금은 운동이 뇌에 어떻게 도움이 되는지 그 메커니즘을 살펴볼 것이다.

뇌의 크기를 키우는 법

앞서 뇌의 각 영역은 도시에, 각 영역을 연결해주는 것은 고속도로에 비유해 설명했다. 운동을 하는 고령자들은 뇌 속 도시들의 구조와 신경 고속도로의 기능이 모두 변화한다. 집행 기능에 관여하는 신경 조직이 더 활발히 움직이고 부피가 더 크다. 정말로 그런 변화가 필요한 영역인 전전두엽피질에서 그런 변화가 쉽게 관찰된다. 특히 민감한 하위 영역 중 하나가 배외측전전두엽피질인데, 이것은 전체 전전두엽피질에서 다른 뇌 부위들과 가장 많이 연결되어 있는 부위다. 배외측전전두엽피질은 의사결정과 작업 기억에 관여한다.

뇌 안쪽의 특정 영역들도 운동을 하면 '인지의 식스팩'이 생긴다. 가장 민감한 영역이 내측측두엽medial tempora lobe으로, 거기서 가장 중요한 구조인 해마가 운동의 영향을 받는다. 해마는 기억과 길 찾기 등 명료한 사고가 요구되는 많은 기능에 관여한다. 유산소 운동을 하는 사람들의 해마는 크기가 2퍼센트 증가한다. 반대로, 스트레칭 같은 운동만 하는 사람들은 1.4퍼센트가 감소한다. 아무 운동도 하지 않는 사람들은 2퍼센트 감소한다.

이런 영역들은 유산소 운동을 통해 크기만 커지는 게 아니다. 밀도도 더 높아진다. 전전두엽피질에서는 현재 존재하는 신경 구조 안에서 더 많은 연결이 일어난다. 하지만 해마는 새로운 뉴런을 계속 만들어낸다. 이런 과정을 신경세포 생성이라고 하는데, 뇌유래신경영양인자BDNF라는 단백질이 여기에 크게 기여한다. 그래서 우리의 뇌는 뇌유래신경영양인자를 좋아한다.

뇌 영역이 커지고 밀도가 높아지는 게 전부가 아니다. 회백질 속의 신경세포체 덕분에 연결도 증가한다. 한 연구에서는 운동을 하는 고령자들의 경우 전체 회백질이 8퍼센트 증가했음을 보여주었다. 그리고 그 효과는 계속 유지되었다. 9년이 지난 후에도 운동을 했던 사람들은 운동을 하지 않은 사람들에 비해 회백질이 더 많았다. 놀랍게도, 이런 증가는 치매에 걸릴 위험을 두 배 감소시켰다.

이런 활동을 고려해볼 때 새로 생겨난 신경 구조체는 원래 있던 신경 구조체와 마찬가지로 영양분도 필요하고 쓰레기도 치워야 할 거라고 생각할 수 있다. 맞다. 영양 공급과 쓰레기 처리는 모두 혈관계와 관련이 있으므로 새로 생긴 영역으로 들어가는 혈류량이 증가할 것이라고 예측할 수 있다. 역시 맞다. 운동으로 인해 성장하는 뇌 영역에서 혈액의 양이 드라마틱하게 증가한다. 그 효과는 해마에서 특히 확연히 나타난다.

뇌 혈류 개선을 위한 분자적 기초가 밝혀지기 시작했다. 최소한 설치류에서는 밝혀졌다. 운동은 혈관 생성angiogenesis이라는 과정을 자극하는데, 그 일을 하는 단백질은 혈관내피성장인자vascular endothelial growth factor, VEGF라고 한다. 뇌유래신경영양인자가 뉴런에게 하는 일을 혈관내피성장인자가 혈관에게 한다고 볼 수 있다. 바로 성장시키는 일이다.

그러나 방금 설명한 데이터에서 특별한 점은 운동을 함으로써 노화와 관련된 기능 저하가 늦춰지기만 하는 게 아니라 뇌가 실제로 일을 *더 잘하게* 된다는 것이다. 이를 위해 올림픽 출전 선수만큼 격렬하게 운동을 하지는 않아도 된다. 산책만 해도 된다. 아니면 수영을 하자. '붓스트랩' 빌 터너처럼만 되지 않으면 된다.

붓스트랩은 영화 〈캐리비안의 해적: 세상의 끝에서〉 속 등장인물이다. 영화에서 붓스트랩은 저주를 받아서 해적선 안쪽 구석에 죽은 듯이 있다. 그의 몸은 선체 내벽과 점점 하나가 되어 팔다리는 나무판자가 되고 온몸이 바다 생물로 뒤덮인다. 아들의 약혼자에게 뭔가 말을 하기 위해 잠깐 선체에서 몸을 떼어내지만 잠깐일 뿐이다. 그는 다시 선체 벽으로 돌아가고 배는 그를 흡수해버린다.

안타깝게도 노화 과정이 영화 속 해적선의 위험한 벽처럼 진행되어 붓스트랩처럼 되는 사람들이 있다. 서서히 자신이 살아온 시간의 벽 속으로 흡수되어 움직이지 않는 것이다. 붓스트랩 같은 운명에 처하지 않으려면 타성을 물리쳐야 한다. 뇌 기능을 향상시키기 위해 엄청나게 많은 운동을 할 필요는 없다. 사실 얼마나 조금만 운동을 해도 되는지 알면 깜짝 놀랄 것이다.

걷기만 해도 뇌는 건강해진다

연구에 따르면 적당한 유산소 운동을 30분 정도만 해도 인지 기능이 향상된다. 특히 말하기 힘겨울 정도로 빨리 걷는 운동을 일주일에 두세 번 하면 된다(일부 연구에서는 하루 30분씩 주 5회 운동을 추천한다). 효과는 운동량에 따라 달라진다. 운동을 많이 할수록 뇌 기능은 좋아진다. 비록 한계는 있지만 말이다. 한 연구에서는 고령자들이 매주 총 300블록(블록은 도로로 나뉘는 도시의 구역을 가리킨다-옮긴이)을 걸었다. 그 결과 회백질의 양이 증가했다. 하지만 매주 72개 블록을 걸은 고령자들도 똑같은 양만큼 회백질이 증가했다. 학자들은 이런 현상을 '천장 효과 ceiling effect'라고 부른다.

유산소 운동에 근력 강화 운동을 추가해도 도움이 된다. 체형과는 상관없이 모두에게 도움이 된다. 근력 운동은 일주일에 두세 번은 해야 한다. 일주일에 한 번으로는 부족하다.

고령자들은 나이를 먹으면서 자연스럽게 움직이기가 힘들어진다. 거기에는 여러 가지 이유가 있다. 에너지가 줄어서이기도 하고, 움직일 때 신체의 고통이 증가하기 때문이기도 하며, 불안감이나 우울감 때문이기도 하다.

학자들은 움직임에 제한이 있는 사람들을 위해 유산소 운동, 유연성 운동, 근력 운동을 결합해 운동 프로그램을 개발했다. 그리고 단기 신체활동능력 평가Short Physical Performance Battery, SPPB로 테스트해서 걸을 수는 있었지만 움직임에 제한이 있는 사람들을 모아 프로그램에 투입했다. 그 결과 이 프로그램에 참가했던 사람들은 그렇지 않은 사람들보다 일주일에 104분 정도를 더 걸을 수 있었다. 그 외에도 움직임에 불편함이 많이 줄었다. 붓스트랩을 정기적으로 벽에서 나오게 해서 움직이게만 해도 긍정적인 결과를 얻은 것이다.

이것이 중요하다. 운동을 조금만 해도 인지적으로 건강해지고 알츠하이머병의 위험을 낮출 수 있다. 규칙적으로 일어서서 음식을 만들거나, 계단을 오르거나, 영화를 보러 가는 등 생활 속에서 조금씩만 운동을 해도 고령자들에게는 놀라울 정도로 효과가 있다. 조금씩 꼼지락거리기만 해도 건강에 도움이 된다.

한 연구에서는 고령자들의 신체 활동 습관을 4년 동안 추적 연구했다. 고령자들이 동네를 잠깐 산책하거나, 마당에서 걷거나, 침실에서 거실이나 주방으로 나오는 등 제한된 범위 활동range activities을 관찰했다. 그 결과 움직이지 않는 고령자들은 생활 공간이 넓은 사람들보다 알츠하이머병에 걸릴 가능성이 두 배 더 높았다. 움직임은 휠체어 생활을 하는 사람들에게도 도움이 된다.

핵심은 이것이다. 몸은 운동을 하기 싫어하는 것 같아도 규칙적으로 운동을 해야 한다. 어떤 운동이든 괜찮다. 몸을 움직이고 싶어서 운동을 하는 것이 아니다. 뇌를 움직이고 싶어서 운동을 하는 것이다.

노화와 영양의 상관관계

타일러 비겐Tyler Vigen의 웹사이트는 처음 들어가 보면 별로 흥미가 생기지 않는다. 따분해 보이는 파워포인트 그래프를 모아놓은 것 같다. 각 그래프는 파도 모양의 두 가지 곡선으로 이뤄져 있는데, 마치 네스 호의 괴물 두 마리가 싱크로나이즈드 스위밍을 하는 것 같다. 한 그래프에는 (미국 동부) '메인 주의 이혼율'이라고 표시된 곡선이 2000~2009년 사이에 하락하는 것을 보여준다. 그 그래프에 있는 또 하나의 곡선을 보면 갑자기 흥미로워진다. 그 곡선에는 '미국의 1인당 마가린 소비량'이라고 표시돼 있다.

그런데 이 두 개의 곡선은 놀라울 정도로 닮아 있다. 사실 모양이 거의 똑같다. 그다음 그래프는 한층 더 흥미롭다. 첫 번째 곡선에는 '미국의 1인당 치즈 소비량'이라고 표시돼 있고 두 번째 곡선에는 '침대에 누운 채 세상을 떠나는 사람들의 수'라고 표시돼 있다. 그리고 이 두 곡선 역시 똑같은 모양을 그리고 있다. 메인 주의 이혼율을 나타내는 곡선과 마가린 소비량을 나타내는 곡선이 그랬던 것처럼 말이다.

이 그래프들이 이 장의 내용과 무슨 관계가 있을까? 두 그래프가 보여주는 사실은 우리가 지금부터 다룰 주제인 '영양과 노화'로 들어가기가 다소 꺼려지는 이유다. 비겐의 그래프처럼 고령자들에게 도움이 되는 식사에 대한 수많은 연구들은 모두 어떤 연관성을 보여준다. 그러나 연관성이 인과관계를 뜻하는 것은 아니다. 또한 이런 연구에는 닭이 먼저냐, 달걀이 먼저냐 하는 문제가 많다. 결과적으로, 인과관계에 대한 연구는 대부분 실험실 동물들을 대상으로 이뤄졌다. 그런 연구 중 *인간의* 노화에 대해 의미 있는 사실을 알려주는 게 있을까? 그래서 이 주제를 다루기가 망설여지는 것이다.

인간의 영양에 대한 연구는 무척, 터무니없을 정도로 어렵다. 그리고 비용이 엄청나게 많이 든다. 음식은 매우 복잡한 물질이다. 단순한 샌드위치조차도 수백 가지 생체 분자로 이뤄져 있다. 음식에서 에너지를 얻기 위해 우리가 사용하는 신진대사 장치들은 지문만큼이나 다르고 지문보다 몇 배는 더 복잡하다. 이런 엄청난 다양성으로부터 진실을 뽑아내는 것은 포크로 수프를 먹는 것처럼 어려운 일이다. 게다가 이 분야는 비참할 정도로 연구 자금이 부족하다.

그렇다고 해서 노화와 영양에 대한 연구에서 의미 있는 결과가 전혀 없었던 것은 아니다. 여기서 그중 뛰어난 연구 몇 가지를 살펴볼 것이다. 식생활의 어떤 지점에서 노화를 살펴봐야 할지 알아내기 위해, 앞서 언급했던 우리 몸의 보수 시스템의 와해라는 주제로 돌아가자. 먼저 매우 특이한 유형의 진화적 폭식에 대해 살펴보자.

배고픈 뇌 속의 활성산소

많은 음식을 뇌가 갈망하는 이유는 바로 진화에 있다. 더 많은 유전자를 다음 세대로 전달하기 위해서다. 뇌는 우리 몸무게에서 2퍼센트밖에 차지하지 않지만 우리가 먹는 칼로리의 20퍼센트를 소비한다. 또한 뇌는 상당히 까다롭다. 설탕 분자로부터는 즐겁게 에너지를 뽑아내지만 지방은 거절한다. 뇌가 지방을 신진대사에 사용한다면 열심히 생각만 해도 지방으로 찐 살을 뺄 수 있을 것이다. 그러나 불행히도 뇌는 버터보다 설탕을 좋아한다. 그래서 수학 시험을 보는 것이 체중 감소 프로그램에 포함되지 않는 것이다.

뭔가를 만들어내는 과정이 늘 그렇듯이 뇌 역시 일을 하면서 많은 유독성 폐기물을 만들어낸다. 그중 특히 치명적인 것은 활성산소free radicals(유리기, 자유기)라고 불리는 몇 가지 분자들이다. 활성산소를 제거하는 것은 무척 중요하다. 활성산소가 몸속에 쌓이면 세포와 조직에 상당한 손상을 입힌다. 그런 손상을 산화 스트레스oxidative stress라고 하는데, 산화 스트레스를 많이 받은 조직은 죽기 시작한다. 신경세포도 마찬가지다.

다행히도 우리의 몸에는 이렇게 계속해서 쌓이는 독소들을 중화하기 위한 방어 군대가 있다. 분자로 이루어진 이 군대에서 중요한 몇 개 부대를 항산화제antioxidants라고 한다. 항산화제는 냅킨이 바닥에 쏟아진 주스를 흡수하는 것과 같은 방식으로 유독성 폐기물을 제거한다. 항산화제에는 여러 종류가 있다. 과산화물제거효소(슈퍼옥시드 디스무타아제superoxide dismutase)처럼 낯선 단백질부터 비타민 E처럼 익숙한 분자에 이르기까지 다양하다. 항산화제들과 기타 보수를 담당하는 분자들로 이뤄진 부대들이 일을 제대로 하면 유독성 폐기물과 항산화제 사이에 균형이 이뤄진다. 그리고 치명적인 유독성 폐기물이 처리되면 우리 몸은 건강하게 유지된다.

여기서 서글픈 문제는 나이를 먹으면서 산화 스트레스에 대한 방어가 말 그대로 무너지기 시작한다는 점이다. 분자로 된 군대가 여러 가지 이유로 무단이탈을 한다. 그 이유에는 선천적인 것도 있고 후천적인 것도 있다. 그런 무단이탈은 임신 가능 연령을 지난 후 본격적으로 일어난다.

이것은 정말 나쁜 소식이다. 활성산소들이 우리 몸속 조직에 쌓이면 몸은 서서히 유독성 폐기물 매립지로 변한다. 어떤 부위든 그런 외상을 입는 것은 마음 아픈 일이지만 그중에서도 뇌가 그렇게 되는 것은 더욱 불행한 일이다. 뇌가 우리 몸에 공급되는 에너지의 20퍼센트를 소비하기 때문이다. 여기서 우리가 먹는 음식이 차이를 만든다. 지금부터 설명하는 내용에 등장하는 파이토케미컬phytochemicals이라는 단어에 주목하기 바란다.

뇌와 식품으로부터 오는 에너지 사이의 연관성을 생각하면 '시간의 할아버지Father Time(시간을 의인화한 가상의 존재로 큰 낫과 모래시계를 든 노인의 모습을 하고 있다-옮긴이)'를 물리치려는 학자들이 식사 습관에 주목한 것은 놀랍지 않다. 1913년에 호레이스 플레처Horace Fletcher는 음식이 거의 액상이 될 때까지 꼭꼭 씹어서 먹기만 하면 젊어질 수 있다고 주장했다. 그는 음식을 32~75회 정도 씹을 것을 권했다. 실제로 식사 속도를 늦추기만 해도 체중을 줄일 수 있다. 그리고 비만은 수명을 단축시키므로, 어쩌면 그는 매우 중요한 사실을 알아냈던 것인지도 모른다.

인류의 역사에는 젊음을 되살릴 수 있는 청춘의 샘을 찾아냈다고 주장한 사람들이 아주 많았다. 따라서 오늘날의 학자들이 그런 불합리한 신화와 싸우면서 생명 연장에 대해 연구하려면 어느 정도 강하게 나갈 필요가 있다. 건강하게 늙는 것과 음식물 섭취를 연결 지으려는 노력은 두 그룹으로 나눌 수 있다. 하나는 사람들이 소비하는 음식의 '양'이고, 또 하나는 소비하는 음식의 '유형'이다.

적게 먹으면 더 오래 산다

수백 년 동안 관찰한 결과 양껏 먹는 사람들보다는 적게 먹는 사람들이 더 오래 사는 것으로(그리고 이상하게도 더 행복한 것으로) 나타났다. 이는 과학적으로도 확인되었다. 비록 실험 대상은 설치류였지만 말이다.

특정 동물의 경우 섭취 칼로리를 심하게 제한하면 기대수명을 무려 50퍼센트나 늘릴 수 있다. 칼로리를 제한하면 심혈관 질환, 각종 암, 신경퇴행성 질환, 당뇨병 등 노화와 관련된 질병의 발병률이 현저하게 떨어진다. 그리고 칼로리 제한을 일찍 시작할수록 더 효과가 있다. 거의 모든 동물 실험에서 수명이 길어지는 결과가 나타났다. 심지어 초파리에게서도!

인간에게도 같은 효과가 있을까? 만일 효과가 있다면 수명을 50퍼센트 늘리겠다면서 칼로리 섭취를 제한해야 할까? 이 질문에 대한 대답은 '알 수 없다'이다. 칼로리 제한이 단명과 관련 있는 위험 요인들을 낮춰준다는 것을 암시하는 연구 결과들이 있긴 하다. 건강한 37세

성인들이 2년 동안 칼로리 섭취를 25퍼센트 줄이도록 한 연구가 있었다. 이 연구를 진행한 학자들은 대조군과 비교해 이들의 다양한 생리적 지표와 행동의 특성을 관찰했다.

결과는 어느 정도 예측한 대로이기도 했고, 예측하지 못한 부분도 있었다. 실험 대상자들은 대조군과 비교해 체중이 10퍼센트 정도 줄었다. 그리고 염증과 관련 있는 혈액 속 화학물질도 줄어들었다(C 반응성 단백질C-reactive protein이라는 기분 나쁜 분자가 대조군에 비해 47퍼센트 더 낮았다). 또 다른 예상치 못한 결과는 식이 조절을 한 사람들이 잠을 더 잘 잤다는 점이었다. 섭취한 에너지는 더 적었음에도 불구하고 에너지가 더 많았고, 배가 고팠을 텐데 기분도 더 좋았다.

이런 반가운 연구 결과는 수명이 길어지는 것과 관련이 있지만 실제로 그들이 더 오래 살지 어떨지는 아무도 모른다. 하지만 인간이 지구상의 거의 모든 생물과 다른 예외적 경우라고 생각하기는 힘들다. 일반적으로 배를 가득 채우지 않는 게 우리를 더 강하게 만드는 것 같다. 칼로리 제한을 해보고 싶다면 주치의에게 이 장을 보여주고 상의해서 계획을 세우기 바란다.

지중해식 식단의 비밀

먹은 음식의 양이 아니라 어떤 음식을 먹었는지를 관찰하고 연구한 학자들도 있다. 이 역시 칼로리 제한 연구처럼 일관성 있는 결과가 나왔다. 그리고 남부 유럽 사람들이나 그들처럼 식사를 하는 사람들에게 특히 반가운 소식이 있다.

그렇다. 그 유명한 지중해식 식단 얘기다. 그리스, 이탈리아, 스페인 등 지중해 연안 국가들의 요리에 자주 쓰이는 재료들이 들어 있어서 지중해식 식단이라고 부른다. 이 식단은 몇 년 전 스페인의 한 연구팀이 〈뉴잉글랜드 의학 저널New England Journal of Medicine〉에 발표한 획기적인 논문에 등장했다. 그 연구의 이름은 'PREDIMEDPrevención con Dieta Mediterránea(지중해식 식단을 통한 예방)'였다. 연구 결과의 요점은 지중해식 식사를 하는 사람들은 뇌졸중 같은 뇌 관련 질환을 포함해 심혈관 질환에 덜 걸린다는 것이다. 그리고 더 오래 산다는 것이다. 이 논문을 보고 학자들은 이런 질문이 떠올랐다. '이 식단이 뇌졸중 같은 병 말고도 노화로 인한 기억 손실 같은 뇌 건강 문제에도 변화를 줄 수 있을까?'

대답은 '줄 수 있다'였다. 남부 유럽식 식단은 심혈관계 건강과 관련이 있긴 하지만 그보다 더 흥미로운 결과를 보여주었다. 심혈관 문제와 관련 없는 인지 기능 저하를 억제할 수 있다는 것이다.

학자들은 지중해식 식단이 집행 기능의 변화에서 작업 기억의 변화에 이르기까지 인지 기능에 많은 도움을 준다는 것을 보여주었다. 한 연구에서는 300명의 사람들을 세 그룹으로 나누었다. 한 그룹은 엑스트라버진 올리브유를 보충한 지중해식 식사를 했고, 한 그룹은 견과류를 보충한 지중해식 식사를 했으며, 한 그룹은 지중해식 식사를 하지 않았다. 그리고 4년간 이들을 추적 관찰했다.

이들의 인지 기능을 테스트한 결과 견과류를 보충한 지중해식 식사를 한 사람들은 복합 기억력 점수에서 기준보다 0.1점 높은 점수를 받았다. 올리브유를 보충한 지중해식 식사를 한 사람들은 0.04점 높은 점수를 받았다. 이 점수가 별것 아닌 것으로 들릴지 모르지만 대조군과 비교하면 엄청난 것이었다. 대조군은 기준보다 0.17점 낮은 점수를 받았기 때문이다. 전두엽의 인지 기능(특히 집행 기능)에도 변화가 나타났고 전반적인 인지 기능에도 변화가 있었다. 여기서도 지중해식 식사를 한 두 그룹 모두가 대조군에 비해 훨씬 높은 점수를 받았다.

미국에서 이뤄진 다른 연구들은 이런 결과들을 확인해준다. 특히 지중해식 식단에 혈압을 낮춰주는 것으로 알려진 다른 식단(DASH 식단)을 결합한 'MIND 식단'이 그중 하나다. 이 연구를 진행한 학자들은 MIND 식단이 노화로 인한 인지 기능 저하를 억제할 뿐 아니라 치매에 걸릴 위험도 낮춘다는 것을 알아냈다. 시카고에 있는 러시 알츠하이머병 센터의 소장 데이비드 A. 베넷David A. Bennett은 이 센터에서 실시한 종적 연구 결과에 대해 〈사이언티픽 아메리칸Scientific American〉에 다음과 같이 썼다. "[영양역학자] 마사 클레어 모리스Martha Clare Morris는 MIND 식단(베리류, 채소, 통곡물, 견과류가 풍부한 식단)이 알츠하이머병의 발병 위험을 극적으로 낮춰준다는 것을 알아냈다."

베넷의 이 말은 다음과 같은 질문에 해답을 준다. "이런 지중해식 식단에 들어 있는 비밀 소스는 무엇인가요?" 이 식단에는 어머니와 주치의가 권할 것 같은 음식들이 많이 포함되어 있다. 크림소스는 보이지 않는다. 대신 과일과 채소와 콩류가 많이 있다. 곡물류도 많다. 그리고 매일 생선을 먹는다. 소금 대신 맛있는 지중해식 양념을 사용한다.

이런 식단에서 조금 낯설게 느껴지는 부분도 있을 것이다. 견과류는 지방이 많이 함유되어 있지만 이 식단에서 중요한 재료다. 기름은 군살의 주범이긴 하지만 올리브유는 제한된 양만 섭취하면 뇌 기능 향상에 도움이 된다. MIND 식단은 조금 달라서, 베리류 섭취를 강조하고 생선은 일주일에 한 번 섭취로 제한한다. 미국인이라면 이런 식사는 하지 않을 것이다. 그래서 맥도날드 식단이라고 하지 않고 지중해식 식단이라고 부르는 것이다.

나 같은 과학자들을 회의적으로 만드는 수백 가지의 변수를 눌러버리려면 아직도 많은 연구가 이뤄져야 한다. 어쨌든 여기서 소개한 데이터는《푸드룰》,《마이클 폴란의 행복한 밥상》등을 출간한 캘리포니아 대학교 버클리 캠퍼스의 마이클 폴란 교수가 한 다음과 같은 말로 요약할 수 있을 것이다. "음식을 먹어라. 너무 많이는 먹지 마라. 주로 식물을 먹어라."

이런 노력이 좋은 출발이 되어준다. 여기서 소개한 연구들은 영양에 대한 연구 중에서 내가 처음으로 관심을 가진 것들이다. 이 연구들은 식사법이 건강과 노화에 어떻게 작용하는지를 들여다보는 여러 연구의 바탕이 되어주었다.

고통 없이는 아무것도 얻을 수 없다

내가 대학교에 다닐 때는 벽에 붙이는 포스터가 크게 유행했다. 근력 운동을 하고 있는 보디빌더의 포스터도 인기가 있었다. 근력 운동은 근육 섬유에 작은 상처를 내서 큰 근육을 만드는데, 상처를 치유하는 과정에서 근육 섬유의 부피가 커진다. 포스터 속 근육질 남자처럼 보이려면 근육에 상처를 내는 작은 스트레스 요인을 끊임없이 감내해야 한다.

물론 쉬운 일이 아니다. 실제로 포스터 속 남자는 얼굴을 찡그리고 있다. 그리고 포스터 아래쪽에는 그 유명한 말이 적혀 있다. "고통 없이 얻을 수 있는 건 없다!" (뚱뚱한 남자가 맥주를 들고 치즈버거를 먹고 있는 포스터로 보디빌더 포스터를 가리는 경우도 많았다. 뚱뚱한 남자의 포스터에는 이렇게 적혀 있었다. "고통이 없으면? 고통이 없다!")

이렇게 낮은 수준의 고통이 가져오는 긍정적 효과를 호르메시스hormesis라고 한다(호르메시스는 다량이면 독성을 나타내지만 소량이면 생리적으로 유익한 효과를 낸다는 것을 가리키는 용어다–옮긴이). 호르메시스는 노화와 싸우기 위한 식습관이 효과가 있는 이유를 설명해준다.

생물학적으로 말하면 호르메시스는 정상적인 보수 메커니즘을 지닌 세포들에게 끊임없이 스트레스를 주어 그 메커니즘을 자극하는 능력이다. 여기에는 신경세포도 포함된다. 작은 스트레스를 지속적으로 줘야 한다. 충분히 오랫동안 스트레스를 주면 세포는 보수 관리 작업을 시작하며 분자 수리팀에게 도움을 청한다. 이런 보수 관리팀은 우리가 나이를 먹으면 은퇴하기 때문에 계속해서 서비스 요청을 해야 한다. 그래야 계속 활동해서 세포를 보수하고 몸을 더 건강하게 유지시킨다. 그러면 우리는 노년을 더 편안하게 보낼 수 있다.

칼로리 제한과 채식 위주의 식사는 둘 다 호르메시스를 통해 항노화 효과를 발휘한다. 적어도 실험실 동물들에게는 그렇다는 것이 확인되었고 인간에게도 비슷한 메커니즘이 작동한다는 증거가 점점 늘어나고 있다. 이런 보수 메커니즘은 결함이 있는 단백질에서부터 새는 세포막에 이르기까지 모든 것을 고쳐준다. 신경세포에 칼슘을 추가로 주입해 활동을 강화하기도 한다. 또한 뇌유래신경영양인자 같은 특정 성장 인자들이 자극을 받는다. 식이 제한은 세포에게 주인이 배가 고프다고 믿게 함으로써 호르메시스를 자극한다. 계속해서 칼로리를 제한한다면 보수 메커니즘도 계속 활성화될 것이다.

그렇다고 해서 실험실에서 하는 것처럼 심한 칼로리 제한식을 권하는 건 아니다. 사실 학자들은 실험을 통해 그런 칼로리 제한을 한 달에 5일만 해도 노화를 늦출 수 있다는 걸 보여준다. 그 이상으로 하면 오히려 생리적으로 부정적인 효과가 나타날 위험이 있다. 하지만 한 달에 5일도 좋은 생각이 아니라고 생각하는 사람들도 있다.

채식 위주의 식사가 효과가 있는 것은 식물이 파이토케미컬이라는 물질로 가득 차 있기 때문이다. 파이토케미컬은 우리의 뇌세포에 대고 끊임없이 "나는 채소야"라고 이야기한다. 그리고 은퇴한 항산화제 군대를 설득해서 쓰레기와 활성산소를 전부 치우게 한다. 또한 파이토케미컬은 신경이 뇌유래신경영양인자를 더 많이 만들어내게 해서 새로운 뉴런의 생성 과정을 촉진한다. 사실 우리 몸은 채소를 먹는 것을 스트레스 요인이라고 생각할 수 있다. 그러나 세포를 계속 자극하는 것은 세포의 생명 연장 분자를 자극하는 것이기도 하다.

우리는 어떤 음식을 먹어야 하는지만이 아니라 그 음식들이 왜 도움이 되는지에 대해서도 이해하기 시작했다. 음식이 항노화 기능을 갖게 되는 것은 여러 가지 음식을 다양하게 섭취하는 데서 비롯되는 것일지 모른다. 비타민 알약이나 기타 항산화제를 따로 섭취하는 것은 대부분의 사람들에게는 별 효과가 없다. 그런 것들은 그냥 배설되고 만다. 다시 말해서 보충제를 많이 먹는 건 비싼 소변을 보는 것에 불과하다.

비밀은 *실제* 과일과 채소 속에 들어 있는 성분들이 내는 시너지 효과에 있는 것 같다. 이것은 진화적 관점에서도 말이 된다. 인류의 식생활의 역사에서 정제된 보충제 같은 음식은 없었다. 자연에는 어떤 영양소가 그렇게 엄청난 농도로 음식 속에 존재하지 않기 때문이다. 실제로 영양소들은 과거에도 지금도 늘 식물이라는 숙주 속에 들어 있고, 우리는 자연의 방식대로 그 영양소들을 섭취하도록 진화했다. 제약회사가 만들어낸 방식으로 섭취하며 진화한 게 아니다.

이 장에서 소개한 혜택을 누리고 싶다면 우선 밖으로 나가서 걷거나 수영을 하자. 아니면 그냥 꼼지락거리기라도 하자. 그러고 나서 파이토케미컬을 섭취하자. 단, 너무 많이 먹지는 말아야 한다.

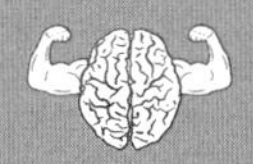

BRAIN RULE 7

식생활에 신경 쓰고, 많이 움직이자

- 감정 통제와 인지 제어를 가능하게 하는 집행 기능은 나이가 들면 뇌의 보수 메커니즘이 무너지면서 저하되는 경향이 있다.
- 나이를 불문하고 신체 활동을 더 잘한다는 것은 지적으로도 더 활력이 있다는 뜻이다. 연구 결과 유산소 운동이 뇌의 집행 기능을 향상시키는 것으로 나타났다.
- 뇌는 우리 체중의 2퍼센트밖에 차지하지 않지만 우리가 먹는 칼로리의 20퍼센트를 소비한다.
- 칼로리 섭취를 줄이면 노화로 인한 염증과 관련 있는 화학물질이 줄어들고, 잠을 더 잘 자며, 기분이 좋아지고 활력이 생긴다. 이런 점들은 모두 건강하게 오래 사는 데 도움이 되는 특징들이다.
- 채소, 견과류, 올리브유, 베리류, 생선, 통곡물이 풍부한 식사(지중해식 식단 또는 MIND 식단)는 작업 기억을 향상시키고 알츠하이머병에 걸릴 위험을 낮춰준다.

BRAIN RULE

8 잠

충분한 수면으로 머리를 맑게 하자

삶을 돌아볼 때 충분히 잠을 잔 밤이 기억나는 사람은 없을 것이다.
_무명씨

어느새 낮잠을 자는 게 행복한 나이가 되었다.
_무명씨

"잠을 많이 잔다니까요!"

수재나 무샤트 존스Susannah Mushatt Jones가 웃음을 터뜨리며 말했다. 그녀가 지금까지 수없이 받아온 질문을 또 한 번 던진 기자에게 한 대답이었다. 그 질문은 "장수하시는 비결이 뭔가요?"였다. 잠을 많이 잔다는 대답과 아울러 그녀는 스크램블 에그와 옥수수죽, 베이컨 네 조각을 아침 식사로 먹는다고 대답했다. 이 메뉴는 그녀가 기억하는 한 아침마다 먹었던 것이다.

존스가 기억하는 아침은 너무나 많다. 2015년에 만 116세 생일을 맞은 그녀는 19세기에 태어난 미국인 가운데 마지막으로 살아 있는 인물이었다. 그녀는 당시 세계 최장수 인물이었다(그 후 2016년 5월에 세상을 떠났다). 존스에게는 자녀가 없었고 결혼도 한 번밖에 하지 않았지만(그것도 금방 이혼했다) 조카는 100명이 넘었다. 그녀는 첫 번째 조카딸을 대학에 보냈고, 박사 학위까지 받은 조카는 그 보답으로 존스의 전기를 썼다. 아프리카계 미국인이었던 존스는 같은 아프리카계 미국인 학생들을 위한 장학 기금을 모금하기도 했다.

앨라배마 주의 소작인 부모에게서 태어난 존스는 인생의 대부분을 뉴욕에서 보모나 입주 가정부로 일하며 보냈다. 매일 아침 먹던 베이컨을 제외하면 존스는 건강한 생활 습관이라고 부를 만한 생활을 했다. 담배를 피우지 않았고 술도 마시지 않았으며, 1년에 몇 번씩 병원에서 검진을 받았다. 세상을 떠날 때까지 그녀가 복용한 약은 고혈압약 두 가지밖에 없었고, 그 외에 종합비타민을 복용했을 뿐이었다. 106세가 될 때까지 그녀는 자기가 사는 건물의 입주자 순찰팀에서 활발하게 활동했다. 그리고 잠을 많이 잤다. 매일 밤 10시간을 잤고 낮잠도 잤다.

단도직입적으로 말하겠다. 이 장에는 좋은 소식보다는 나쁜 소식이 더 많다. 그러나 나쁜 소식들의 일부는 우리가 존스 같은 수면 습관을 갖는다면 예방할 수 있는 것들이다. 노년의 삶에 수면이 미치는 영향을 이해하기 위해서는 수면이 어떻게 이뤄지는지, 왜 우리는 잠을 자는지, 나이를 먹으면서 수면이 어떻게 변화하는지에 대해 조금은 알 필요가 있다. 또한 충분한 수면을 취하지 못할 경우 인지 기능에 어떤 영향이 미치는지에 대해서도 살펴보고, 어떻게 하면 최선의 수면을 취할 수 있을지에 대해 알아볼 것이다. 일부 과학자들은 우리 몸과 뇌를 최대한 건강하게 유지하기 위해 하루 중 가장 중요한 일은 잠을 잘 자는 것이라고 믿는다.

올빼미형 인간, 아침형 인간

다음은 수면에 대한 연구 결과 밝혀진 세 가지 사실이다. 이 사실을 보고 놀라는 사람들이 많다.

- 우리는 자신이 매일 밤 몇 시간을 자야 하는지 알지 못한다. 모든 사람이 여덟 시간의 수면이 필요한 건 아니다.
- 정상적인 수면 사이클에는 거의 깨어 있는 상태도 포함된다. 하룻밤에 다섯 번 정도 그런 상태가 있는 것이 *일반적이다.*
- 지금 우리는 사람이 잠을 자야 하는 이유를 막 이해하기 시작했다. 잠은 에너지를 회복하기 위한 것만이 아니다. 에너지를 회복하는 것이 잠을 자는 주된 이유가 아닐지 모른다.

우리가 잠을 자면서 보내는 시간이 얼마나 긴지를 생각하면 잠에 대한 우리의 생각과 실제 사실이 다르다는 것은 놀랍고도 안타까운 일이다. 만 85세가 되면 25만 시간 정도를 잠을 자면서 보낸 셈이 된다. 햇수로는 약 29년 정도다.

잠에 대해 놀라운 특징 중 하나는 개인차가 매우 크다는 점이다. 많은 변수들이 수면에 영향을 주기 때문에 일관된 이야기를 하기가 상당히 어렵다. 어느 나라에서 태어났는가 하는 점도 그런 변수 중 하나다. 네덜란드 사람들은 평균적으로 매일 밤 8시간 5분을 잔다. 싱가포르 사람들은 7시간 23분을 잔다. 이것은 그들이 *취하는* 수면의 양이다. 이것이 그들에게 *필요한* 수면의 양일까? 현재로서는 이 질문에 대한 답은 아무도 모른다.

또한 수면은 아침형인지, 올빼미형인지 하는 '일주기성circadian rhythm' 인자에 따라서도 매우 다양한 양상을 보인다. 일주기성 인자는 자명종 같은 것 때문에 깨는 게 아니라 일어나고 싶을 때 일어나는 자연스러운 수면 사이클을 가리킨다. 밤 9시 30분에 잠자리에 들어서 아침 일찍 일어나야 컨디션이 가장 좋은 사람들이 있다. 한편 새벽 3시에 잠자리에 들어서 오후에 일어나야 최상의 컨디션을 유지하는 사람들이 있다. 그 외에 다른 변수로는 스트레스, 외로움, 수면에 영향을 주는 물질(커피 등)을 낮에 얼마나 섭취하느냐가 있다.

아마도 수면에 가장 큰 변화를 주는 한 가지 요인을 꼽자면 '나이'일 것이다. 신생아들은 하루에 16시간 정도를 잔다. 반면에 노인들은 보통 6시간이 채 안 되게 잔다. 이조차도 개인에 따라 크게 차이가 난다. 어떤 사람들은 하룻밤에 5시간만 자면 된다. 또 어떤 사람들은 최소 11시간을 못 자면 활동을 할 수가 없다. 70세 된 한 영국 여성은 자신은 하룻밤에 60분만 자면 된다고 주장했다. 그러나 그 주장은 조금

틀린 것이었다. 수면 과학자들이 5일간 그녀를 관찰한 결과 60분이 아니라 67분이었다. 놀랍게도 그녀는 67분만 자고도 행동이나 인지에 뚜렷한 장애를 보이지 않았고 수면 부족으로 인한 문제도 없었다. 이는 매우 특별한 경우지만, 사람에 따라 필요한 수면의 양이 다르다는 것은 사실이다.

잠을 잘 자느냐 하는 문제도 매우 다양하다. 이탈리아 고령자들의 44퍼센트 이상이 수면에 어려움을 겪는 것으로 보고되었고, 프랑스 고령자들은 70퍼센트가 수면에 어려움을 겪는다. 미국과 캐나다 고령자들은 50퍼센트 정도가 수면에 어려움을 겪는다고 한다. 이들의 문제는 두 가지 범주로 나눌 수 있다. 첫 번째 범주는 잘 잠들지 못하는 것인데, 학자들은 이것을 수면 잠복sleep onset latency이라 부른다. 두 번째 범주는 잠이 든 후 얼마나 잠을 편히 자느냐 하는 점이다.

한 가지 분명하게 말할 수 있는 것은, 나이가 들면서 수면의 질이 떨어진다는 사실이다. 왜 그렇게 되는지를 이해하기 위해서는 우선 수면이 어떻게 작용하는지를 이해할 필요가 있다. 수면 사이클은 축구 결승전에서 맞붙은 두 팀처럼 두 가지가 충돌하며 만들어진다. 이 두 팀은 24시간 내내 싸우며 죽을 때까지 싸움을 멈추지 않는다.

두 팀 중 한 팀의 기능은 우리를 계속 깨어 있게 하는 것이다. 이 팀은 마음대로 쓸 수 있는 자원이 아주 많다. 각종 호르몬과 여러 뇌 영역과 다양한 체액들이 '낮 동안 우리를 깨어 있게 한다'는 한 가지 목표를 가지고 함께 싸운다. 이것들을 총괄해 24시간 주기 각성 시스템circadian arousal system이라고 한다. 'circadian'은 1959년에 새로 생긴 단어로 '하루'를 뜻한다.

다른 한 팀은 정반대의 목표를 지니고 있다. 이들의 기능은 우리를 잠자게 만드는 것이다. 이 팀에도 각종 호르몬, 여러 뇌 영역, 다양한 체액들이 관여하지만 그들이 하는 일은 우리를 침대에 눕히고 여러 시간 동안 계속 침대에 누워 있게 하는 것이다. 이것들을 항상성 수면 욕구homeostatic sleep drive라고 부른다.

24시간 주기 각성 시스템과 항상성 수면 욕구라는 두 팀은 우리가 살아 있는 매 순간 싸우면서 서로를 탐색하고, 작은 충돌을 벌이고, 열정적으로 상호작용을 한다. 비기는 경우는 절대 없으며 각 팀은 하루 중 특정 시간만을 지배할 수 있다. 낮에는 24시간 주기 각성 시스템이 지배하고 밤에는 항상성 수면 욕구가 지배한다. 이런 타협은 24시간 주기로 일어나지만 햇빛이나 하늘과는 무관하다. 깜깜한 동굴 속에 살더라도 이런 현상은 일어난다. 단, 빛이 없는 동굴 속에 살면 그 주기는 1시간을 더해서 보통 25시간으로 이뤄지는데 그 이유는 아직 아무도 모른다.

수면의 진실

이렇게 두 팀이 경쟁을 하는 것을 기술적으로는 대립 과정 이론opponent process theory이라고 부르는데 이는 뇌파의 패턴으로 살펴볼 수 있다. 뇌파는 뇌 표면의 전기를 감지하는 헬멧처럼 생긴 기구EEG를 이용해서 관찰할 수 있다.

24시간 주기 각성 시스템의 통제 아래 하루를 시작하면 뇌에서는 베타파라는 패턴이 관찰된다. 그리고 밤에 항상성 수면 욕구가 활기를 차리기 시작하면 베타파는 알파파로 대체된다. 이는 졸리다는 뜻이고 우리는 잠을 자게 된다. 잠을 자는 동안 뇌는 점점 더 깊은 잠으로 빠지는 3단계를 통과하는데, 가장 깊은 잠을 자는 마지막 단계는 잠들고 나서 90분 정도 지난 후에 온다. 가장 깊은 잠을 잘 때는 델타파라고 하는 크고 느리게 움직이는 뇌파가 나타난다. 그래서 그런 잠을 서파 수면, 즉 느린 파형 수면slow-wave sleep이라고도 부른다. 서파 수면 상태인 사람을 깨우는 것은 엄청나게 어려운 일이다.

그러나 불가능하지는 않다. 사실 서파 수면이 시작되고 1시간 반이 지나면 뇌가 우리를 깨우기 시작한다. 크고 느리게 움직이는 델타파가 물러가고, 우리는 다시 수면 단계를 거꾸로 거슬러 올라간다. 이것은 덜 졸리다는 의미다. 아무도 알지 못하는 이유들로 인해 우리 눈은 앞뒤로 빠르게 움직이며 각성된다는 걸 나타낸다. 이 단계는 REM-1이라 부르는데, REM은 다들 알겠지만 'rapid eye movement'의 준말이다. 이 REM 수면은 비REM 수면이라 할 수 있는 깊은 수면과 질적으로 다르다. REM 수면 단계에서는 서파 수면 단계보다 더 쉽게 잠에서 깰 수 있다.

그러나 모든 게 정상적으로 돌아간다면 REM 수면 상태라고 해서 잠에서 깨지는 않는다. 항상성 수면 욕구가 다시 주도권을 잡아서 점차 깊은 잠으로 빠지는 세 단계를 다시 시작하고 곧 델타파가 돌아와서 60분간 깊은 잠을 잔다.

그렇다고 해서 각성이 끝난 것은 아니다. REM-1이라고 1을 붙여서 부르는 이유는 하룻밤에 경험할 몇 단계의 REM 수면 중 첫 번째이기 때문이다. 보통 하룻밤에 REM 수면을 네 번은 더 만나며, 각 REM 수면은 다시 깊은 수면에게 자리를 내준다. 다섯 번째 REM 수면이 끝난 뒤에야 24시간 주기 각성 시스템이 주도권을 완전히 가져와서 하루를 시작하게 해준다. 이렇게 두 팀 사이를 오가는 현상은 우리가 살아 있는 한 멈추지 않는다. 아무리 저항해도 아침에는 잠에서 깨고 밤에는 잠자리에 드는 일을 멈추지 않는다.

이것은 노화가 시작될 때까지의 얘기다. 나이를 많이 먹어도 두 팀은 이런 리듬을 유지하고 싶어 하지만 그러기가 점점 더 어려워진다.

지금까지 살펴본 것이 수면이 일어나는 원리다. 그렇다면 우리는 왜 잠을 자야 할까? 잠을 못 자면 우리는 짜증이 나고, 차 열쇠를 어디 두었는지 찾지 못하고, 참을성이 부족해지고, 무엇보다도 *피곤하다*. 그러니 수면은 분명 에너지의 회복과 관련이 있을 것이다.

그런데 정말 그럴까? 아니다. 수면의 목적은 에너지를 회복하는 게 아니다. 적어도 부분적으로는 그런 게 아니다. 생체 에너지 분석에 따르면 잠을 자는 동안 아끼는 에너지는 120칼로리 정도밖에 안 된다. 그것은 수프 한 그릇 칼로리에 불과하다. 그 책임은 대부분 뇌에 있다. 뇌는 우리 몸의 '에너지 먹는 하마'로서 우리가 소비하는 에너지의 20퍼센트를 차지하며 우리가 살아 있도록 하기 위해 하루 24시간 활동한다. 자는 동안 아끼는 수프 한 그릇만큼의 에너지는 별것이 아니다.

즉, 에너지의 회복은 우리가 잠을 자는 이유가 아니다.

그렇다면 우리는 왜 잠을 잘까? 진화적 관점에서 보면 인간처럼 신체적으로 약한 존재가 동부 아프리카의 황폐한 들판에서 밤중에 10분이라도 누워 있는 것은 미친 짓이다. 그러나 우리는 매일 초원에 누워서 몇 시간 동안 꼼짝도 하지 않았다. 그것도 우리를 잡아먹을 수 있는 표범들이 돌아다니는 시간에 말이다. 고작 120칼로리를 아끼기 위해 치르기에는 너무 큰 대가다.

최근 들어서야 학자들은 수면에 대한 진실을 조금 알게 되었다. 그렇게 알아낸 사실은 노화하는 뇌에 대해서도 의미심장한 사실을 알려준다. 이 장에서는 우리가 왜 잠을 자는지 새롭게 알게 된 중요한 사실 두 가지를 소개할 것이다.

우리가 잠을 자는 이유

우리가 수면에 대해 새롭게 알게 된 첫 번째 사실은 '기억'에 대한 연구에서 나왔다. 알다시피 낮 동안 뇌는 여러 가지 활동을 기록하느라 매우 바쁘다. 그중에는 잊어버려도 되는 일도 있고, 중요한 일도 있고, 잠시 놔뒀다가 나중에 처리해야 하는 일도 있다. 기억 체계는 이 과정에 끊임없이 참여한다. 그리고 여기에는 적어도 두 개의 뇌 영역이 관여한다.

첫 번째 영역은 '피질'이다. 피질은 뇌를 보자기처럼 감싸고 있는 것으로 세계 최고 수준의 지능을 지니고 있다. 두 번째 영역은 '해마'다. 앞에서 자주 얘기했던 해마海馬처럼 생긴 뇌 깊은 곳에 있는 구조체다. 이 두 영역은 기억이 형성되는 동안 전기로 연락을 하는데, 마치 소셜 미디어로 메시지를 주고받는 10대들처럼 활발하게 소통한다. 이런 활동이 기억의 조각들을 제자리에 붙들어서 나중에 처리할 수 있게 한다.

여기서 '나중'은 언제일까? 그날 밤, 깊은 수면(서파 수면)을 하는 동안이다. 과학자들이 새롭게 발견한 사실이 이것이다. 가장 깊은 잠을 자는 동안 뇌는 낮 동안에 '나중에 처리할 것'이라고 표시해서 저장해 두었던 기억들을 다시 활성화한다. 그리고 그 전기 패턴을 수천 번 반복하는데, 그렇게 하면서 연결을 강화하고 정보를 공고히 한다. 이것을 오프라인 처리off-line processing라고 부른다. 이 과정을 거치지 않으면 기억을 장기적으로 저장할 수가 없다.

이런 연구 결과에 충격적인 사실이 숨어 있다. 즉, 우리는 휴식을 위해서 자는 게 아니라 학습을 위해서 자는 것이라는 사실이다. 밤은 뭔가를 배우기에 완벽한 시간이다. 서로 집중해달라고 아우성치는 정보들이 별로 없는 시간이기 때문이다.

연구가 계속되면서 수면은 소화에서부터 면역 체계를 건강하게 유지하는 것에 이르기까지 여러 기능에 도움을 준다는 사실이 입증되고 있다. 이렇게 우리는 잠을 자야 하는 이유를 조금씩 이해하기 시작했다. 잠을 자는 것은 *쉬기* 위해서가 아니다. *재가동하기* 위해서다. 수면이 제대로 이뤄지지 않으면 재가동은 어려운 일이 된다. 우리가 나이를 먹으면 바로 이런 일이 일어난다.

노화와 수면의 변화

우리 집 1층에는 상자가 하나 있다. 그 상자에는 아이들의 어린 시절을 기록한 비디오테이프가 들어 있다. 그런데 그 상자를 보면 기분이 울적해진다. 왜 울적해질까? 그 테이프에 담긴 내용 때문이 아니다. 사실 거기 담긴 것들은 내 인생에서 가장 소중한 기억들이다. 내가 울적해지는 건 그 내용이 저장돼 있는 방식 때문이다. 그 비디오테이프들은 VHS 테이프다. 최근에 알게 된 사실인데, 그 테이프들을 지금 장소에 계속 놔두는 건 서서히 작용하는 산酸에 테이프를 담가두는 것과 마찬가지라고 한다. 비디오테이프는 서서히 부식할 것이고 결국 거기 담긴 정보들을 잃게 될 것이다.

이런 자연적인 상태 악화는 당장 일어나지는 않는다. 그리고 습도와 온도 같은 환경의 영향을 받는다. 어쨌든 뭔가 조치를 취하지 않으면 언젠가는 그 정보들을 잃어버릴 것이다(파편이 되어버린다는 게 좀 더 정확하겠다). 습도가 적당하다면 섭씨 15도 정도에 보관할 경우 16년이 지나면 상당한 손상을 눈으로 확인할 수 있다. 온도를 20도 정도로 높이면 8년 뒤에 그 정도의 손상을 입는다. 우리 집에 있는 비디오테이프 중 가장 오래된 것은 19년이 되었다. 내 기분이 왜 울적해지는지 이해되는가?

시간이 지나면서 자연스럽게 기능이 떨어지는 현상이 노화 혹은 노후화다. 자기磁氣 테이프에 저장되어 있는 정보든, 인지 과정을 통해 저장된 정보든 노후화하는 것은 마찬가지다. 그리고 수면 과정도 노후화의 영향을 받는다. 간단히 말해서 수면 과정도 비디오테이프처럼 부식한다. 수면이 파편화되는 것이다.

구체적으로 말하자면, 기억을 만들어내며 뇌 속 폐기물을 모으는 서파 수면의 양은 나이를 먹으면서 줄어든다. 20대에는 수면의 20퍼센트가 서파 수면인데, 70세쯤 되면 9퍼센트 정도가 서파 수면이다.

이런 변화를 자세히 살펴보기 위해 연령대가 다른 두 사람의 수면을 비교해보자. 할머니와 스무 살 된 손자가 밤 11시쯤에 잠자리에 든다고 해보자. 잠자리에 들고 10분쯤 지나면 손자는 비REM 수면 상태로 부드럽게 들어가서 12시가 되기 직전에 서파 수면에 빠진다. 할머니도 같은 과정을 거치지만 그 과정이 손자처럼 매끄럽지 않다. 동일한 단계를 따르지만 두 번째 비REM 수면 단계에 도착해도 깊은 수면으로 들어가지 못하고 11시 반쯤 잠에서 깬다. 이제 전체 과정을 다시 시작해야 한다. 그리고 밤 12시쯤 서파 수면의 검문소 앞에 어렵게 도착하지만 손자와 다르게 그곳에 오래 머물지 못한다. 12시 반쯤에 두 번째로 잠에서 깬다. 또다시 전 과정을 다시 시작해야 한다.

밤새도록 이런 과정을 되풀이하고, 마지막으로 서파 수면에 들어가는 것은 새벽 2시 30분쯤이다. 서파 수면으로 결국 들어가지 못하는 경우도 많다. 이런 할머니의 수면 상태를 '수면 파편화' 혹은 '수면 분절화sleep fragmentation'라고 한다. 반대로 손자는 수면의 전체 과정을 부드럽게 순환하면서 비REM 수면과 REM 수면을 4~5회 반복한다. 파도가 느리게 치는 바다에서 느긋하게 수영을 네 번 한 것과 같다. 그리고 밤새도록 수면 상태를 유지했다.

할머니와 손자의 수면을 통제하는 것은 무엇일까? 이를 설명하기 위해 콜로라도 주 북동부에 있는 볼더라는 도시를 찾아가보자.

세상에서 가장 정확한 뇌 속 시계

콜로라도 주의 깊은 산속에는 전 세계의 핵무기를 모두 *결합한* 것보다 더 파괴적인 대혼란을 일으킬 수 있는 기계가 묻혀 있다. 그 기계가 작동을 멈추면 이 세상의 문명이 인질로 잡힐 것이다. 경찰, 소방서, 병원의 응급의료 시스템이 모두 멈추고 전력망이 제대로 작동하지 못하면서 전 세계에 정전이 일어나 엄청난 재앙이 발생할 것이다. 월스트리트를 비롯한 전 세계 금융 시장의 거래가 중단되고 금융 분야 전체가 움직임을 멈출 것이다. 인공위성을 통한 통신도 방해를 받아 비행 중인 항공기들은 자신의 위치가 어디인지 알지 못할 것이다. 자동차나 휴대전화의 GPS도 망가질 것이다. 하긴, GPS가 문제가 아니다. 전화 자체를 사용할 수 없게 된다. 한마디로 전 세계의 문명이 다리를 절다가, 삐걱거리다가, 결국 주저앉을 것이다.

현대 인간의 삶을 억류하고 나아가 전 세계를 파멸시킬 수도 있는 이 기계는 과연 무엇일까? 이 질문에 대한 답을 듣고 나면 너무나 평범해서 김이 빠질 정도다. 콜로라도 주의 산속에 묻혀 있는 그 기계는 원자 하나만 한 크기의 엔진에 의해 돌아가는 시계다. 바로 NIST-F2라는 이름이 붙은, 세계에서 가장 정확한 원자시계(원자나 분자의 진동 주기로 시간을 재는 대단히 정확한 시계—옮긴이)다. 이 시계는 세슘 원자 안의 자연적인 진동을 이용해 '1초'를 정확하게 판단한다. 1초는 이 세상의 사회간접자본 대부분을 동기화同期化하기 위해, 즉 작업 수행 시기를 맞추기 위해 필요한 숫자다. 이 시계가 제대로 기능하는 한 문명은 파괴되지 않고 계속 번성할 것이다. 이 대단히 정밀한 시계는 3억 년에 1초의 오차가 발생한다.

우리 뇌의 깊숙한 곳에도 이런 원자시계와 같은 작은 뉴런의 덩어리가 묻혀 있다. 바로 세포 2만 개 정도로 이뤄진 시교차상핵suprachiasmatic nucleus, SCN이다. 우리 눈에서 몇 센티미터 뒤에 위치한 시교차상핵은 몸의 속도를 조절하는 본부 같은 것으로 인간의 세슘 원자시계라 할 수 있다. 이 시계의 자연적인 리듬은 전기 정보, 호르몬 분비, 유전자 발현 패턴을 통해 생성되고 측정할 수 있다. 이 세포들의 규칙적인 순환 본능은 너무나 강해서, 그것을 뇌에서 잘라내어 접시에 흩어놓아도 여전히 24시간 주기로 고동칠 것이다. 이 세포들이 인간 몸의 24시간 주기 시스템을 통제한다.

나이가 들면 젊었을 때보다 밤에 잠을 잘 자지 못하는 이유도 바로 이 세포들 때문이다. 24시간 주기 시스템이 마치 독재자처럼 작용한다. 그러나 스케줄은 수정될 수 있다. 우리가 수면을 어느 정도는 통제할 수 있는 이유 중 하나다. 시교차상핵은 눈으로부터 망막 투영retinal projection이라는 신경 줄기를 따라 시간에 대한 정보를 직접 받아들인다. 이는 시교차상핵이 지구의 자전에 리듬을 맞추는 데 도움을 준다. 즉, 시교차상핵은 눈에서 받아들인 정보를 이용해 밤에는 졸리고 낮에는 깨어 있게 해준다(이 기능이 수면을 통제하는 유일한 인자는 아니다. 체온 역시 중요하다. 그리고 시교차상핵이 지배하는 것이 수면만은 아니다. 스트레스 호르몬인 코르티솔도 24시간 주기의 통제를 엄격하게 받는다. 소화도 마찬가지다. 몸 곳곳에 흩어져 있는 많은 생물학적 '하위 시계'들은 마치 휴대전화가 세슘 시계와 소통하는 것처럼 시교차상핵과 소통함으로써 동기화된다).

시교차상핵은 어떻게 수면을 장악하는 걸까? 시교차상핵은 뇌간을 비롯해 많은 뇌 영역들과 상호작용을 한다. 뇌간은 수면 주기를 만들어내는 과정에서 힘든 일 대부분을 맡고 있는 부위다. 그리고 시교차상핵은 멜라토닌을 비롯한 여러 가지 호르몬을 통해 리듬을 유지한다. 멜라토닌은 시교차상핵에서 몇 센티미터 뒤에 있는 완두콩만 한 기관인 솔방울샘pineal gland(송과체松果體)에서 만들어진다. 밤에 시교차상핵이 솔방울샘의 수도꼭지를 틀면 멜라토닌이 혈액 속으로 흘러 들어간다. 그리고 밤새도록 혈액 속을 순환하며 오전 9시 정도까지는 그 수치가 많이 줄어들지 않는다.

사라진 24시간 주기

세월이 지나면서 수면이 점점 파편화되는 이유는 무엇일까? 학자들은 고령자들의 뇌에서 일어나는 몇 가지 흥미로운 변화를 찾아냈다. 그 변화들은 모두 24시간 주기 리듬과 관련이 있고 대부분은 시교차상핵과 관련이 있다.

노화 과정은 시교차상핵의 뉴런 수에 영향을 주지는 않는다. 즉, 나이가 많이 든다고 해서 시교차상핵의 뉴런 수가 줄어들지는 않는다. 전체적인 크기에도 영향을 주지 않는다. 할머니와 손자의 뇌에서 시교차상핵을 잘라내어 볼 수 있다면 겉모습으로는 누구의 것인지 구별할 수 없다.

그러나 노화는 시교차상핵의 내부 구조에 영향을 준다. 시교차상핵과 관련 있는 리듬 시스템 *대부분*은 노화와 함께 변화하며 전기 신호의 출력도 변화한다. 속도를 정하는 호르몬을 분비하는 능력이 줄어들고 시교차상핵 속에서 리듬을 만들어내는 유전자들의 발현이 감소한다. 이 모든 것이 수면과 각성에 상당한 영향을 준다. 특히 멜라토닌과 코르티솔 수치에 영향을 준다. 학자들은 이런 변화들이 몸 전체에서 반향을 일으키고 밤에 잘 자는 능력에 영향을 준다고 믿는다. 할머니가 밤에 잠을 잘 못 자지만 젊은 손자는 아주 잘 자는 이유다.

이렇게 잠을 잘 못 자는 것이 할머니에게 중대한 문제일까? 수면 파편화가 인지에 손상을 입힐까? 과거에 학자들은 '그렇다'고 대답했다. 수면 인지 가설sleep cognition hypothesis은 노화와 관련한 대부분의 인지 기능 장애가 잠을 잘 자지 못하기 때문에 일어난다는 가설이다. 그러나 그것이 '가설'이라고 불리는 데는 이유가 있다. 면밀히 관찰하면 수면 인지 가설은 너무 단순해서 잘못된 것일 가능성이 높다. 처음에 학자들은 젊은 사람들에게 적용되는 데이터를 나이 든 사람들에게도 적용할 수 있다고 생각했다. 아래에 소개하는 두 가지 사례만으로도 이런 노인 차별이 얼마나 잘못된 것인지 알 수 있다.

기억력

머릿속에서 어떤 노래의 후렴구가 계속 떠오르는 것과 같은 방식으로, 뇌는 낮에 일어났던 일들을 밤에 몇 번이고 반복해서 재생한다. 그런 활동을 통해 장기 기억이 뇌에 자리를 잡는다. 그런데 이후에 이뤄진 몇 번의 연구에서 그런 현상은 60세 미만의 사람들에게만 일어난다는 것이 밝혀졌다. 그 이유는 피질선조망corticostriatal network(피질줄무늬망)이라는 뇌의 신경망에 노화로 변화가 일어나기 때문으로 보인다. 피질선조망은 좌뇌와 우뇌에 걸쳐 있는 고리들로 이뤄져 있고 대개 목표 지향적인 행동과 관련된 기분을 조정한다. 고령자들은 이 고리들이 과거만큼 활동적이지 않다. 젊은이들에게 실시한 테스트로 고령자들의 오프라인 처리 능력을 평가하자, 고령자들은 젊은이들 같은 효과를 누리지 못하는 것으로 나타났다.

집행 기능

수면의 질이 떨어지고 부족해지면 집행 기능을 포함해 사람들과의 관계를 매끄럽게 해주는 여러 가지 기능을 잘 못하게 된다. 이런 결론은 주로 미국의 대학생들을 대상으로 실시한 수면 부족 연구에서 도출된 것이다. 많은 학자들은 나이 든 사람들도 수면 부족으로 인해 비슷한 기능 장애를 보일 거라고 가정했다. 그러나 사실은 그렇지 않다. 고령자들을 대상으로 한 수면 부족 연구에서는 집행 기능(충동 조절, 작업 기억, 주의 집중력 등을 포함한)이 기준을 넘는 정도의 문제가 있는 것으로 보이지 않았다.

수면 부족이 고령자들에게는 왜 손상을 주지 않는 걸까? 일부 학자들은 자연적 노화로 인한 인지 기능 저하가 수면 질 저하로 인해 더 악화되지 않는 것은 기능이 *더 나빠질 수 없기 때문*이라고 생각한다. 이미 손상을 입은 것이다. 마찬가지 이유로, 인지 기능이 더 좋아질 수도 없다. 이런 개념을 바닥 효과floor effect라고 한다. 인지 기능 장애가 바닥에 도달했고 그 밑으로 더 내려갈 수 없다는 뜻이다.

그렇다고 해서 이제 아무런 희망이 없는 것은 아니다. 우리의 연구가 어디를 향해야 할지 방향을 제시해주는 교훈 하나가 구약 성서에 등장한다.

하루빨리 '잠자는 습관'을 들여라

성서에 요셉이라는 인물이 등장한다. 요셉은 야곱의 열두 아들 중 열한 번째로 이집트 왕국의 총리대신이 되었던 인물이다. 그가 총리의 자리에 오른 것은 (아마도 역사상 가장 이상한) 면접 때문이었다. 그 면접에서 요셉은 이집트 왕 바로의 이상한 꿈 두 가지를 풀이해야 했다. 첫 번째 꿈은 게으르고, 살찌고, 아름다운 일곱 마리 소가 나일 강에서 나와 강가의 풀밭에서 풀을 뜯어먹는 꿈이었다. 곧이어 못생기고 뼈만 앙상한 소 일곱 마리가 강에서 그들을 따라 나왔다(성서에서 바로 왕은 "그렇게 못생긴 소는 본 적이 없네!"라고 말한다). 추하고 삐쩍 마른 소들은 살찐 소들을 공격해 먹어치웠다.

두 번째 꿈은 상황은 동일하지만 주인공이 소가 아니라 밀 이삭이었다. 일곱 개의 실한 이삭을 일곱 개의 마른 이삭이 잡아먹는 꿈이었다. 요셉은 이 두 가지 꿈을 경고로 해석했다. 이집트가 7년 동안 풍년이 들고 이어서 7년 동안 기근에 시달릴 것을 예고하는 꿈이라고 했다. 따라서 이집트 사람들이 살아남으려면 미리 열심히 일해서 가뭄을 대비해 양식을 저장해두어야 한다고 했다. 그리고 요셉은 이집트의 총리가 되었다.

가뭄에 대비해 양식을 모아두라는 경고에서 노화로 인한 수면 파편화의 영향을 어떻게 다뤄야 할지 교훈을 얻을 수 있다. 즉, 노년의 인지 기능 저하를 줄이고 싶다면 중년부터 좋은 수면 습관을 길러야 한다. 이는 수면 연구가 마이클 스컬린Michael Scullin의 생각이기도 하다. 스컬린과 동료들은 약 50년 동안 발표된 수면에 대한 논문을 모두 검토해서 패턴을 찾으려 애썼고 그렇게 알아낸 사실을 다음과 같이 요약했다. "청년기와 중년기에 수면의 질을 좋게 유지하면 인지 기능이 향상되고 노화로 인한 인지 기능 저하로부터 보호할 수 있다." 지금 좋은 수면 습관을 들여놓으면 인지 기능의 가뭄이 찾아올 때 큰 도움이 된다는 것이다.

뇌를 청소하는 시간

아주 최근에 과학자들은 우리가 잠을 자는 동안 일어나는 또 다른 기능을 발견했다. 바로 노폐물 처리다. 나는 연구 컨설팅을 하고 강연을 다니느라 호텔에서 잘 때가 종종 있다. 그런데 밤에 잠을 제대로 잘 수 없는 호텔들도 있다. 도시에서 이뤄지는 야간작업의 소음이 객실에서 다 들리기 때문이다. 쓰레기 수거 트럭이 시끄러운 소리를 내면서 쓰레기를 수거하고, 도로 청소차들은 그보다 더 큰 소리를 내면서 거리를 청소하며 지나간다.

우리의 뇌 역시 쓰레기 수거와 도로 청소가 필요하다. 낮 동안 소비하는 에너지가 많기 때문에 뇌 조직에는 많은 유독성 폐기물이 쌓인다. 쓰레기를 치우고 도로를 청소하는 것처럼 뇌 조직 속 유독성 폐기물도 제거해야 한다.

감사하게도, 우리의 뇌에는 그런 시스템이 있다. 사실 뇌에는 배수시설이 *많이* 있다. 도시의 쓰레기 처리 및 청소 시설처럼 뇌의 그런 시스템들도 밤에 일한다. 그중 하나가 뇌 정화 시스템인 글림프 시스템glymphatic system이다. 글림프 시스템은 다음과 같이 작용한다.

뉴런은 염분이 섞여 있는 액체에 담겨 있는데, 이 액체는 뉴런이 맨 처음 생겨난 곳인 바닷물과 비슷하다. 뇌에 쌓이는 폐기물은 이 액체에 버려진다. 무책임한 기업들이 오염물질을 근처의 하천에 무단 투기하는 것과 같다. 하지만 다행히도 세포와 분자와 수로로 이뤄진 글림프 시스템이 환경보호국 같은 역할을 한다. 즉, 쓰레기를 분리해 액체에서 제거한 후 혈류로 빼낸다. 이렇게 유독성 폐기물은 뇌에서 제거되고, 아침에 소변을 통해 몸 밖으로 배출된다. 이런 대류 시스템은 서파 수면 상태일 때 작동한다. 뇌에서 학습이 이뤄지는 바로 그 단계에서다. 그런데 그 단계는 나이를 먹으면서 짧아진다.

노년을 위협하는 수면 부족

환경미화원들의 노동쟁의로 워낙 유명한 도시인 뉴욕에서도 1911년의 쓰레기 파업은 특히 사람들의 관심을 끈 사건이었다.

1911년 쓰레기 수거 노동자와 도로 청소 노동자들은 근무 환경 개선을 요구하며 뉴욕 시를 압박했다. 시 공무원들은 그들의 요구를 거절했고 노동자들은 파업을 결정했다. 파업은 천천히 시작되어 점차 걷잡을 수 없이 번져나갔다. 처음에 그들은 가정과 상점에서 내놓은 쓰레기와 도로에 흩어져 있는 쓰레기들을 가끔씩만 수거해갔다. 그러다 쓰레기가 점점 높이 쌓이고 도로가 쓰레기들로 막히면서 도시는 점점 기능을 제대로 할 수 없게 되었다.

이에 공무원들은 파업 노동자들 대신 일할 사람들을 고용했고 파업 노동자들은 그들에게 폭력을 행사했다. 쓰레기 더미는 점점 더 높이 쌓여 차들이 지나가기 힘들 정도로 도로를 막았고, 악취가 진동했으며, 사람들의 건강이 위험해질 지경에 이르렀다. 설상가상으로 파업이 한창일 때 폭설이 쏟아져서 쓰레기로 가득 찬 거리를 뒤덮었다. 파업 노동자들이 언제 업무에 복귀해 도시를 깨끗하게 만들지가 뉴욕 시민들의 최대 관심사가 되었다. 한 달 후 복귀가 이뤄졌다. 엄청난 폭력이 오가고 몇 명이 비극적인 죽음을 맞은 뒤였다.

뇌에서도 쓰레기를 매일 치우지 않고 가끔씩만 치워서 쓰레기가 차곡차곡 쌓이는 일이 일어난다. 바로 나이를 많이 먹었을 때다. 나이가 들어 시교차상핵(뇌에서 수면/기상 주기를 조절하는 부위)이 마모되면서 수면의 파편화가 일어나면 서파 수면 시간이 줄어든다. 서파 수면이 부족하면 뇌 속 청소원들이 일을 하지 않기 시작하고 결국 쓰레기는 쌓이기 시작한다.

1911년 뉴욕 시의 쓰레기 파업처럼 뇌 속에 유독성 물질이 점점 쌓이는 것이다. 이렇게 유독성 폐기물이 쌓이면 뇌 조직이 한계점 이상으로 손상을 입기 시작한다. 손상을 입는 부위에는 수면을 담당하는 장치도 포함된다. 그 결과 수면은 더 파편화되고, 서파 수면의 양은 줄고, 손상은 더 심해진다.

수면을 연구하는 학자들 일부는 이런 손상이 결국 인지 기능 저하와 치매를 가져오는 것인지 모른다는 가설을 세운다. 요컨대 노화로 기능에 장애가 생긴 시교차상핵이 서파 수면을 감소시키고 그 결과 뇌 속 쓰레기가 가뭄에 콩 나듯 치워지다가 결국 신경이 손상을 입는다는 것이다.

물론 이는 하나의 아이디어에 불과하고, 닭이 먼저냐 달걀이 먼저냐 하는 문제이기도 하다. 이런 악순환이 시교차상핵의 기능 장애로 시작되어 치매로 끝난다고 생각해보자. 분자 쓰레기가 쌓이기 시작하는 것은 수면 장애가 아닌 다른 이유 때문일 수도 있다(유전적 기원이 이유일 가능성이 있다). 그리고 시교차상핵의 기능에 문제가 생기는 것은 유독성 폐기물이 특정 한계점에 다다르고 나서다. 이것이 나머지를 유발한다. 지금으로서는 시교차상핵이 먼저 공을 굴리기 시작한 것인지, 아니면 게임 도중에 참여한 것인지는 확실히 알 수 없다.

이런 가설은 어디서 나왔을까? 학자들은 오래전부터 만성 수면 부족이 파킨슨병, 헌팅턴병, 알츠하이머병 등 많은 신경퇴행성 질병의 위험 인자라는 것을 알았다. 그리고 시차 때문에 늘 피곤한 비행기 승무원들이(특히 장거리 국제노선을 비행하는 사람들이) 해마가 크게 위축된다는 것을 오래전에 발견했다.

해마의 크기가 작아지는 것은 알츠하이머병의 징후 중 하나다. 결국 학자들은 (어떤 직업에 종사하든) 24시간 주기에 혼란이 생기면 체내의 전 시스템에 걸쳐 염증이 생기기 쉽고 뇌 속 유독성 폐기물을 제대로 제거하지 못한다는 것을 입증했다.

아밀로이드 가설이 알츠하이머병을 설명해준다고 확신하는 사람들은 그런 주장을 뒷받침하기 위해 이 가설을 이용한다. 즉, 유독성 아밀로이드 파편 아밀로이드 베타를 몸 밖으로 내보내지 못하는 것이 알츠하이머병에서 보이는 손상을 유발한다는 것은 분명하다. 그런데 수면 부족이 점점 심해지면 아밀로이드 파편이 정상일 때보다 더 오랫동안 몸속을 떠돌아다닌다. 따라서 수면 부족은 알츠하이머병의 위험 인자다. 게다가 우리가 잠을 자다 깰 때마다 글림프 시스템(뇌 속 폐기물을 혈류로 내보내는 시스템)은 극적으로 느려지고, 그러면 아밀로이드 베타가 지속적으로 제거될 수 없다. 결국 치매가 생긴다.

지금까지 논한 사실만으로도 밤에 잠을 잘 자야 하는 이유는 분명하다. 나이가 몇이든 다르지 않다. 그러나 이것이 잠을 잘 자야 하는 유일한 이유는 아니다. 우리의 수명과 정신 건강도 수면의 중요성을 잘 보여주는 것들이다. 이번에는 이 두 가지를 살펴보자.

잠을 잘 못 잘 때 일어나는 일

직업적인 이유로, 많은 과학자들은 골디락스 이야기를 *아주 좋아한다*(골디락스는 영국의 동화《골디락스와 곰 세 마리》의 주인공인 금발 소녀로 '적당한 것'을 좋아하는 소녀다. 그래서 골디락스는 넘치지도 부족하지도 않은 딱 알맞은 것을 상징한다 – 옮긴이). 골디락스 이야기는 우리가 연구하는 많은 생물학적 프로세스가 공통으로 지닌 흥미로운 경향을 설명하는 방법이기도 하다.

내가 좋아하는 골디락스 버전은 TV 애니메이션 시리즈 〈로키와 불윙클 쇼Rocky and Bullwinkle Show〉에 나온 것이다. 금발 머리 때문에 별명이 '골디락스'인 소녀는(goldilocks는 '금발인 사람(처녀)'이라는 뜻의 단어다 – 옮긴이) 숲속에서 길을 잃고 헤매다가 곰 가족이 사는 오두막을 발견한다. 죽과 안락의자, 튼튼한 침대에 이르기까지 아기 곰 오스왈드의 물건은 골디락스가 보기에 딱 알맞았다. 엄마 곰과 아빠 곰의 물건은 골디락스의 섬세한 감수성에는 지나치거나 모자랐다.

이 이야기에는 교훈도 담겨 있다. 지금 우리가 잘 살아가기 위해서는 잠을 몇 시간 자는 게 가장 적당할지 이야기해준다. 그리고 그런 삶을 즐기면서 오래 살 가능성에 대해 이야기한다. 곧 보겠지만 그 데이터는 역U자형을 그린다. 양쪽 끝은 불충분하고 중간에 가장 효율적인 지점이 있다.

여러 연구에 따르면 수면에 방해를 받는 것은 단지 불편하기만 한 일이 아니다. 우리 몸에 치명적이다. 특정 양의 수면을 취하지 못하면 수명에 지장이 생긴다. 2만 명이 넘는 사람들, 정확히 말하면 2만 1,000명의 핀란드 *쌍둥이*들을 연구한 결과 그 수면의 양이 몇 시간인지 알아낼 수 있었다.

연구의 결론은 '우리는 매일 밤 6~8시간의 수면이 필요하다'이다. 수면 시간이 6시간 미만이면 사망 위험이 여성의 경우 21퍼센트, 남성의 경우 26퍼센트 높아진다. 한편 8시간 이상 잠을 자면 사망 위험이 여성은 17퍼센트, 남성은 24퍼센트 높아진다. 딱 알맞은 수면을 취해야 삶의 질도 최적화되고 가장 오래 살 수 있다. 딱 알맞은 것을 좋아하는 소녀 골디락스가 떠오르는 지점이다.

여기서 말하는 사망 위험은 죽음의 모든 원인과 관련이 있지만 유력한 용의자는 뇌졸중, 심장병, 고혈압, 2형 당뇨병, 비만 등 고령과 관련 있는 질환들이다. 그런데 뜻밖에도 수면 부족일 때 위 질환들로 인한 사망 위험이 젊은 사람들의 경우가 고령자들보다 더 높다. 예를 들어 젊은 사람들은 수면에 문제가 있으면 사망 위험이 고령자들보다 129퍼센트 더 높다.

어째서 *그렇게* 되는 것이며, 왜 세대 간에 차이가 있는 것일까? 지금으로서는 알 수 없다. 위에서 말한 숫자들은 통계에 따른 것이라는 점을 감안해야 한다. 데이터는 믿을 수 있지만 통계가 모든 개인에게 그대로 적용되지는 않는다. 하루에 수면 시간이 얼마나 필요한지는 개인에 따라 다 다르다.

이 장의 앞부분에서 많은 고령자들이 (국가를 불문하고) 수면에 어려움을 겪는다고 말했다. 몇 가지 이유에서 그런 사실은 중요하다. 하룻밤

잠을 못 자면 예민하고 짜증이 날 수 있지만, 며칠 연속으로 잠을 못 자면 인지 기능이 손상될 수 있다. 기억력을 비롯해 문제 해결 능력 등 모든 게 영향을 받는다.

그보다 더 나쁜 사실은 지속적인 수면 부족과 정신 건강 사이에 매우 골치 아픈 연관성이 있다는 점이다. 잠들 때까지 30분 이상이 걸리는 고령자들은 불안 장애를 겪을 위험이 높다. 그 이유는 짐작할 수 있을 것이다. 잠자리에 들었는데 잠이 안 오면 온갖 걱정거리들이 떠오르기 시작한다. 그리고 똑같은 일을 계속해서 생각한다. 이렇게 걱정스러운 일을 계속 반추하는 습관은 몇 살에든 생길 수 있지만 나이 든 사람들에게는 특히 심각한 문제다. 자신의 몸과 마음을 스스로 통제하지 못한다는 무력감을 느낄 수 있다. 질병 등 의학적 문제가 있으면 특히 그렇다. 재정적인 면과 인간관계에 대해서도 불안감을 느낄 수 있다. 그런 생각들을 하다 보면 30분은 금방 지나가고 침대 시트는 땀에 젖어 있다.

우울 장애 역시 수면의 파편화와 관련이 있다. 우울증으로 고생하는 고령자들은 보통 잠은 빨리 든다. 그러나 계속 잠을 자지 못한다. 우울증이 있는 고령자들의 수면 질이 가장 좋지 않다.

수면과 정신질환 사이에는 어째서 이렇게 골치 아픈 관계가 존재하는 것일까? 알 수 없다. 수면과 정서 장애가 깊은 관계를 맺고 있다는 것은 알지만 어째서 그런 관계가 있는지는 아직 모른다. 다행히도, 학자들은 수면의 질을 높이는 데 도움이 될 방법을 찾는 일을 포기하지 않았다. 그중 한 사람이 수면과학자 고故 피터 하우리Peter Hauri 박사다.

잠을 잘 자기 위한 9가지 방법

하우리 박사의 영어에는 아주 심한 독일식 억양이 남아 있었다. 스위스에서 태어난 그는 우뚝 솟은 마터호른 산처럼 호탕하게 웃었고 롤렉스 시계처럼 정확했다. 그는 미국으로 이주한 후 수면에 대한 연구를 시작했고 금세 유명해졌다. 그리고 오랫동안 미네소타 주 로체스터에 있는 마요 수면장애센터Mayo Sleep Disorders Center를 이끌었다.

하우리 박사가 연구한 내용 중에 신문 1면을 장식한 것이 몇 가지 있다. 그는 사람들에게 침실에서 자명종을 없애라고 했다. 불면증으로 고생하는 사람들에게는 자려고 애쓰지 말라고 했다. 그럴수록 잠이 더 안 올 거라고 주장했다. 그리고 식생활을 기록하듯이 수면 습관을 기록하라고 권했다. 이렇게 불면증과 관련된 그의 생각들은 마침내 《잠이 보약이다》라는 책으로 집대성되었다. 1990년에 출간된 이 책은 불면증으로 고통받는 많은 사람들에게 도움을 주었다.

하우리 박사의 통찰과 최근 연구를 통해 밝혀진 사실들을 소개하고자 한다. 하지만 각자 자신의 상황에 맞게 조정해야 한다. 아마도 하우리 박사가 사람마다 수면 습관은 다 다르다고 말한 최초의 인물일 것이다. 그는 사람들의 수면 습관은 눈송이처럼 다르다고 말했다.

1. 오후 시간을 잘 보낸다

밤에 잠을 잘 자려면 잠자리에 들기 전 4~6시간 동안 무엇을 할지에 주의를 기울여야 한다. 잠자리에 들기 6시간 전부터는 카페인을 섭취하면 안 된다. 니코틴도 안 된다. 알코올도 물론 안 된다. 졸음을 유발하는 것으로 유명한 알코올은 사실 이상성二相性 분자로, 진정시키는 특성과 자극하는 특성을 모두 가지고 있다. 술을 마시면 처음에는 졸리고 나중에는 자극 효과가 온다. 술을 마시면 REM 수면과 서파 수면 시간이 모두 짧아진다. 운동은 잠을 잘 자는 데 큰 도움을 주지만 잠자기 한참 전, 오후에 하는 게 좋다. 이처럼 밤에 잠을 잘 자려면 자리에 들기 오래전부터 준비를 해야 한다.

2. 수면의 '온실'을 만든다

집에 잠만 자는 공간을 만들자. 대부분의 사람들에게는 침실이 그런 공간일 것이다. 거기서는 식사도 하지 말고, 일도 하지 말고, TV도 보지 않는다. 잠만 잔다(한두 가지 사소한 일은 할 수도 있지만 잠자기 전에는 위에서 말한 것처럼 다른 일을 하지 않는 게 좋다).

3. 잠자는 공간의 온도에 유의한다

사람은 섭씨 18도 정도일 때 가장 잠이 잘 든다. 잠만 자는 공간을 시원하게 유지해야 한다. 필요하다면 선풍기를 설치하는 게 좋은데, 이는 온도를 조절하는 것 외에 백색 소음을 꾸준히 내준다는 이점도 있다. 백색 소음은 많은 사람들에게 잠드는 데 도움이 된다.

4. 안정적인 수면 습관을 만든다

매일 밤 같은 시간에 잠만 자는 방으로 간다. 그리고 매일 오전 같은 시간에 일어난다. 처음에는 쉽게 잠들지 못해 6~7시간을 자지 못하더라도 일단 같은 시간에 일어나자. 그러면 잠드는 시간도 그에 따라 빨라질 것이다. 그렇게 습관을 만들어가자.

5. 몸이 보내는 신호에 주의를 기울인다

가능하다면 피곤할 때까지 눕지 않는다. 금방 잠이 들 것 같을 때 자리에 눕는다. 그리고 밤에 자다가 깨도 계속 뒤척이지 않는다. 30분이 지나도 다시 잠이 오지 않는다면 침대에 누워 있지 말고 일어나서 종이책을 읽는다(e-북은 안 된다). 특히 지루한 책을 읽는 게 좋다.

6. 햇빛을 쬔다

낮 동안에 밝은 햇빛을 받고 해가 질 무렵에는 희미한 빛을 받는다. 이것은 먼 옛날 인류가 아프리카의 광활한 하늘 아래에서 살 때 인류의 뇌가 경험하던 것과 비슷하다.

7. 청색광을 멀리한다

노트북, TV, 스마트폰 등 470나노미터의 파장으로 빛을 내는 모든 기기를 멀리하라는 뜻이다. 그런 파장은 뇌가 낮이라고 착각하게 만든다. 그러면 뇌는 잠들지 못하고 깨어 있게 된다. 청색광을 멀리하라는 데는 진화적 이유도 있다. 푸른빛은 하늘의 색이다. 인류의 긴 역사에서 하늘의 색을 볼 수 있었던 것은 낮뿐이었다.

8. 친구들을 자주 만난다

우울증은 수면 파편화와 관련이 있는데, 사람들과 자주 만나 교류하는 것은 매우 효과적인 항우울제다. 또한 사람들과의 교류는 인지에 상당한 부하를 주어 뇌가 운동하게 만들고 그날 밤 서파 속을 헤엄칠 준비를 시켜준다.

9. 수면 일기를 쓴다

수면 문제가 심각해서 전문가의 도움을 받아야겠다는 생각을 하고 있다면 특히 수면 일기를 쓰는 게 좋다. 간단하게는 언제 일어나고 언제 잠자리에 들었는지, 자다가 몇 번이나 깼는지를 기록한다. 인터넷에서 수면 일기 샘플을 찾아볼 수 있을 것이다(피터 하우리의 《잠이 보약이다》에도 수면 일기 샘플이 나온다).

이상의 권고 사항들은 대부분 정설로 여겨지고 있다. 이 중 다수는 하우리 박사가 마요 수면장애센터에서 연구한 것들이다. 하지만 사람들마다 상황이 다를 수 있다. 위의 권고 사항에서 기초적인 내용은 대부분 다뤘지만 몸을 쇠약하게 하는 통증 같은 환경적 문제와 유전 같은 선천적 문제는 일부러 빼놓았다. 그러나 다루고 싶은 특별한 문제가 하나 있다. 바로 불면증이다.

하우리 박사는 세상을 떠나기 몇 년 전에 수면 장애로 고생하는 고령자들에게 도움을 주기 위해 한 가지 프로토콜(과학적 연구나 환자 치료를 실행하기 위한 계획-옮긴이)을 테스트했다. 피츠버그 대학교 학자들이 개발한 이 프로토콜의 이름은 '불면증 단기행동 치료brief behavioral treatment for insomnia'였다.

방법은 간단했다. 학자들은 우선 각 고령자의 수면 기준치를 확보했다. 그리고 몸에 센서를 부착해 운동 활성화 정도를 측정하는 활동도 검사actigraphy와 뇌파와 심혈관계의 활동을 측정하는 수면 다원 검사polysomnography 등을 이용해 행동 및 생리적 특성을 평가했다. 그런 다음 사람들에게 24시간 주기 각성 시스템과 항상성 수면 욕구의 대립을 포함해 수면이 어떻게 작동하는지 그 원리를 간단히 설명했다. 그리고 연구 과제를 소개했다.

- 침대에서 보내는 시간을 줄인다(단, 최소 6시간은 잔다).
- 하루 일과를 철저히 지킨다. 전날 밤에 잠을 잘 못 잤더라도 아침에는 늘 같은 시간에 잠자리에서 일어난다.
- 몇 시인지와 무관하게 졸리기 전에는 잠자리에 들지 않는다.
- 잠이 오지 않는다면 침대에 오래 있지 않는다.

이상의 내용을 가르치는 데 한 시간 정도가 걸렸고, 2주 뒤에 30분 동안 재교육을 실시했다. 그리고 강사들은 실험 대상자들에게 두 번 정도 전화를 걸어 위의 지시 사항을 잘 지키고 있는지 확인했다. 4주차에 실험 대상자들은 실험실에 와서 다시 테스트를 받았다.

이 실험의 목표는 수면 스케줄을 시계처럼 규칙적으로 운영해 고령자들이 불면증으로부터 벗어날 수 있게 해주는 것이었다. 별로 큰 노력이 들지 않을 것처럼 보이지만 쉬운 일은 아니다. 실험 대상자들의 55퍼센트가 실험이 끝날 때쯤에는 불면증에서 벗어나 있었다. 이는 엄청난 결과다. 참가자들이 수면 장애로 심각하게 고통받던 사람들이라는 점을 생각하면 더욱 그렇다. 그리고 6개월이 지난 후에도 다수가 긍정적인 결과를 계속 유지했다. 64퍼센트는 수면의 질이 엄청나게 향상되었고 40퍼센트는 불면증이 호전되는 중이었다.

주목할 점은 이 실험에 몇 가지가 빠져 있었다는 사실이다. 정신과 상담이 없었고 수면 유도제도 없었다(좋은 현상이다. 고령층에서 수면제가 일으키는 부작용은 매우 크다. 그리고 수면제를 복용해도 정작 수면은 아주 조금밖에 개선되지 않는다). 이 실험은 우리가 여러 번 살펴본 주제인 '노화의 부정적 효과와 싸우는 데 생활 습관 변화가 갖는 힘'을 잘 보여주는 좋은 사례다. '생활 습관 변화'란 평생 계속되는 습관을 바꾸는 것을 뜻한다. 따라서 여기서 제안하는 실질적인 조언을 꾸준히 잘 지키면 장기적으로 인생에 도움이 되는 결과를 얻을 것이다.

지금까지 삶의 질을 높이고 어쩌면 수명까지 늘려줄지 모를 여러 가지 방법에 대해 이야기했다. 앞으로 살날이 10~20년 정도밖에 남지 않았다고 느끼는 사람이라면 다음과 같은 질문들이 떠올랐을지 모른다. 노화 과정을 저지할 수 있을까? 더 빨라지게 하거나, 느려지게 하거나, 아니면 아예 중단시킬 수 있을까? 다음 장부터는 수명을 늘리기 위한 다양한 시도를 살펴볼 것이다. 그리고 그 과정에서 과학과 공상과학을 구별해보고자 한다.

충분한 수면으로 머리를 맑게 하자

- 사실 과학자들은 우리가 밤마다 잠을 얼마나 자야 하는지는 알지 못한다. 그리고 왜 잠을 자야 하는지도 아직 완전히 이해하지 못했다.

- 수면 주기는 우리를 깨어 있게 하려고 애쓰는 호르몬/뇌 영역들과 우리를 잠들게 하려고 애쓰는 호르몬/뇌 영역들의 끊임없는 자리다툼에서 생겨난다. 이것을 대립 과정 이론이라고 한다.

- 지금까지 알아낸 바로는 수면의 목적은 에너지를 회복하는 것이 아니다. 그보다는 기억을 처리하고 뇌 속 유독성 폐기물을 없애는 것이 목적이다.

- 나이를 먹으면서 우리의 수면 주기는 점점 파편화되는데, 그러면서 뇌 속 유독성 폐기물이 제거되는 주기가 망가져 뇌 속 폐기물이 제대로 제거되지 못한다.

- 중년부터 좋은 수면 습관(안정적인 수면 스케줄, 잠자리에 들기 6시간 전부터는 카페인, 알코올, 니코틴을 섭취하지 않는 것 등)을 들이는 것이 노년에 수면의 질 하락으로 인한 인지 기능 저하를 피하는 최선의 방법이다.

4부

미래와 뇌

BRAIN RULE

9 장수

인간은 영원히 살 수는 없다

비 오는 일요일 오후에 뭘 해야 할지도 모르는 사람이 영생은 꿈꿔서 무엇하리.
_수전 어츠Susan Ertz, 영국의 소설가

나는 작품을 통해 영생을 얻고 싶지는 않다. 죽지 않음으로써 영생을 얻고 싶다.
_우디 앨런

80대의 나이에도 마당의 잔디를 직접 깎을 정도로 기운이 넘치고 늘 밝은 모습에 두뇌 회전도 빠른 사람을 본 적이 있을 것이다. 그런 사람들을 '슈퍼 노인Super Agers' 이라고 부르는데, 이들은 생각하는 것도 활동하는 것도 생물학적 나이보다 젊다. 이런 사람들은 기억력 테스트를 해도 50세 정도의 점수를 얻는다. 그리고 보통 사람들보다 훨씬 오래 산다.

슈퍼 노인은 사람이 일정 연령까지 사는 이유에 대해 우리에게 무엇을 가르쳐줄 수 있을까? 그리고 얼마나 오래 살 수 있는지에 대해서는 무엇을 가르쳐줄까? 이는 학자들뿐 아니라 보통 사람들도 몇 세기 전부터 궁금하게 생각해온 문제들이다.

예를 들어 뇌를 극저온 상태로 냉동 보존해두었다가, 과학 기술이 지금보다 훨씬 더 발달한 뒤에 냉동했던 뇌를 손상되지 않은 상태로 해동해서 의식을 되찾는 날을 기다리는 사람들이 있다. 2016년 미국 대통령 선거에는 인간의 '영생'을 기치로 내걸고 출마한 사람도 있었다. 트랜스휴머니스트 당Transhumanist Party 후보로 출마한 졸탄 이슈트반Zoltan Istvan은 '영생 버스Immortality Bus'라고 크게 적힌 관 모양 버스를 타고 다니며 선거 유세를 했다.

그는 이렇게 말했다. "머지않아 트랜스휴머니즘을 주제로 민권에 대한 큰 논쟁이 일어날 거라고 저는 확신합니다. '인류가 과학과 기술을 이용해 죽음을 극복하고 훨씬 더 강한 종으로 변신할 수 있을까?'에 대한 논쟁이죠." 나 역시 과학자로서 이렇게 과학에 큰 믿음을 갖고 있는 사람들이 있다는 사실은 기분이 좋다. 조금 부적절한 믿음일지라도 말이다.

그동안 우리는 왜 그린란드 상어는 500년을 살고 인간은 100년밖에 살지 못하는지, 그 까다로운 생물학 원리를 상당 부분 이해할 수 있게 되었다. 실험실 동물들을 대상으로 노화와 장수에 대해 진지하게 연구해온 과학자들은 동물들의 수명을 연장시키는 데는 성공했다. 수박 겉핥기식 연구를 한 후 불멸의 삶에 대해 말도 안 되는 주장을 하는 사람들도 있다. 이 장에서는 노화와 장수에 대해 알아낸 많은 사실들을 살펴볼 것이다.

우선 한 가지를 명확히 짚고 넘어가고자 한다. 사춘기가 질병이 아닌 것과 마찬가지로 노화도 질병이 아니다. 노화는 자연스러운 과정인데도 엄청난 오해를 받곤 한다. 사람은 나이가 많아서 죽는 게 아니다. 지구상에서 너무 긴 시간을 보낸 탓에 생물학적 프로세스가 고장 나서 죽는 것이다(대부분의 사람들에게 가장 약한 부분은 심혈관계다). 따라서 과학자들은 노화를 하나의 병적 측면으로 인식하지 않는다. 그것이 노화의 치료법을 찾아내려는 학자들을 찾아볼 수 없는 이유다. 그들은 '우리 몸에 왜 문제가 생기는 걸까'를 알아내려고 하기보다는 '왜 문제가 생기지 않는 걸까'를 찾아내려고 애쓴다. 전혀 다른 질문이다. 그리고 이 두 번째 질문에 대한 대답이 훨씬 더 흥미롭다.

어떤 이유에서인지는 모르지만 이 질문을 탐구하는 탁월한 연구는 많은 수가 영국에서 이뤄지고 있다. 그런 종적 연구는 한 사람이 태어났을 때부터 각종 생리 기능에서 정신 건강에 이르기까지 모든 면을 추적 연구한다. 그런 연구 중 하나인 국민 건강 및 발달 조사National Survey of Health and Development는 1946년에 시작되어 5,000명이 넘는 사람들의 생애 이력을 지금까지도 추적 조사하고 있다. 1958년에 태어난 1만 7,000명의 영국인들을 대상으로 생활사를 추적 조사하고 있는 국가 아동 발달 연구National Child Development Study도 있다. 밀레니엄 코호트 연구Millennium Cohort Study도 있는데, 이 연구는 2000~2002년에 태어난 1만 9,000명을 추적 연구 중이다.

이런 연구에서 뚜렷한 패턴 몇 가지가 드러났다. 그중 일관되게 나타나는 패턴은 활력이 넘치는 슈퍼 노인들과 관련이 있다. 학자들은 뇌 촬영을 통해 이 원기 왕성한 노인들의 뇌를 들여다봤다. 그리고 놀랍고도 일관성 있는 결과를 발견했다. 이들의 뇌 조직은 80대의 뇌로는 보이지 않았다. 두뇌피질은 여전히 두껍고 생기가 있었다. 특히 전측대상회anterior cingulate라는 부위가 두껍고 생기가 넘쳤다. 이 영역은 인지 제어, 감정 통제, 의식적 경험과 관련이 있다. 그런 기능의 변화는 측정 가능한 행동으로 나타난다.

과학자들은 이렇게 80세가 넘어도 특별한 질병이 없고 몸과 마음이 건강하고 활기가 넘치는 사람들을 'Wellderly(건강 노인. 건강하다는 뜻의 well과 노인을 뜻하는 elderly를 합한 신조어 – 옮긴이)'라고 부르기도 한다.

이들 건강 노인의 인지 능력은 유전적인 것으로 보인다. 예를 들어 스코틀랜드에서 실시된 한 연구에서는 1932년 실험 대상자들이 11세일 때 IQ를 측정하고 77세가 되었을 때 다시 IQ 검사를 했다. 그 결과 고령이 되었을 때의 인지 능력을 예측할 수 있게 해준 인자는 단 하나, 11세 때의 인지 능력뿐이었다. 한 유전학자는 이렇게 말했다. "실험 대상자가 11세일 때의 IQ 점수를 보면 77세가 되었을 때의 IQ 변화를 50퍼센트 정도 예측할 수 있습니다." 이는 10대 시절에 측정한 인지 능력이 60년 뒤의 인지 능력을 놀라울 정도로 정확하게 예측한다는 뜻이다. 그 어떤 인자도 그 정도로 정확하게 예측할 수 있는 것은 없다. 외부 활동도, 교육 수준도, 신체 활동도, 그 어느 것도 그 정도로 정확하게 예측할 수는 없다.

그렇다면 우리가 장수할지 여부도 DNA에 기록되어 있을까? 다른 학자들은 이 질문에 '그렇다'고 답한다. 물론 확신은 조금 없어 보인다. 몇 건의 연구를 통해 장수는 여러 유전자에 의해 결정되며(다유전자성), 그 유전자들 사이에는 서열이 있어서 더 주도적인 역할을 하는 유전자들이 있다는 사실이 밝혀졌다. 종합해서 말하면 기대수명 변동 폭의 25~33퍼센트 정도가 부모에 의해 결정된다. 건강 노인은 특히 튼튼한 유전적 구성 요소를 갖고 있다. 여러분 주변에 100세 즈음까지 산 친척들이 많다면 여러분도 그 나이까지 살 가능성이 높다.

이런 사실은 무엇을 의미할까? 건강 노인이 존재한다는 사실과, 나이가 들어도 일부 특성들이 안정적으로 유지된다는 사실은 청춘의 샘이 정말로 존재하느냐는 질문의 합리적 근거가 되어준다. 일부 사람들이 오래 사는 비결을 찾아낼 수 있다면 다른 사람들의 수명을 연장할 방법도 찾아낼 수 있을 것이다. 실험실 동물들에게서는 그런 방법을 이미 찾아냈다. 찾고 보니 실천하기 그리 어려운 방법은 아니었다.

수명 연장의 시작, '인디 유전자'

영국의 코미디 그룹 몬티 파이선Monty Python이 이런 사실을 아는지 모르겠지만, 그들에게서 이름을 얻은 유전자가 있다. 이 유전자의 이름은 〈몬티 파이선의 성배〉라는 영화의 한 장면에서 탄생했다. 누군가 페스트 환자를 어깨에 메고 매장하러 가는 중에 페스트 환자가 "난 아직 안 죽었어I'm not dead yet!"라고 소리친다. 그리고 그 사람이 죽었는지 안 죽었는지를 두고 논쟁이 벌어진다. 이 장면에서 이름을 얻은 유전자는 처음에 초파리에서 발견되었는데, 그 유전자는 실제로 초파리의 목숨을 연장시켰다.

세포생물학자 스티븐 헬판드Stephen Helfand가 이 유전자를 분리해낼 수 있었던 것은 부분적으로는 진화생물학자 마이클 로즈Michael Rose가 1970년대에 했던 중요한 연구 덕분이었다. 로즈의 연구는 성性과 관련된 것이었다. 로즈는 짝짓는 시기가 끝나면 자연선택이 인간에게 관심을 잃는다는 사실을 진지하게 고민했다. 그리고 이런 질문을 했다. '초파리를 한 무리 데려다가 고령이 될 때까지 짝짓기를 하지 못하게 하면 어떻게 될까?' (초파리의 경우 고령은 50일 정도 되었을 때이므로 답을 빨리 얻을 수 있다.)

그러면 죽지 않고 살아남을 만큼 강한 초파리들만이 유전자를 다음 세대로 전할 수 있을 것이다. 그리고 짝짓기를 못 하면 알을 낳을 수 없다. 여러 세대에 걸쳐 많은 수의 개체들에게 그런 연령 선택을 실시하면 나이가 많아도 생식 능력이 있고 더 오래 사는 개체를 만들어낼 수 있을까? 로즈는 초파리 열두 세대가 지난 후 이 질문에 대한 답을 얻을 수 있었다. 그가 선택해서 키운 초파리들은 실제로 더 오래 살았다. 그는 그렇게 므두셀라 파리Methuselah flies라는 이름의 파리를 만들었는데, 이들은 120일 정도를 산다.

이 연구 결과는 관련 연구의 도화선에 불을 붙였다. 빠른 속도로 연구가 진척되었고 수명 연장에 대한 연구는 한층 세부적이고 엄격해졌다. 마침내 과학자들은 돌연변이를 일으키면 열두 세대를 기다리지 않고도 장수할 수 있는 유전자를 초파리에서 찾아냈다. 그 유전자에는

'인디[Indy]'라는 이름이 붙었다. 앞에서 말한 영화 대사 'I'm not dead yet'의 머리글자를 딴 것이다. 장수 유전자에게 잘 어울리는 기발한 이름이 아닐 수 없다.

초파리가 이런 변화를 겪은 유일한 동물은 아니었다. 요즘은 효모균(이스트)에서 생쥐에 이르기까지 과학 실험의 대상이 되는 많은 생물에서 비슷한 결과를 얻을 수 있다. 그중에서도 생쥐가 가장 중요하다. 생쥐는 척추동물일 뿐 아니라 인간처럼 포유동물이기 때문이다.

과학자들은 칼로리 섭취를 제한한 생쥐가 그렇지 않은 생쥐보다 더 오래 산다는 것을 발견했다. 이것은 7장에서 이미 이야기했던 사실이다. 연구진은 성장과 신진대사에 관여하는 유전자들이 장수에도 관여할지 모른다는 가설을 세웠다. 일반적으로 생쥐는 수명이 2년 정도다. 연구진은 특정 유전자들을 가지고 조작을 하면 수명을 늘릴 수 있을지 궁금했다. '토너먼트 방식으로 승자만 올라가는' 유전공학 기술을 활용하면 수명을 늘릴 수 있을지 여부가 드러날 것이었다.

연구진은 한 가지 유전자가 기능을 제대로 하지 못하는 것을 제외하면 모든 면에서 정상 생쥐와 같은 실험실 쥐를 만들었다. 그 생쥐는 GHR－KO 11C라는 이름으로 불렸다. 연구진의 표적은 그 왜소 생쥐의 몸에 있는 성장 호르몬 수용체였다. GHR－KO 11C는 두 번째 생일을 지나고도 계속 살았다. 생쥐가 네 번째 생일을 맞았을 때 연구자들은 뭔가 특별한 게 있다는 것을 알았다. 그러나 그것이 얼마나 특별할지는 알지 못했다. GHR－KO 11C는 거의 12개월을 더 살았고, 다섯 번째 생일을 며칠 앞두고 세상을 떠났다. 그 생쥐가 사람이라고 치면 거의 180세까지 산 셈이었다.

학자들은 이제 많은 실험실 생물들의 수명을 연장시키는 방법을 안다. 그중 하나인 예쁜꼬마선충Caenorhabditis elegans(통칭 엘레강스)이라는 이름의 기생충에서 특히 극적인 성공을 거두었다. age-1이라는 이름의 유전자를 돌연변이로 만들면 예쁜꼬마선충의 수명을 270일 이상 연장시킬 수 있다. 그 벌레가 보통은 21일 정도밖에 살지 못하는 걸 고려하면 매우 놀라운 일이다. 사람으로 치면 800세 정도까지 산 것이다. 800세라는 수명이 너무 길게 들릴지 모르지만 암세포의 수명을 생각하면 그 정도는 아무것도 아니다.

헨리에타 랙스의 불멸의 암세포

박사후 연구원 시절, 암세포를 연구하던 내게 누군가 훗날 그 암세포가 오프라 윈프리가 만든 영화의 주인공이 될 것이며(〈헨리에타 랙스의 불멸의 삶〉이라는 영화—옮긴이) 또한 미국국립보건원의 리더십을 흔들고 전 세계 최고의 학술지가 연루된 소송을 촉발할 것이라고 얘기해주었어도 나는 그 말을 믿지 않았을 것이다. 그리고 그 세포들이 사실은 내가 태어나기도 전에 세상을 떠난 여성의 세포라고 말한다면 여러분도 내 말을 믿지 않을 것이다(그러나 여전히 너무나 활발히 세포 분열을 하는 바람에 다른 세포들의 오염을 막기 위해 실험실에 있는 다른 세포들과 분리해두어야 했다). 하지만 이 모든 것이 실화다. 그 세포는 '헬라 세포HeLa cells'라고 불리며 전 세계에서 가장 유명한 인간의 조직 중 하나다.

헬라 세포는 오프라 윈프리만큼 시작은 초라했다. 헬라 세포의 주인은 헨리에타 랙스Henrietta Lacks라는 여성으로 1920년에 태어나 미국 버지니아 주에서 담배 농사를 짓고 있었다. 랙스는 메릴랜드 주로 이주했다가 그곳에서 자궁경부암 진단을 받고 세상을 떠났다. 의사들은 치료 도중에 랙스의 자궁경부 종양 샘플을 떼어서 연구원들에게 주었다(그녀의 허락도 받지 않았기 때문에 위에서 말한 소송을 비롯한 여러 문제들이 있었다). 연구원들은 그녀의 암세포를 영양액과 함께 배양 접시에 넣었다. 이런 것을 '조직 배양'이라고 한다. 암이 어떻게 작용하는지 이해하기 위해서였다.

헨리에타 랙스는 1951년에 세상을 떠났다. 그러나 그녀의 암세포는 아직도 죽지 않았다. 당시에 조직 배양이 이뤄지던 다른 세포들과 달리 그녀의 세포는 믿을 수 없을 정도로 계속 성장하며 분열했고 지금까지도 성장과 분열을 계속하고 있다. 그래서 처음 채취되었던 때로부터 몇십 년이 지난 시점에서 젊은 과학자였던 내가 그 세포를 이용할 수 있었다. 그 세포는 상당히 강하다. 과학자들은 헬라 세포를 얼렸다가 녹였다가 다시 분열시켰고 다른 과학자들에게 우편으로 보내기도 했다. 그렇게 무한정 키웠다. 마치 공상과학처럼 들리는 이야기지만 과학자들은 랙스의 세포가 영생을 얻었다고 말한다. 그리고 지금 우리는 인간의 다양한 세포들 중 다수는 암세포로 만들기만 한다면 죽지 않고 영원히 살 수 있다는 것을 안다.

그렇다. *영원히 살 수 있게 된다.* 그리고 그 이유를 알아내기 위해 과학자들은 수많은 실패를 거듭했다.

세포 분열의 한계

해결책은 탁월한 천재성을 지닌 한 과학자에게서 나왔다. 그는 노화에 대해 연구한 전설적인 학자 레너드 헤이플릭Leonard Hayflick이다. 헤이플릭은 건강한 세포가 배양 중에 죽는 것은 자신이 세포 분열을 몇 번 했는지를 기록하는 분자의 '회계사'가 있기 때문이라는 것을 처음 증명한 인물이다. 분열할 수 있는 한계를 넘어서면 그 회계사가 세포에게 분열을 멈추라고 말하고 세포를 노쇠기와 죽음으로 이끈다. 그래서 세포가 더 이상 분열하지 못하는 한계점을 헤이플릭 분열한계Hayflick limit라고 부른다.

이 회계사는 국세청 회계감사관만큼이나 예리하고 철저하다. 일정 기간 세포가 자라게 두었다가 얼리고, 그 후 해동시켜 다시 분열을 시작하게 하더라도 세포는 0으로 돌아가서 복제를 다시 시작하지 않고 멈췄던 시점부터 이어서 수를 센다. 헤이플릭은 이 회계사를 복제계량기replicometer라고 부르자고 제안했다.

헤이플릭의 연구는 많은 질문을 낳았다. 세포가 영생을 얻는 것은 복제계량기에게 몹쓸 짓을 했기 때문일까? 복제계량기를 찾아낼 수 있다면 분자 차원에서 장수의 기초를 찾아낼 중요한 열쇠를 손에 넣게 될까? 그런 복제계량기의 정체가 실제로 밝혀졌다. 이를 찾아낸 과학자는 노벨상을 받았는데 그 주인공은 헤이플릭이 아니라 동료 과학자였다. 복제계량기는 어떻게 작용하는 걸까? 이를 설명하기 위해 여러분이 고등학교 시절 이후로 공부한 적이 없을 생물학 개념 몇 가지를 복습할 것이다. 따분하더라도 잠시 참아주기 바란다.

앞에서 말했듯이 세포핵 속에는 여러분에 대한 백과사전이 DNA라는 형태로 들어 있다. 그 DNA는 책으로 치면 46권으로 나뉘는데, 각 권을 염색체라고 한다. 세포의 인생에서 특정 단계에 46개의 염색체는 작은 'x' 같은 모습을 하고 있다. 따라서 세포핵은 x로 가득한 그릇 같은 모습이다.

염색체의 끝부분은 세포의 생존에 극도로 중요한 역할을 하는데, DNA와 끈적거리는 단백질로 이뤄진 특별한 구조로 되어 있다. 그 구조를 말단소체末端小體 telomere라고 한다. 말단소체에 있는 DNA는 단순한 반복 배열로 이뤄져 있다. 여기서 단백질은 아주 중요한 기능을 방해하는 역할을 주로 한다. 그 기능에 대해서는 잠시 후에 살펴보자.

모든 살아 있는 생명체가 그렇듯 세포도 번식하기를 좋아한다. 자극적이지 않고 섹스와는 무관한 방식으로 번식하지만 아무튼 그런 과정을 유사 분열mitosis(체세포 분열)이라고 한다. 유사 분열은 우선 세포가 자신의 DNA를 복사하는 것으로 시작된다. DNA를 복사하는 것은 염색체를 복사한다는 뜻이다. 아주 작은 복사기가 그 일을 하는데, 염색체를 세로로 훑으면서 충실하게 복사한다. 그 작업이 끝나면 세포는 가운데에서 둘로 나뉘어 딸세포daughter cell를 만든다. 복제된 염색체의 복제본은 각각 딸세포로 들어간다.

복제와 관련해 성가신 문제는 딱 한 가지다. 복사기가 염색체 끝부분에 닿으면 끈적거리는 말단소체와 마주친다. 그러면 복사기는 말단소체에 붙어서 DNA의 마지막 작은 부분을 복제하지 못한다. 그럼 복사기는 어떻게 할까? 포기하고 떨어진다. 그래서 DNA의 끄트머리는 복제되지 못한다. 이런 현상은 매번 변함없이, 모든 염색체에서 일어나고 세포가 자기 복제를 할 때마다 일어난다. 일부 세포는 72시간에 한 번씩 복제가 일어나기 때문에 일주일쯤 지나면 끄트머리가 점점 짧아진다. 이런 연속적인 절단이 일종의 지구 종말 시계 같은 역할을 한다. 즉, 끄트머리가 충분히 쳐내지면 세포는 복제를 포기하고 죽는다.

이런 현상이 헤이플릭 분열한계를 만들어낸다. 그리고 이것이 우리가 지구상에 일정 기간만 존재하는 이유를 설명해준다.

암에 걸릴 것이냐, 죽을 것이냐

세포는 마치 수감된 사형수처럼 지구 종말 시계의 초침이 계속 움직이고 있다는 것을 안다. 그렇다면 끝부분이 점점 짧아지다가 죽는 일을 막기 위해 일종의 견제와 균형 방책을 찾아내지 않을까? 많은 세포들이 말단소체복원효소末端小體復元酵素, telomerase라는 효소를 가지고 있다. 이 효소가 하는 유일한 일은 염색체 끝의 잘린 부분을 찾아 그 자리에 '인공' 말단소체를 채워 넣는 것이다. 그러나 말단소체복원효소는 일을 잘 못한다. 그래서 대부분의 세포들은 계속 종말 시계와 함께 죽음을 기다려야 한다. 그러나 알고 보면 이건 사실 좋은 일이다.

말단소체복원효소가 잘린 끝부분을 볼 때마다 채워준다면 시간이 다 되었음을 알려주는 신호는 울리지 않을 것이다. 그러면 세포들은 무제한으로 복제될 것이고 충분한 영양분을 공급받는 한 죽지 않을 것이다. *영원히 죽지 않는* 것이다. 이처럼 죽지 않고 걷잡을 수 없이 복제를 계속하는 세포를 부르는 이름이 있다. 바로 '암'이다. 헨리에타 랙스가 세상을 떠나고 50년이 더 지난 후에도 그녀의 세포를 가지고 연구할 수 있었던 이유가 이제 이해될 것이다. 암은 세포의 죽음을 필수가 아닌 선택의 문제로 만든다.

이쯤에서 대부분의 세포에서는 말단소체복원효소가 자유롭게 행동하지 못한다는 사실에 감사하고 싶을지 모른다. 하지만 그 결과는 세포의 죽음, 조직의 죽음, 그리고 우리의 죽음이다. 결국 이는 이상한 사실을 만들어낸다. 생화학적 생존의 뒤틀린 논리 속에서 '죽음'은 자연이 만들어낸 '인간이 암에 걸리지 않는 방법' 이다.

말단소체복원효소가 장수로 가는 열쇠일지 모른다고 생각했던 때가 있었다. 그 효소의 기능이 처음 밝혀졌을 때는 오랫동안 연구하다 보면 더 오래 살 수 있을지 모른다는 생각이 팽배했다. 그러나 이런 생각을 확인하려는 시도는 실패하고 말았다. 그런 시도에서는 대부분 암 발생이 증가했을 뿐이다.

말단소체와 말단소체복원효소를 이해하는 것이 중요하다. 생물학자 엘리자베스 블랙번Elizabeth Blackburn과 동료들은 그 두 가지가 하는 일을 찾아낸 공로로 노벨 생리의학상을 수상했다. 오래 사는 것과 말단소체복원효소는 아마도 우리가 아직 이해하지 못하는 어떤 관계를 갖고 있을지 모른다. 그러나 인간이 오래 사는 것은 너무도 복잡한 문제라서, 초파리나 기생충과는 다르다. 그래서 유전학적 기법을 이용해 인간이 500세까지 사는 방법은 아직 근처에도 가지 못했다. 우리는 여전히 100세 이상 살 수 있는 방법을 연구하는 중이다.

장수하는 유전자들

18세기 영국의 역사학자 에드워드 기번Edward Gibbon은 복잡성에 대한 교훈을 남겼다. 어려서는 병약했고 성인이 되어서는 부모가 반대해 사랑을 잃는 아픔을 겪은 기번은 고통스러운 현재에는 등을 돌리고 자신의 뛰어난 지적 능력을 '과거'에 집중했다. 그것도 아주 머나먼 과거인 로마 시대로 눈을 돌렸다.

그렇게 기번은 로마사 전문가가 되어 미국 독립혁명 즈음에 몇 권의 책을 출간했다. 가장 유명한 저작은 《로마제국 쇠망사》다. 이 책에서 기번이 주장하는 중심 논지는 로마는 심장마비 같은 것으로 어느 날 갑자기 망한 게 아니라는 것이다. 그보다는 사회정치적으로 작은 구멍들이 수천 개 뚫리고 이런 현상이 누적되면서 다량의 출혈로 명을 다한 것이라고 했다.

그런 구멍은 집단적인 이기심(시민들은 기번이 '시민의 덕성'이라고 부른 것을 잃어버렸다), 군사력의 약화(책임감 없는 용병들에게 국방의 임무를 맡겼다), 기독교(더 나은 삶을 향한 소망이 현재의 삶에 대한 무관심을 낳았다)에 이르기까지 넓은 범위에 걸쳐 생겼다. 기번이 보기에 이런 문화적인 작은 상처들이 당시 세계에서 가장 큰 제국 중 하나였던 로마의 목숨을 서서히 앗아갔다. 그리고 로마는 결국 목숨을 잃었다.

궁극적으로 노화와 장수의 원인은 기번의 중심 논지와 동일하다. 우리의 몸이 쇠약해지다가 죽는 것은 몸속 곳곳의 많은 생물학적 과정들이 악화되는 현상이 누적되어서 생긴다. 그런 악화 과정들을 장수 유전자들이 상쇄하려 하지만 소용이 없다. 장수 유전자에는 앞에서 소개한 말단소체복원효소도 포함될지 모른다.

장수에 중요한 기여를 하는 다른 유전자 몇 개를 더 소개하고 싶다. 바로 시르투인sirtuins, 인슐린 유사성장인자 1IGF-1, 엠토르 신호전달경로mTOR pathway다.

시르투인

이 단백질군의 이름은 마치 귀족 가문의 이름 같다. 효모, 기생충, 초파리, 생쥐 등을 대상으로 실험한 결과, 이 단백질군에는 평균보다 많이 생산될 경우 실험 대상의 수명을 늘려주는 단백질들이 포함돼 있다. 예를 들어 시르투인을 과잉 생산하는 생쥐들은 전염병을 더 잘 이겨내고 지구력이 더 강하며, 전반적인 기능이 뛰어나다.

생쥐만이 아니라 사람에게도 반가운 소식이 있다. 시르투인의 과잉 생산을 위해 유전공학에 의존하지 않아도 된다는 사실이다. 캘콘chalcone과 플라본flavone 같은 생화학물질과 안토시아닌anthocyanins, 리저바트롤reservatrols을 섭취하면 된다. 캘콘, 플라본, 안토시아닌은 채소와 과일에 들어 있고 리저바트롤은 포도주에 들어 있다. 과학자들은 지중해식 식단과 MIND 식단, 그리고 포도주를 마시는 것이 우리 몸에 좋은 이유는 채소가 풍부하게 함유되어 있기 때문이라고 추측한다.

인슐린 유사성장인자 1

인슐린 유사성장인자 1, 약칭 IGF-1 유전자는 스스로를 적게 만들어냄으로써 생물의 수명을 연장시킨다. 시르투인의 경우와 달리 IGF-1이 적을수록 우리는 더 오래 산다. '우리'라는 말에 주목해야 한다. IGF-1과 관련된 연구 결과는 인간을 대상으로도 폭넓게 입증되었기 때문이다. 이를 발견한 최초의 논문 제목이 그런 사실을 잘 보여준다. 그 논문 제목은 다름 아닌 '인슐린 유사성장인자 1의 수치가 낮으면 인간의 수명이 길어질 것으로 예측할 수 있다Low insulin-like growth factor–1 level predicts survival in humans with exceptional longevity'이다.

그런데 이후에 실시된 심층 연구에서 이런 생명 연장 효과가 성별에 따라 다르게 나타나는 것으로 확인되었다. IGF-1이 적게 생산되면 여성은 수명이 길어질 것으로 예측할 수 있지만 남성은 한 가지 불행한 상황을 제외하면 그렇지 않다. 바로 남성이 이미 암에 걸린 적이 있는 경우다. 남성의 경우 암에 걸린 적이 있는 사람만 IGF-1이 줄어들면 수명이 길어지는 선물을 받을 수 있다. '성장인자'라는 이름을 감안하면 이것이 과잉 생산될 때 암이 생기는 것은 별로 놀랍지 않다.

엠토르 신호전달경로

마지막 유전자는 구조 측면에서도 흥미롭고(이름에 '경로'가 들어간다는 데 주목하라) 세포로서 하는 일도 흥미롭다. 엠토르 신호전달경로는 부분적으로는 비타민의 역할을, 부분적으로는 정신과 의사의 역할을 하는 단백질을 포함하는 분자들의 무리다. 엠토르는 성장을 촉진하지만(비타민의 기능) 세포가 스트레스 요인을 만나면 스트레스에 반응하는 데 관여한다(정신과 의사의 역할).

엠토르 경로가 신호를 보내는 능력을 줄여서 위의 두 가지 기능을 억제하면 실험실 생물들의 경우 수명이 늘어난다. 시르투인과 마찬가지로, 엠토르 경로는 건강에 여러 가지 이점을 가져다준다. 면역 기능을 강화하고 노화로 인한 심장 기능 약화를 멈춰준다.

최근에 학자들은 엠토르 경로의 활동을 감소시키는 방법을 발견했다. 유전공학이 동원될 필요가 없는 쉬운 방법이다. 알약만 하나씩 먹으면 된다. 실제로 실험실 동물에게 이 알약을 먹이면 수명을 연장할 수 있다. 이 약의 성분은 라파마이신rapamycin인데, 라파마이신은 면역반응을 억제하는 항생제로서 항암제로도 쓰인다(암과 장수의 연관성이 또 등장했다). 라파마이신은 엠토르 경로와 상호작용해서 암컷 생쥐의 수명을 30퍼센트 정도 연장시켰다.

노화를 늦추는 약

장수와 관련된 연구가 진행 중인 약품이 라파마이신만은 아니다. 그리고 청춘의 샘을 찾기 위해 화학물질을 가지고 연구하는 것이 21세기 들어 처음 있는 일도 아니다. 저널리스트 메릴 패브리Merrill Fabry는 〈타임〉에 청춘의 샘을 찾기 위한 인류의 노력을 연대표로 정리했다. 한 고대 산스크리트의 문헌에는 수명을 연장하기 위해서는 버터, 벌꿀, 황금, 그리고 어떤 뿌리 분말을 섞어 만든 것을 먹어야 한다고 나와 있다. 그것도 아침에 목욕을 한 직후에 먹어야 한다.

16~17세기 영국의 철학자 프란시스 베이컨 역시 오래 살려면 목욕을 하라고 했다. 그리고 목욕과 함께 아편을 복용하라고 했다. 찰스 길버트 데이비스Charles Gilbert-Davis라는 의사는 1921년에 환자들에게 정맥주사로 라듐을 소량 주입한 후 놀라운 결과를 글로 남겼다. 라듐은 알다시피 암을 일으키는 원소로 이 원소를 발견한 마리 퀴리의 목숨을 앗아가기도 했다. 마리 퀴리는 재생 불량성 빈혈로 세상을 떠났는데, 주머니에 라듐을 넣고 다닌 것이 발병 원인이었다. 생명을 연장해주기는커녕 목숨을 앗아간 것이다.

고대 사람들 중에는 생명을 연장해주는 것이 먹는 음식 자체가 아니라 먹는 방법이라고 주장한 이들도 있었다. 고대 중국의 한 연금술사는 한나라 황제들에게 수저 등 식기구는 금으로 만든 것만 사용하라고 조언했다. 그러나 금은 진사辰砂(붉은 결정체)에서 추출해야 하는데 불행히도 진사에는 독성 물질인 수은이 함유되어 있다.

이런 이야기들은 지금 들으면 바보 같고 어이없다고 느껴질지 모르지만 묵살해버릴 수도 없다. 그런 선조들의 아이디어가 훗날 가치 있는 것으로 입증될지도 모른다. 21세기에도 많은 학자들이 여전히 늙지 않는 장수의 비법을 찾기 위해 약리학 연구를 계속하고 있다. 여기서는 현재 유명한 연구팀이 연구를 진행하고 있거나 평판이 좋은 제약회사에서 판매 중인 유명한 약품 몇 가지를 간단히 소개하겠다. 모두가 장수를 손에 넣기 위해 경쟁하고 있는 것들이다. 이 경쟁에서 우승한다면, 즉 혹시라도 인간의 수명을 연장시키는 데 성공한다면 분명 어마어마한 돈을 벌 것이다.

메트포르민

메트포르민Metformin은 과학계에서 일어난 뜻밖의 행운을 잘 보여주는 약이다. 이 약은 원래 당뇨병 치료제로 FDA의 승인을 받았다. 그리고 몇 년 전에 연구진이 이 약의 장기적 부작용 가능성에 대해 역학 연구를 진행하던 중 이상한 점을 발견했다. 이 약을 복용하는 사람들은 당뇨병에 걸리지 않은 대조군에 비해 오래 살았던 것이다. 또한 뇌졸중과 심장마비를 일으킬 가능성도 대조군에 비해 낮았는데, 아마도 이것이 장수와 관련이 있는 게 아닐까 한다. 또한 이 약을 복용하는 환자들은 인지 기능 저하 속도도 상당히 느려졌다.

심층 연구 결과 메트포르민은 세포의 미토콘드리아에 작용한다는 게 밝혀졌다. 미토콘드리아는 스마트폰의 배터리처럼 에너지를 공급하는 역할을 하는 작은 구조체다. 메트포르민이 진정 인간의 수명을 연장시킬 수 있을지에 대해서는 현재 집중적인 연구가 이뤄지고 있다.

몬테루카스트

몬테루카스트Montelukast는 우리 몸 전체의 장수에 도움을 준다기보다는 뇌의 장수에 도움을 준다. 이 약은 실험용 쥐의 노화로 인한 인지 기능 저하에 상당한 영향을 준다. 치매를 앓는 동물들(사람만이 아니라 동물도 치매를 앓는 경우가 있다)에게 이 약은 인지 기능을 거의 완벽하게 회복시키는 것으로 나타났다. 따라서 이 약은 우리 뇌의 노화를 막아 주는 데 적합할지 모른다. 신경의 퇴화를 억제하는 방법을 찾고 있던 많은 학자들이 이런 사실을 놓쳤을 리가 없다. 몬테루카스트는 류코트리엔leukotriene이라는 생화학물질을 표적으로 삼아 효과를 발휘하는데, 류코트리엔은 보통 인간 폐의 염증 반응을 조절하는 데 관여하는 물질이다. 이것이 인지 기능의 연장과 무슨 관계가 있는지는 현재로서는 미스터리다.

베이시스

언론으로부터 큰 주목을 받고 있는 베이시스Basis는 엘리시움 헬스Elysium Health라는 제약회사에서 출시한 것이다. 그렇게 큰 주목을 받는 이유 중 하나는 이 회사의 자문단에 노벨상 수상자가 최소 여섯 명 포함되어 있기 때문이다. 파란색 알약인 베이시스의 성분 중에는 블루베리 추출물도 들어 있다.

베이시스의 주된 성분은 자연 발생적으로 생겨나는 생화학물질인 NADnicotinamide adenine dinucleotide라는 것으로, NAD는 생쥐의 수명을 연장시킨다고 알려져 있는 물질이다. 앞에서 소개한 시르투인이라는 생명 연장 유전자가 기억나는가? NAD는 시르투인 유전자가 암호화한 단백질이 영향을 주는 분자로, 특정 대사 과정이 효과적으로 이뤄지게 해준다. 안타깝게도 NAD 수치는 나이를 먹으면서 떨어진다. NAD 수치를 높일 수 있다면 생명도 연장시킬 수 있을까? 현재로서는 아무도 이 질문에 대한 답을 알지 못한다.

현재 베이시스는 FDA의 감독을 피할 수 있는 건강 보충제로 판매되고 있다. FDA의 감시와 감독 때문에 많은 과학자들은 이 약이 노화를 늦추는 효과가 있다는 주장에 동의하지 않는다. 엘리시움 헬스의 경영자들도 마찬가지다. 그들은 베이시스가 '세포의 건강'을 목표로 한다고 말한다. 어쨌든 노화는 질병으로 여겨지지 않고 있으니 틀린 얘기도 아니다.

살펴본 바와 같이, 노화를 늦추기 위한 약을 만들려는 이 모든 노력들은 아직도 갈 길이 멀다.

젊은 피는 청춘의 묘약인가?

여러 고대 문화에서는 젊은이들의 활력으로 노인들을 건강하고 활기 넘치게 만들 수 있다고 믿었다. 〈타임〉에 실렸던 메릴 패브리의 연대표에 나와 있듯, 고대 로마의 뇌전증(간질) 환자들은 그런 믿음을 가지고 검투사들의 피를 마셨다. 발작을 치료하기 위해서만이 아니라 신체적으로 더 튼튼해지고 활기를 얻기 위해서였다.

그로부터 1,000년이 지난 후 비슷한 맥락에서 르네상스 시대 이탈리아의 철학자 마르실리오 피치노Marsilio Ficino는 고령자들이 젊은 남자들의 피를(검투사일 필요는 없었다) 마시면 회춘할 수 있다고 주장했다. 그로부터 300년이 지난 후 독일의 한 의사는 피를 마시라고 하지는 않았다. 그는 노인들에게 젊은 여성 곁에 가만히 누워 있으라고 했다. 성관계를 하기 위해서가 아니라 젊은 활기를 전달받기 위해서라고 했다.

위에 소개한 방법들 가운데 실제로 효과가 있는 것은 없었다. 지금 살아 있는 사람 가운데 몇백 년 전에도 살았던 사람은 없지 않은가? 그럼에도 이 시대를 살아가는 과학자들도 청년의 몸에 노인의 몸에는 없는 뭔가가 있다는 생각을 계속 붙잡고 있다. 그 '뭔가'를 밝혀낼 수 있다면 고령자들도 젊음을 되찾을 수 있을지 모른다고 말이다.

이런 접근법은 과학적으로 가치가 있는 것으로 판명되었다. 적어도 이론적으로는 그렇다. 처음에는 병체결합竝體結合, parabiosis이라는 실험 기법에서 힌트를 얻었다. 병체결합은 두 생물의 혈관 구조를 외과적으로 서로 연결하는 것이다. 각 개체의 피부를 조금 잘라내고, 드러난 부분을 맞대고 꿰매면 상처가 나으면서 양쪽의 모세혈관이 서로 연결된다. 그러면 실시간으로 피를 공유하게 된다. 병체결합의 노화과학 버전에서는 늙은 동물과 젊은 동물을 연결한 다음 늙은 쪽에 무슨 일이 일어나는지 연구한다. 마르실리오 피치노의 아이디어와 개념적으로 별로 다르지 않다.

이런 실험 결과, 피치노의 생각은 옳았던 것 같다. 늙은 생쥐의 근육은 강해지고 심장도 더 건강해졌다. 뇌를 포함한 거의 모든 기관을 측정한 결과 긍정적인 변화가 나타났다.

뇌를 대상으로 병체결합 실험을 한 유명한 실험 가운데 하나가 스탠퍼드 대학교의 토니 와이스 코레이Tony Wyss-Coray의 연구팀이 한 실험이다. 와이스 코레이는 생쥐를 둘씩 짝지어 순환계를 연결해 한동안 두었다. 그러자 늙은 생쥐의 뇌에서 구조와 기능 모두 드라마틱한 변화를 관찰할 수 있었다. 해마 전체에서 수상돌기의 밀도가 높아지고 시냅스의 가소성이 증가했다.

그 후 연구팀은 그 비결이 무엇인지 찾기 시작했고 기증자의 혈장이 비결이라는 것을 알아냈다. 그래서 늙은 생쥐에게 젊은 생쥐의 혈장을 주입했다. 그 결과 늙은 생쥐의 학습 능력이 젊어진 것을 발견했다. 기억력, 공간 능력, 공포 조건화 반응에 변화가 있었다. 와이스 코레이에게는 그 생쥐들이 젊어지고 있는 것으로 보였다. 그는 〈네이처 메디신Nature Medicine〉에 발표한 논문에서 이렇게 썼다. "늙은 동물에게 젊은 피를 주입하면 분자, 구조, 기능, 인지 차원에서 노화가 뇌에 미치는 영향을 저지하고 뒤집어놓을 수 있다."

이는 대단한 일이다. 와이스 코레이는 이런 실험을 '노화 시계를 새롭게 시작하는 것'이라고 해석했고 실험의 성공을 묘사하는 데 '회춘'이라는 단어를 쓰는 것을 주저하지 않았다. 그는 이어서 인간에게 임상실험을 했다. 알츠하이머병 환자에게 젊은 사람들의 혈장을 주입한 것이다. 와이스 코레이의 연구팀은 현재 이 실험을 끝내고 결과를 평가 중이다.

그러나 모든 과학자가 와이스 코레이의 주장을 지지하지는 않는다. 하버드 대학교 과학자로, 비슷한 노화 관련 병체결합 실험을 해온 에이미 웨이저스Amy Wagers는 회춘은 꿈같은 얘기라고 생각한다. "우리는 동물을 젊게 만드는 게 아닙니다." 웨이저스가 〈네이처〉 인터뷰에서 한 말이다. "기능을 회복시키는 것이죠." 그녀는 젊은 피는 단지 노인이 기능 향상을 위해 시스템을 보수하는 데 도움을 줄 뿐이라고 믿는다. 앞에서 이야기했듯이 우리 몸의 여러 시스템은 나이를 먹으면서 노화의 가장 어려운 부분을 책임지느라 기능이 떨어질 수밖에 없다.

죽음을 피할 수는 없지만 늦출 수는 있다

유전자에서부터 각종 약품, 그리고 혈액 교환에 이르기까지 이 모든 노력을 통해 우리는 무엇을 할 수 있을까? 이런 과학적 발전이 무척 놀라운 것이라는 데는 의심의 여지가 없다. 그러나 실험실 속 세계에서 놀라운 것과 현실 세계에서 실천하는 것은 다른 얘기다. 현재로서는 청춘의 샘을 찾을 수 있다고 낙관할 만큼 많은 것을 알아내지는 못했다. 실험 데이터는 아직 뚜렷한 경향을 보여주지 못하는데, 관련 이슈들의 복잡성을 감안하면 그러기까지는 오랜 시간이 걸릴지 모른다. 연구의 관점에서 보면 지금 우리가 다루는 이슈는 장수와 노화 두 가지다. 둘 중 어느 것도 우리를 영생으로 이끌어주지는 못하고 있다.

장수와 관련된 유전자 연구를 생각해보자. 학자들은 실험실 동물의 생명을 연장시키는 데 성공했다. 하지만 인간에게 나온 결과는 장수가 아니었다. 암이었다.

약 관련 연구의 많은 부분은(아마도 모든 병체결합 연구가) 장수가 아니라 노화에 관한 것이다. 기능에 문제가 생긴 보수 시스템 때문에 발생한 손상을 개선하면 노년의 삶이 분명 더 좋아질 것이다. 알츠하이머병을 치료할 수 있을지도 모른다. 그러나 영원히 살게 해주지는 못한다. 죽음은 아직 분명한 출구가 없다. 결국 서글프게도, 영생 버스가 향하는 곳은 죽음이라는 암울한 고속도로다.

물론 그렇다고 해서 희망이 전혀 없거나 전혀 낙관할 수 없다는 뜻은 아니다. 나는 인류 역사에서 지금처럼 늙기에 좋은 때는 없었다고 분명히 말할 수 있다. 그리고 지금까지 이 책에서 이야기한 것처럼 노화라는 여정을 가능한 한 부드럽고 편안하게 지나갈 수 있도록 우리가 할 수 있는 일은 많다. 이어서, 그리고 마지막으로 살펴볼 것이 바로 그 희망과 낙관이다.

다음 장에서는 은퇴한 후의 이상적인 하루는 어떤 모습일지 살펴볼 것이다. 그 모습은 하루하루를 즐겁게 살아가는 사람들의 일상이라고 할 수 있다.

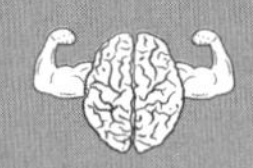

인간은 영원히 살 수는 없다

- 노화는 질병이 아니라 자연스러운 과정이다. 사람은 나이가 많아서 죽는 게 아니다. 생물학적 과정이 고장 나서 죽는다.
- 기대수명 변동폭의 25~33퍼센트만이 유전적 측면에 달려 있다.
- 헤이플릭 분열한계는 세포가 더 이상 분열할 수 없는 한계점으로, 이것을 지나면 세포는 퇴화하다가 결국 죽는다.

BRAIN RULE

10 은퇴

영원히 은퇴하지 말고, 과거를 즐겁게 회상하자

핵심은 가능한 한 늦게 젊은 상태로 죽는 것이다.
_애슐리 몬터규Ashley Montagu, 영국의 인류학자

세상 만물은 과거와는 다르다. 머나먼 옛날부터 늘 그래왔다.
_윌 로저스Will Rogers, 미국의 영화배우 겸 칼럼니스트

영화 〈코쿤〉에는 노화에 대한 흥미로운 해석이 나온다. 왕년의 아역 스타 론 하워드 감독이 만든 이 영화는 상업적으로도 성공을 거두었고 비평가들에게도 좋은 평가를 받았다. 아카데미상을 두 개 수상하기도 했는데 그중 하나가 남우조연상이었다(당시 78세였던 배우 돈 아메체가 수상했고 나머지 하나는 시각효과상이었다–옮긴이).

이 영화는 수영복을 입은 세 명의 노신사가 양로원 안을 걸어 다니는 장면으로 시작한다. 양로원의 정형화된 이미지가 보인다. 휠체어에 앉아 있는 노인들, 보행기에 의지해 발을 질질 끌며 걷는 노인들, 걸을

수 있는 노인들을 위한 운동 수업, 초점 없는 눈빛에 얼빠진 얼굴을 한 노인들…. 세 노신사는 응급 상황에 처한 노인이 누워 있는 침대를 지나쳐 밖으로 나온다. 응급의료팀이 수많은 호스가 연결되어 있는 노인을 둘러싸고 소란스럽게 응급 처치를 하고 있다.

세 노인은 양로원 옆에 있는 리조트의 수영장으로 몰래 들어가는데, 그 수영장은 그들에게 젊음과 활력을 느끼게 해주는 신비로운 능력을 지닌 곳이다. 수영을 몇 바퀴 한 후 그들은 마치 에너지 드링크를 정맥 주사로 맞은 것처럼 행동하기 시작한다. 단지 심리적으로 젊어진 기분을 느끼는 게 아니다. 셋 중 한 사람은 시력이 좋아져서 운전을 다시 할 수 있게 된다. 또 한 사람은 기적적으로 암이 완치된다.

이 영화는 세 노인의 변화와, 새 삶을 얻게 되어 감사하는 마음을 그리고 있다. 외계인들이 등장하긴 하지만(1980년대 중반에 나온 영화들 중 외계인이 등장하지 않는 영화가 있었던가?) 당시 할리우드에서는 거의 다루지 않던 주제, 즉 '늙는다는 건 어떤 걸까'를 다루었다.

이 영화에서 보여주는 변화는 이 책의 맨 앞에서 소개했던 실험을 떠올리게 한다. 하버드 대학교의 엘렌 랭어 교수가 했던, 70대 노인들의 시계를 되돌려놓은 연구가 기억나는가? 그 이야기에서는 수영장이 아니라 수도원이 배경이었지만 노인들은 영화 〈코쿤〉에서처럼 활력을 되찾은 듯했다. 나는 이 책에서 그 사람들에게 일어난 일에 대해 다룰 거라고 했다. 이제 그 이야기를 할 때다.

고령자들은 어떻게 하루를 계획해야 할까? 이제 우리는 뇌과학이 이 질문에 대해 뭐라고 답할지를 안다. 이 장에서는 바로 그것, 고령자가 하루를 어떻게 보내야 할지에 대해 이야기할 것이다. 구체적으로 은퇴 후에 어떻게 하루를 보내야 할지에 집중할 것이다. 〈코쿤〉에서 수영장에 자신의 종족이 들어 있는 누에고치를 넣어두어 노인들을 회춘시킨 외계인들처럼 비범한 일을 해낼 수는 없을지도 모른다. 그러나 외딴집에 멍한 얼굴로 가만히 앉아 있는 것보다는 훨씬 나은 일을 할 수 있을 것이다.

최악의 선택, 은퇴

은퇴하기에 이상적인 나이는 몇 살일까? 찰스 어그스터Charles Eugster(1919~2017)를 본보기로 삼으면 안 된다. 1919년에 태어난 영국의 육상선수 어그스터는 만 97세가 될 때까지 마치 폭주 기관차처럼 쉬지 않고 달렸다. "은퇴는 인간이 자신에게 할 수 있는 최악의 일 중 하나예요!" 그가 했던 말이다.

어그스터는 전형적인 영국인이었다. 태도는 당당했고 어휘가 풍부했으며 치아가 좋지 않았다. 사실 치아 상태가 안 좋다는 점은 좀 이해가 안 간다. 그는 치과 의사였기 때문이다. 또한 그는 운동하는 노인들의 세계에서 전설적인 인물이었다. 60미터, 100미터, 200미터 경주에서 고령자 부문 기록 보유자였고 세계 조정경기 마스터즈 대회에서는 총 40개의 금메달을 땄다. 그리고 세계 피트니스 선수권대회 고령자 부문에서 네 차례 우승했다. 인터넷에서 그의 사진을 찾아보면 대부분

달리기를 하고 있거나 권투를 하고 있거나 역기를 들고 있는 모습이다. 그리고 항상 이를 드러내고 환하게 웃고 있다.

어그스터는 평생 은퇴하지 않았다. 그는 은퇴가 자신의 성공에 큰 적이라고 생각했다. "영국 여왕을 보면 지금도 대단한 스케줄을 소화해요. 버킹엄 궁전 뜰에서 조깅을 하지는 않지만 서 있는 시간이 엄청나게 많죠. 앉아 있는 시간이 별로 없어요. 앉아 있는 건 건강에 안 좋아요. 그리고 제일 중요한 건 엘리자베스 여왕은 아직도 직업이 있다는 사실이에요."

뇌과학자라면 이 이야기를 듣고 박수를 칠 것이다. 사람들은 은퇴를 하면 근심 걱정이 사라지고, 긴 여행도 할 수 있으며, 늘 하고 싶었지만 시간이 없어서 할 수 없었던 일을 할 수 있을 거라고 생각한다. 그러나 현실은 다르다. 은퇴한 후에 마음이 편한 건 오래가지 않는다. 한동안은 감옥에서 나온 것 같은 기분을 느끼지만 얼마 안 가 부정적인 기분이 스멀스멀 올라오기 시작한다. 과연 은퇴하면 행복한 나날이 시작될 거라는 소문은 사실일까? 신화일 뿐이다.

사실 은퇴는 대부분의 사람들에게 대단히 큰 스트레스다. 홈즈-라헤 스트레스 척도Holmes-Rahe Life Stress Inventory에서 매긴 '인생에서 느끼는 최고의 스트레스 43가지' 중에서 은퇴는 10위에 올라 있다. 11위인 '가족의 건강이나 행동에 큰 변화가 일어남'보다도 높은 순위다. 이를 입증하는 통계 자료는 무수히 많다. 완전한 은퇴라는 개념은 신체 건강과 정신 건강 모두에서 매우 뜨거운 주제이기 때문이다. 그런 통계 자료를 종합적으로 살펴보면 은퇴에 대한 환상은 금세 무너지고 우리는 냉혹한 선택의 기로에 놓이게 된다. 은퇴는 세상을 떠날 가능성을 높이며, 은퇴하지 않는 쪽을 택한다면 사망 위험이 11퍼센트는 낮아진다. 계속 살아갈 가능성을 높인다는 뜻이다.

은퇴의 환상을 버려라

학자들은 은퇴한 사람들이 계속 일하는 사람들에 비해 신체 건강이 좋지 않다는 걸 오래전부터 알고 있었다. 은퇴한 사람들은 심장마비나 뇌졸중 같은 심혈관계 문제가 생길 가능성이 40퍼센트 더 높고 혈압, 콜레스테롤, 체질량지수body mass index, BMI가 모두 건강하지 않은 수치로 올라간다.

심혈관계에만 위협이 되는 게 아니다. 은퇴한 사람들은 암에 걸릴 확률도 높다. 당뇨병에 걸릴 가능성도 더 높다. 관절염에 걸릴 위험도 더 높기 때문에 돌아다니는 데 문제가 생길 위험도 더 높다. 은퇴한 고령자들이 만성적인 건강 문제로 고통받을 전반적인 위험도는 21퍼센트다. 한편 계속 일하는 고령자들은 그 위험도가 은퇴자들의 절반 정도밖에 안 된다.

지적 능력 역시 곤두박질친다. 은퇴한 사람들은 계속 일하는 사람들보다 유동성 지능 점수가 빠르게 하락한다. 유동성 지능은 앞에서 설명했듯 새로운 정보를 유연하게 만들어내고 변화시키고 조작하는 능력이다. 유동성 지능 점수의 하락폭은 작지 않다. 은퇴하지 않은 사람의 절반 정도 수준이다. 전반적인 기억력 점수는 은퇴하지 않은 사람보다 25퍼센트 정도 낮다. 말하자면 은퇴는 아직 죽지 않은 사람의 부고 기사를 쓰는 것과도 같은 행위다.

정신적 기능에 문제가 생길 위험(정신 장애에 걸릴 위험) 역시 은퇴한 사람들이 그렇지 않은 사람들보다 더 높다. 은퇴는 주요 우울 장애에 걸릴 확률을 40퍼센트 증가시킨다. 모든 종류의 치매에 걸릴 위험도 약간 높아진다. 60세가 아니라 65세에 은퇴하면 치매에 걸릴 위험을 15퍼센트는 낮출 수 있다. 60세가 지난 후에 계속 일하면 해마다 치매에 걸릴 위험이 3.2퍼센트씩 낮아지는 것이다.

여기서 요점은 무엇일까? 과학은 '은퇴를 해야 할 이상적인 나이는 몇 살일까?'라는 질문에 다음과 같이 간결하게 답한다. 우리가 은퇴해야 할 나이는 '없다'고.

수긍이 가는 답이긴 하지만 현실에서는 그 답을 모두에게 획일적으로 적용하기는 어렵다. 재정뿐 아니라 가족과 가까이 살고 있느냐 등 여러 가지 면에서 개인마다 처한 상황이 다르다. 은퇴하지 않고 계속 일할 수 있을 정도로 모두가 몸이 건강한 것도 아니다. 그리고 모든 사람이 은퇴하지 않고 계속 일하기를 원하지도 않을 것이다. 통계 자료가 풍부하고 설득력이 있어서 사람들에게 보편적인 제안을 할 수는 있겠지만, 그런 제안이 모두에게 확실한 보증을 해주는 것은 아니다. 다만 그런 제안을 따르면 통계 자료들이 보여주는 위험을 피하면서 조금 더 건강하게 살아갈 수는 있을 것이다.

좋았던 옛날

잘 늙어가기 위한 계획을 세우기에 앞서 켄터키 프라이드 치킨KFC에 대해 잠깐 이야기를 할까 한다. KFC 매장 밖에 있던 거대한 치킨 컵 모양 광고판을 볼 때면 나는 늘 향수를 느낀다. KFC를 창업한 커넬 샌더스Colonel Harland Sanders(1890~1980)가 살아 있던 시절, 회사를 매각하고 이후 KFC 제품의 질이 형편없어져서 화를 내던 시절에 나는 엄마와 자주 KFC에 갔다. 샌더스는 회사를 매각한 후 KFC에서 출시한 엑스트라 크리스피 메뉴를 "낚싯밥을 튀겨서 치킨에다 붙여놓은 거지같은 것"이라고 비난했다.

그는 무척 화려한 과거를 지닌 인물이었다. 7학년 때 학교를 중퇴한 후 농부, 증기선 선원, 보험 판매원, 철도 공사원, 타이어 판매원 등 다양한 직업을 거쳤고 페리호 회사를 설립하기도 했으며 모텔을 경영한 적도 있었다. 결혼과 이혼을 몇 번 반복했고, 인명 사고가 난 총싸움에 연루되기도 했다. 수많은 직업을 거치고 실패를 거듭하던 샌더스는 국민연금을 받을 나이가 되어서야 성공했다. 은퇴하지 않는 것의 힘을 보여준 멋진 사례라 할 수 있다.

1952년 그는 62세의 나이에 KFC의 첫 번째 프랜차이즈 매장을 개점했다. 그 후 10년 이상 열심히 마케팅을 해서 자신의 사업이 수백 개 매장을 보유한 기업으로 성장하는 것을 목격했다. 1964년에 그는 수백만 달러를 받고 KFC를 향후에 켄터키 주 주지사가 될 사람에게 매각했고, 그 후에는 자신이 만든 제품의 대변인 역할을 하며 보냈다. 그리고 90세에 세상을 떠났다.

한마디로 그는 평생 은퇴하지 않았다. KFC 매장 밖에서 돌아가는 커다란 치킨 컵 광고판을 볼 때마다 그의 인생이 떠오른다. 커넬 샌더스의 이야기는 오래 살고 싶은 사람들에게 장수의 비결 두 가지를 보여준다. 첫 번째 비결은 '일'이다. 일은 살아가는 목적을 제공한다. 꾸준히 반복할 수 있는 일상을 주며 은퇴한 사람들보다 인간관계를 25퍼센트 더 넓혀준다.

두 번째 비결은 '향수'가 주는 생명력이다. 광고 전문가들, 대중문화의 권위자들, 역사학자들은 '좋았던 옛날'이 가진 어마어마한 힘을 잘 이해한다. 그러나 뇌과학도 좋았던 옛날이 우리에게 호의를 베풀어준다고, 즉 향수를 불러일으키는 경험이 인지 기능에 많은 도움을 준다고 말한다. 주로 영국에서 활동하는 콘스탄틴 세디키데스Constantine Sedikides와 팀 와일드셧Tim Wildschut 같은 사회심리학자들은 과거의 장밋빛 추억이 현재의 덜 아름다운 경험에 어떻게 영향을 주는지에 대한 이해를 크게 넓혔다.

세디키데스와 와일드셧은 향수를 '과거에 대한 감상적인 갈망이나 그리워하는 감정'이라고 정의한다. 마치 1998년판 뉴 옥스퍼드 영어사전에 나온 정의 같다. 하지만 그들이 향수를 측정하는 방법은 매우 과학적이다. 그들은 사우샘프턴 향수 척도Southampton Nostalgia Scale라는 테스트를 개발해 사람이 특정 시점에서 느끼는 향수가 어느 정도인지 평가했다. 그리고 실험을 통해 향수를 유발하기에 충분한 연구 도구를 개발했다.

향수는 '인지의 유사流沙(사람이 들어가면 늪에 빠진 것처럼 헤어 나오지 못하는 모래밭-옮긴이)'라고 여겨지기도 한다. 향수에 너무 빠져 있으면 과거에 매여 있을 수 있기 때문이다('nostalgia'의 어원은 homecoming과 pain을 나타내는 그리스어 단어가 합쳐진 것이다. 말 그대로 고향에 돌아가고 싶어서 느끼는 고통이라는 뜻이다. 중세의 군인들이 느꼈던 신체적, 정신적 문제가 집으로 돌아가고 싶은 심각한 갈망에서 온다고 생각해서 생겨난 단어다).

그리고 세디키데스와 와일드셧은 뜻밖의 사실을 알아냈다. 향수는 실제로 좋은 것이라는 사실이다. 자주 향수를 느끼는 사람들이 그렇지 않은 사람들보다 심리적으로 더 건강하다는 게 밝혀졌다. 그리고 행동 차원뿐 아니라 세포와 분자 차원에서도 향수를 자주 느끼면 심리적으로 더 건강하다는 것도 밝혀졌다. 지금부터 그 자세한 내용을 살펴보자.

'우리 노래'가 가진 힘

많은 부부들처럼 우리 부부에게도 '우리 노래'가 있다. 우리 노래란 부부나 커플이 데이트하던 시절을 떠올리게 하는 노래를 말한다. 우리의 노래는 우연히도 〈회상Reminiscing〉이라는 노래로, 오스트레일리아의 록 그룹 리틀 리버 밴드Little River Band가 1978년에 발표한 곡이다. 이 노래는 한 커플이 그들의 관계를 회상하게 하는 옛 노래를 그리워하는 내용이다.

이제 세월이 흐르고

우리가 좋아하는 노래를 들을 때마다

추억이 되살아나네

그리운 지난날

그날들을 돌아보며 시간을 보내네

우리 부부는 이 노래를 들을 때마다 잠시 멈춰서 미소를 지으며 입을 맞춘다. 가끔은 눈가에 눈물이 맺히기도 한다. 그런 현상을 '우리 노래 증후군'이라고 한다. 이 책을 쓰고 있는 지금 우리는 결혼한 지 35년이 넘었다. 그 세월은 내 인생에서 가장 행복한 날들이었다.

향수는 어디서 그런 힘을 얻는 걸까? 향수는 뇌에 어떤 작용을 하는 걸까? 그리고 향수가 뇌에 하는 작용과 은퇴 계획 사이에는 무슨 관계가 있을까? 향수는 과학계에서 점점 관심이 커지고 있는 주제다. 아마도 모든 사람은 늙기 때문일지 모른다. 향수는 과거의 자신과 현재의 자신을 연결해주는 '자아 지속성self-continuity'이라는 것을 촉진시킨다(전문적으로 말해서 자아 지속성이란 자전적인 기억의 흔적들이 현재의 경험에 통합되는 일시적 자아 안정 상태다). 학자들이 알아낸 사건의 진행 순서는 이렇다. 먼저 향수를 느끼고, 자아 지속성이 높아진다. 그리고 뇌에 좋은 일이 일어난다. 과연 어떤 좋은 일들이 일어날까?

'사회적 유대감'이 높아진다

사회적 유대감은 어떤 것 또는 어떤 집단(부족이나 단체, 세대 등)에 속해 있고 그곳의 구성원들에게 자신이 받아들여진다는 주관적 느낌이라고 정의할 수 있다.

에우다이모니아가 증가한다

에우다이모니아eudaimonia라는 단어는 '인간으로서 완전한 잠재력을 달성하는 데서 오는 성취감'을 뜻한다. 조금 감상적이고 모호하게 들릴지 모르지만('완전한 잠재력'이라는 게 정확히 무엇일까?) 그런 행복한 경험은 정신의학적으로 중요한 결과를 가져온다. 에우다이모니아를 더 많이 느낄수록 기분 장애로 고통받을 가능성이 낮아진다. 말하자면 에우다이모니아는 우울증이라는 흡혈귀를 몰아내는 마늘 같은 기능을 한다.

긍정적 기억이 우선시된다

향수를 느끼면 흔히 '달콤 쌉쌀하다'고 표현하지만, 연구 결과 쌉쌀한 기분보다는 달콤한 기분을 훨씬 더 많이 느끼는 것으로 나타났다. 긍정적인 것이 우선시되는 경향은 너무나 강해서 뇌 촬영에도 나타날 정도다.

이 세 가지가 일상생활의 가장 실질적인 부분에서 발휘된다. 향수가 주는 혜택을 꾸준히 경험하는 사람들은 죽음도 덜 두려워하게 된다. 오랜 동반자는 두 사람이 공유하는 기억을 회상할 때 정서적으로 더 가까워진다('우리 노래 증후군'을 생각해보라). 향수를 느끼며 좋은 시간을 보내고 나면 처음 보는 사람들에게 더 관대해지고 외부인들에게도 더 관대해진다. 특히 자신과 사회적 차이가 명확한 사람들에게 관대해진다. 심지어 감각 정보도 이런 변화에 동참한다. 추운 방에 있는 사람들은 향수를 느끼기 시작하면 온도가 올라가지 않아도 몸이 따뜻해지는 것을 느끼기 시작한다.

뇌를 젊게 만드는 향수

학자들은 뇌 촬영으로 뇌를 들여다보고 향수가 어떻게, 왜 우리의 행동에 신비한 힘을 발휘하는지를 알아냈다. 사람들이 과거를 회상하면 특정 기억 체계가 과도하게 활동하기 시작하는데, 여기에는 주로 해마가 관련된다. 이런 결과는 젖소가 우유를 생산하는 것만큼이나 놀랍지 않은 일이다. 해마는 두뇌의 기억 체계 대부분에 관여하기 때문이다.

그러나 향수를 느낄 때는 기억만이 아니라 그 이상이 활성화된다. 연구에 따르면 우리가 향수를 느낄 때 중뇌의 흑질이 불꽃놀이라도 하듯 빛을 낸다. 복측피개영역도 빛이 난다. 두 영역 모두 '보상'이라는 기분을 만들어내는 데 관여하는 부위로, 이를 위해 도파민이라는 신경전달물질을 이용한다.

이런 자극 패턴은 두 가지 흥미로운 점을 암시한다. 첫째, 뇌는 과거를 회상할 때 우리에게 보상을 준다. 따라서 계속 되새기고 싶어진다. 둘째, 과거를 회상하면 보상만이 아니라 학습과 운동 기능에 관여하는 신경전달물질인 도파민을 활성화한다. 그런데 도파민은 안타깝게도 나이를 먹으면서 줄어든다.

엘렌 랭어의 시계를 거꾸로 돌리는 실험 결과를 유발한 주된 원인이 무엇인지 실마리를 잡은 것 같다. 그 실험에서 노인들이 향수에 빠진 것은 그들의 태도에만 영향을 준 게 아니었다. 그들의 시력이 향상되었다는 것을 떠올려보자. 그들은 심지어 터치 풋볼까지 했다. 도파민은 뇌에만 영향을 주는 게 아니라 운동 기능에도 영향을 주기 때문에(중뇌 흑질이 파괴되면 파킨슨병에 걸린다) 뇌의 특정 영역에 도파민이 분비되는 것이 이 모든 긍정적 결과 뒤에 놓인 메커니즘인 것으로 보인다. 향수는 도파민을 자극하는데, 대부분 고령자들의 뇌는 도파민이 심각하게 부족한 상태이기 때문에 아주 좋은 소식이다. 도파민은 알다시피 우리 몸에도, 뇌에도 대단히 유용한 신경전달물질이다.

핵심은 이것이다. '향수에 빠져라!' 그렇다면, 과연 얼마나 먼 과거까지 회상해야 할까? 어떤 종류의 기억을 떠올리는 게 가장 좋을까? 분명한 사실은 과거를 더 세세하고 선명하게 기억할수록 향수라는 동물에게 줄 먹이가 더 많으리라는 점이다. 그렇다면 노인들은 무엇을, 그리고 언제를 가장 선명하게 기억할까?

황금기, 우리의 20대

애니메이션 〈토이 스토리 3〉에는 우리 부부가 차마 보기 힘든 장면이 등장한다. 그 장면은 〈토이 스토리〉 1편과 2편의 주인공이었던 장난감들의 주인인 앤디라는 소년에 대한 장면이다. 앤디는 이제 자라서 대학에 간다. 장난감을 갖고 놀기에는 너무 커버린 그는 장난감들을 상자에 집어넣고 방을 정리한다.

영화의 끝부분에서 앤디가 집을 떠나기 직전에 앤디와 엄마는 거의 아무것도 남아 있지 않은 앤디의 방으로 들어온다. 엄마가 갑자기 멈춰 선다. 그리고 방 안을 둘러보는데, 눈가가 촉촉해지고 머리가 멍해지기 시작하며 추억의 짙은 안개 속으로 빠져든다. 아들이 더 이상 사용하지 않을 방을 바라보면서 엄마는 눈물을 참는다. 앤디가 엄마를 위로하려 한다. "엄마, 괜찮을 거야." 엄마가 낮은 목소리로 말한다. "알아. 그냥… 너랑 늘 같이 살 수 있으면 얼마나 좋을까 해서." 엄마는 몸을 돌려 애끊는 마음으로 아들을 안는다.

이 장면을 우리 부부가 보기 힘든 것은 영화 속 앤디가 우리 아들 조슈아와 거의 나이가 같기 때문이다. 조슈아도 앤디와 비슷하게 대학에 가느라 집을 떠났다. 눈에 자동차 와이퍼 같은 게 달려 있으면 좋겠다고 생각했던 적도 있었다.

대부분의 사람들처럼 조슈아도 만으로 10대 후반에서 20대 초반에 대학 생활을 했다. 그 나이는 노화과학에서 매우 중요한 시기다(그렇다. 노화과학은 20대 청년들에 대해 많은 연구를 한다). 그리고 이 노화과학 연구를 통해 은퇴 계획에 추가해야 하는 중요한 요소가 밝혀졌다. 인생을 살아오면서 쌓아온 기억 전체를 돌아보게 한 후 80대들에게 평생 가장 기억에 남는 물건이나 사건이나 경험이 뭐냐고 물으면 곧 두 가지 사실을 알게 된다. 첫째, 기억 재생은 모든 시기에서 고르고 일정하게 일어나지 *않는다*. 둘째, 모두에게서 *똑같은* 모양의 기억 재생 그래프를 얻게 된다. 80대 노인들의 기억 재생 그래프는 혹이 두 개인 낙타를 그리다 만 것 같은 모습이다.

쌍봉낙타 그래프는 0에서 시작해 잠시 동안 0에 머무른다. 태어나서 두세 살까지의 일을 기억하는 사람은 사실상 거의 없기 때문이다. 하지만 그 후 재생 곡선은 빠르게 상승해 20세에 최고점에 도달한다. 이 최고점이 쌍봉낙타 그래프의 첫 번째 혹이다. 25세가 지나면 재생 곡선은 하강하기 시작해 30세까지 빠르게 내려가고, 그때부터 55세 정도까지는 평행한 직선을 유지한다. 그 선은 두 혹 사이의 안장이 놓이는 부분이라 할 수 있다. 그다음에 재생 곡선이 다시 살짝 올라가기 시작해 75세에 두 번째 최고점에 도달한다(첫 번째의 절반 정도 높이다). 이것이 두 번째 혹이다. 이렇게 쌍봉낙타를 그리다 만 것 같은 모습의 그래프가 나온다.

이 두 개의 혹은 모든 사람에게서 일관되게 나타난다. 그래서 과학자들은 이름까지 붙여주었다. 두 번째의 작은 혹은 최신 효과recency effect(막바지 효과)라고 해서 우리가 옛날 일보다는 최근의 일을 더 잘 기억한다는 것을 보여준다. 그보다 더 큰 첫 번째 혹은 우리가 20세 즈음의 일을 가장 잘 기억한다는 것을 보여주는데, 사춘기 후기부터 20대 중반까지의 일을 특히 잘 기억한다. 이는 과학자들이 설명하기에는 쉬운 현상이 아니다(80대 노인들이 실험 대상이었다는 것을 기억하자). 이 큰 혹의 이름은 회상 절정기reminiscence bump다. 그리고 이 큰 혹을 만들어내는 현상을 재생 편향retrieval bias이라고 부른다.

재생 편향을 더 쉽게 느끼는 방법은 다음과 같은 단순한 질문을 하는 것이다. '긴 인생에서 가장 의미 있는 경험을 한 건 언제입니까?' 상당히 주관적인 질문이지만('의미 있는'이라는 게 과연 무슨 의미일까?) 분명한 사실이 도출된다. 노년이 된 작가들에게 자신의 삶을 바꿔놓은 책을 읽었던 게 몇 살 때인지 물으면 일관된 대답을 들을 것이다. 75퍼센트는 자기 인생에서 가장 중요한 책을 읽은 것이 스물세 살 때라고 대답한다.

다른 노인들에게 평생 들었던 가장 인기 있는 노래, 즉 '그들의 세대'를 정의해주는 노래가 무엇이냐고 물어도 대답은 비슷하다. 그들은 15~25세 사이에 들은 노래를 꼽을 것이다. 또한 고령자들에게 어떤 영화가 그들의 시대를 정의하느냐고 물으면 20대에 본 영화들을 언급한다. 가장 중요한 정치적 사건은 그들이 20대 중반일 때 일어난 사건이다. 사회적 이벤트도 마찬가지다. 이는 미국의 고령자들에게만 해당되는 사실이 아니다. 이런 편향된 기억 재생 현상은 전 세계 사람들에게서 공통적으로 나타난다.

나의 회상 절정기, 즉 나의 기억 재생 그래프에서 가장 큰 혹이 나타나는 시기는 1976년이다. 마오쩌둥이 세상을 떠나고 배우 리즈 위더스푼이 태어난 해다. 나는 그해를 마치 어제처럼 기억한다. 내 뇌는 아직도 1976년을 어제라고 생각하고 있음에 틀림없다. 그해에 나는 운전면허를 땄고 자동차 휘발유 가격은 1갤런(약 3.8리터)에 1달러도 하지 않았다(59센트였다!). 영화 관람료는 평균 2달러 정도였다. 미국 중서부에서 방이 네 개인 집 한 채의 가격은 3만 6,500달러였고 미국인들의 연평균 수입은 9,000달러 정도였다.

1976년을 더 잊을 수 없게 만드는 것은 그해가 미국이 독립한 지 200년 되는 해였기 때문이다. 독립 200주년을 축하하며 많은 역사책들이 출간되었는데 그중 하나가 고어 비달이 쓴 베스트셀러 《1876》이었다. 다른 베스트셀러로는 애거서 크리스티의 《커튼》, 레온 유리스의 《트리니티Trinity》 등이 있다.

1976년에도 대중음악은 세상을 뒤흔들었다. 케이시 케이슴의 인기 라디오 프로그램 〈아메리칸 톱 40〉를 통해 미국에서 그 주에 가장 인기 있는 최신 팝 40곡을 들을 수 있었다. 디스코 곡들이 차트에 등장하기 시작했다. 하지만 그해에 가장 많이 팔린 싱글은 디스코와는 거리가 먼 폴 매카트니 앤 윙스Paul McCartney and Wings의 〈실리 러브 송Silly Love Songs〉이었다.

영화 〈록키〉 첫 편이 개봉된 것도 1976년이었다. 〈뻐꾸기 둥지 위로 날아간 새〉도 극장에서 상영 중이었다. 그리고 그해에는 미국의 39번째 대통령으로 지미 카터가 선출되었다. 1976년에는 지미 카터의 대통령 당선 외에도 역사를 바꿔놓는 일이 또 있었다. 대통령 선거 몇 달 전인 4월에 스티브 잡스의 애플이 탄생했던 것이다.

1976년은 실로 대단한 해였다. 그해를 회상하면 이상하게 안도감이 느껴진다. 우리 아이들이 대학을 가기 위해 집을 떠난 일이 아닌 다른 일을 생각할 수 있게 해주고 마음이 즐거워진다.

기억의 해빙

스무 살 때의 일을 가장 잘 기억하는 것 외에, 고령자들의 뇌는 불가사의한 일을 한 가지 더 경험한다. 60대 초반부터 그 누구도 알지 못하는 이유 때문에 과거의 특정 기억들이 수면으로 떠오르기 시작한다. 은사님의 얼굴이 몇십 년 만에 갑자기 떠오를 수도 있다. 중학교 때의 체육대회 날이 갑자기 기억날 수도 있고, 옛날에 자주 들었던 CM송이 문득 떠오를 수도 있으며, 어떤 백화점에서 났던 냄새가 불현듯 떠오를지도 모른다.

이런 기억들은 단순히 우리의 반짝이던 과거에서 떨어져 나온 파편들이 아니다. 고유한 식별 인자를 가진 완전한 기억의 흔적들이다. 몇십 년 동안 의식적으로 떠올린 적이 없는 내용을 담고 있는 먼 기억이지만 마치 어제 일어난 일처럼 놀라울 정도로 선명하게 떠오른다. 그리고 거의 항상 회상 절정기에 일어났던 일들이다. 과학자들은 이렇게 순간적으로 떠오르는 기억을 영구 저장 기억permastore memories이라고 부른다. 'permastore'는 영구 동토층이라는 의미의 단어인 permafrost를 본떠 새로 만든 단어다. 더 적절한 용어는 영구 해빙permathaw일지 모른다. 대학 신입생 무렵에 쌓인 기억의 층을 뇌가 해동시키는 것 같기 때문이다.

마치 거대한 불빛의 손가락이 우리 삶의 짧은 순간을 비추는 것 같다. 회상 절정기를 봐도 그렇고, 영구 저장 기억을 봐도 우리의 뇌는 아무래도 10대 후반부터 20대 초반의 경험을 선호하는 게 분명하다.

약간의 예외도 있긴 하다. 현재 일부 연구진은 회상 절정기를 만 18세에 가까운 시기로 지정하고 있다. 그리고 살면서 (다른 나라로 이주하는 것 같은) 큰일을 경험한 사람들은 재생 편향이 그 일을 경험한 시기에 일어난다. 성별과 관련해서도 차이가 있을 수 있어서, 여성의 경우 남성에 비해 회상 절정기가 조금 더 빠른 나이에 나타나고 좀 더 짧은 시기에 집중된다.

물론 그렇다고 해서 회상 절정기나 영구 저장 기억의 큰 원칙이 달라지는 건 아니다. 거대한 불빛의 손가락이 목표로 하는 전반적 지점이 달라지는 것도 아니다. 우리는 기억에 남을 만한 일들을 기억하는 경향이 있고, 트라우마를 입지 않은 뇌가 가장 기억에 남을 만하다고 생각하는 일은 10대 후반부터 20대 초반에 일어났던 일들이다.

다시 젊어진 사람들

엘렌 랭어가 시계를 되돌려놓는 실험을 통해 밝혀낸 사실들은 영국에서 〈젊은이들The Young Ones〉이라는 인기 리얼리티 프로그램으로 만들어졌다. 이 프로그램은 2011년에 우수 TV 프로그램에 주는 BAFTA 상을 수상했다.

이 프로그램의 제작진은 평균 81세의 유명인 여섯 명을 모아 랭어의 타임머신에서 일주일을 보내도록 했고, 그 과정을 촬영했다. 그들은 1970년대의 물건들과 문화와 분위기로 가득 찬 시골집에서 1975년을 다시 경험했다. 당시는 마가렛 대처가 야당 당수로 막 선출되었을 때였고, 스코틀랜드 출신 팝 밴드 베이 시티 롤러스Bay City Rollers가 인기를 끌기 시작할 때였으며, 미국의 테니스 스타 아서 애시가 흑인 최초로 윔블던 테니스 대회 결승에 올라갔던 해였다. 1975년에는 휴대전화도, 인터넷도, 브렉시트 같은 사건도 없었다. 여섯 명의 노인들은 일주일간 21세기의 시끄러운 영국을 완전히 벗어나 생활했다.

그 일주일이 효과가 있었을까? 한 참가자는 누군가의 도움 없이 양말을 신을 수 있을 정도로 몸이 건강해진 것을 느꼈다고 했다. 그는 "생명의 땅에 있는 것 같았어요"라고 말했다. 배우 실비아 심스는 이렇게 말했다. "거기 들어갈 때 몸이 많이 아팠거든요. 허리는 늘 아팠어요. 제대로 걷지도 못했죠. 이제는 왜 그런지 모르겠지만 허리 통증이 많이 좋아졌어요. 바지도 전보다 헐렁해졌고요!" 그러면서 함께 프로그램에 참여했던 88세의 배우 리즈 스미스에게 이렇게 말했다. "당신이 지팡이 없이 걸어보려고 하는 모습은 대단했어요. 그 모습을 보고 우리 모두 너무 기뻤어요." 또 다른 참가자는 자신이 '새 사람'이 된 것 같았다고 말했다.

이는 논문 내용을 뒷받침하는 영상 증거가 아닌 TV 프로그램에 불과하다. 이 프로그램은 참가자 인터뷰 외에는 그들의 몸이 어떻게 좋아졌는지를 측정하려는 시도는 없었다. 엘렌 랭어의 실험이 훨씬 더 진지했다. 랭어는 실험 전후로 운동 능력, 감각 식별 기능, 인지 기능을 테스트했다. 또한 대조군도 비교 테스트했다.

여기서 변화가 일어난 열쇠는 다감각 몰입multisensory immersion으로 밝혀졌다. 마치 연구진이 고령자들을 과거로 부드럽게 밀어 넣은 것 같았다. 랭어의 실험에 참여했던 노인들은 타임머신을 타고 돌아갈 연도인 1959년과 관련 있는 주제들에 대해 사전에 이야기를 나누었다. 그들을 수도원으로 데려간 자동차의 라디오에서는 1959년에 인기 있던 노래들이 흘러나왔고 당시의 광고도 나왔다. 수도원에 도착했을 때 이미 그들은 누구의 도움도 받지 않고 가방을 직접 끌고 갔다.

수도원에는 1959년의 잡지를 비롯한 소도구들이 그들을 기다리고 있었다. 사람들은 매일 한자리에 모여 1950년대 후반과 관련 있는 일들에 대해 이야기를 나누었다. 밤에는 1959년에 인기 있었던 영화를 보거나 퀴즈 프로그램을 따라 하며 즐거운 시간을 보냈다.

랭어의 실험은 TV 리얼리티 프로그램보다는 훨씬 과학적인 양적 연구였지만 똑같은 결과를 보였다. 실험군의 청력 점수가 향상되었고 시력도 향상되었다. 특히 오른쪽 눈의 시력이 좋아졌다. 손의 기민성 측정 기준의 하나인 손가락 길이는 실험 대상자들의 3분의 1이 넘는 37퍼센트에서 증가한 것으로 나타났다. 대조군에서는 한 사람만이 손가락 길이가 길어졌고 3분의 1은 감소했다. 자세뿐 아니라 몸무게까지 전반적인 신체 치수도 향상되었고 전신 기민성 테스트 성적도 향상되었다. 한 사람은 실제로 실험 후에 지팡이가 없어도 걸을 수 있게 되었다.

감각과 힘에 대해서만 테스트한 것은 아니었다. 인지 기능도 테스트했다. 숫자 기호 치환 테스트digit symbol substitution test와 처리 속도 테스트, 기억력 테스트 등도 실시했다. 타임워프 실험 후 실험군의 테스트 점수는 대조군보다 23퍼센트가 높았다. 대조군의 56퍼센트가 숫자 기호 테스트에서 점수가 이전보다 하락했고, 실험군은 그보다 훨씬 낮은 25퍼센트가 하락했다. 이 모든 데이터는 대조군과 비교할 때 실험 대상자들의 인지 기능이 향상되었거나 하락 속도가 느려졌다는 것을 보여주었다.

모든 연구 프로젝트가 그렇듯, 이 연구 역시 주의할 점이 있다. 표본 크기가 작았고, 실험 기간이 짧았으며 모든 테스트 결과에서 명백한 향상이 나타나지는 않았다. 이런 사실들이 이 실험의 결과를 퇴색시킬 정도는 아니었지만, 이 실험이 '손전등' 역할로서 의미가 더 크다는 것을 보여주었다. 즉, 이 실험은 더 심층적으로 연구해야 할 분야들이 어디인지 알려준다는 데 의미가 더 있었다. 실제로 랭어는 몇 년 후에 이렇게 결론지었다. "이 연구 결과를 우리의 과거 연구 결과들과 함께 살펴보면, 노화하는 인체의 '피할 수 없는' 쇠락을 심리적 개입 방법을 통해 뒤집어놓을 수 있을지도 모른다는 증거가 충분하다는 생각이 듭니다."

이상의 사실들을 종합해보면 은퇴 계획에 포함시켜야 할 중요한 요소를 하나 알 수 있다. 바로 '과거'를 경험해야 한다는 것이다. 어떻게 그렇게 할 수 있을까? 우리는 항상 현재만을 생각하지는 않더라도 대부분 현재에서 살아가야 한다. 실제로 현재를 살아가면서 과거를 경험한다는 것은 어떤 것일까? 여기서 비틀스의 노래를 들어보자.

추억의 방을 만들어라

베이비붐 세대인 나는 비틀스 노래를 좋아한다. 물론 비틀스의 노래가 내가 자라면서 섭취한 음악적 양분의 제일가는 원천은 아니었다. 그러나 비틀스의 〈어 데이 인 더 라이프A Day in the Life〉를 처음 들었을 때 나는 이 장발의 음악 천재들이 새로운 시대를 열었다는 것을 느꼈다.

알지 모르지만 이 노래는 원래 두 곡이 합쳐진 것으로, 크게 세 부분으로 나눌 수 있다. 첫 번째 부분과 세 번째 부분은 존 레논이 작사 작곡을 했다. 레논은 당시에 봤던 신문 기사에서 영감을 받아 노랫말을 썼다고 했다(이 노래의 가사는 'I read the news today, oh boy'로 시작한다). 그가 언급한 기사는 1967년 1월 17일자 〈데일리 메일Daily Mail〉의 기사였다. 기네스 맥주의 상속자였던 21세 청년 타라 브라운의 갑작스런 죽음을 부른 자동차 사고에 대한 기사였다. 가사에 등장하는 4,000개의 구멍은 영국 랭커셔 주의 블랙번이라는 도시의 형편없는 도로 상태에 대한 기사에서 가져온 것이라고 한다.

신문 기사를 본다고 해서 우리가 존 레논처럼 멋진 노랫말을 쓰지는 못하겠지만, 자신이 젊었을 때의 신문 기사를 찾아보는 것은 충분히 가치 있는 일이다. 그런 다음 자신이 젊었던 시절의 물건들을 모아보자. 방 하나를 채울 수 있을 만큼 모으고 그 방을 '추억의 방'이라고 부르자.

현재 자신이 생활하는 환경의 한 영역을 향수를 불러일으키는 물건들로 채우는 것이다. 강력한 도파민 반응을 일으킬 만한 물건들이 좋다. 가족과 친구들의 사진도 좋고, 의미 있는 사건들과 관련된 물건이나 포스터도 좋다. 그리고 그 방에서는 비틀스든 베토벤이든 과거의 감정을 강하게 끌어낼 음악을 쉽게 들을 수 있도록 해놓자. 옛날 TV

프로그램과 오래된 영화들을 볼 수 있는 텔레비전을 놔두는 것도 좋다. 마지막으로, 당시에 인기 있던 책들을 놓아두는 것도 좋다. 읽었던 책이어도 좋고 제목만 들어본 책이어도 괜찮다. 과거를 피하기보다는 이 공간에서 하루 중 과거를 돌아보는 시간을 매일 갖자. 그 공간은 우리에게 청춘의 샘이 되어줄 수 있다.

어떤 시기를 되살리는 게 좋을까? 회상 절정기와 랭어의 실험 데이터를 비교해보면 조금 모순되는 점을 발견하게 된다. 과거의 회상 절정기에서 향수를 느껴야 한다고 생각할지 모르지만, 랭어는 실험 대상자들이 20대가 아니라 40대 후반이나 50대 초반에 경험한 일들에서 향수를 느끼게 했다. 랭어는 왜 회상 절정기의 자료를 이용하지 않았을까? 기억 재생과 관련된 데이터가 논문으로 발표된 것은 1990년대 중반이었는데 랭어가 이 연구를 한 것은 1980년대 초였다. 즉, 랭어는 20대 초반 무렵이 향수를 불러일으키기에 가장 좋은 시기라는 점을 알지 못했다.

회상 절정기를 경험하지 않았는데도 랭어의 실험이 효과를 발휘한 것은 향수의 위력이 너무나 세서였을까? 그래서 회상 절정기라는 샘 바로 앞에서 물을 맞지 않아도 몸이 젖을 수 있었던 걸까? 랭어가 노인들을 몇십 년 더 과거로, 즉 20대로 데려갔다면 더 강력한 결과를 얻었을까? 회상 절정기에 자극 지점들이 훨씬 더 많은 걸 감안하면 이 시기로 사람들을 데려가는 실험은 해볼 만하다. 그런 실험이 이뤄지기 전까지는 내가 여기서 권고하는 사항은 학계의 확인을 충분히 받은 처방은 아니다. 관련 내용을 잘 알고 있는 입장에서 제안하는 것뿐이다.

뇌과학으로 설계한 노년의 하루

비틀스의 〈어 데이 인 더 라이프〉는 내게 다른 쪽으로도 영감을 준다. 즉, 내 인생에서 현재의 하루를 계획하는 데도 영감을 준다. 오래 살고 인지 기능을 최대한 건강하게 유지하는 게 목표라고 할 때, 여러분의 평범한 하루를 시간 단위로 계획한다면 어떤 모습일까? 무엇을 하겠는가? 무엇을 먹겠는가? 누구를 만나겠는가?

지금부터 한 노인의 삶에서 어떤 하루의 17시간을 상상해보겠다. 이름은 헬렌이다. 70세이며 오랫동안 교사로 일하다 퇴직했다. 남편은 1년 전에 세상을 떠났다. 혼자 돌아다닐 수 있고, 관절염이 있지만 그 외에는 건강한 편이며, 운전도 할 수 있다. 방 두 개짜리 아파트에서 혼자 살고 있다. 장성한 자녀들은 근처에 살고 있다. 다음은 헬렌이 이 책에서 제안한 일들 중 많은 것을 실천한다고 했을 때 상상해볼 수 있는 그녀의 평범한 하루다.

다시 한번 강조하지만 여기서 권고하는 사항들은 학문적으로 인정받은 것은 아니다. 여러 연구 결과 수백만 명의 사람들이 70대를 지나도 헬렌처럼 비교적 건강하게 살아간다. 하지만 사람들마다 생활환경은 모두 다르다. 헬렌의 하루 일과를 뷔페식당의 메뉴라고 생각하자. 자신의 스타일, 에너지 수준, 하는 일, 가족 상황 등에 맞게 원하는 대로 섞고, 맞추고, 수정하면 된다. 그렇게 해서 이런 일과를 실천하면 큰 혜택을 누릴 수 있을 것이다. 결국 이 하루 일과는 개인에 따라, 노화의 과정을 어떻게 지나가고 있는지에 따라 달라질 것이다.

오전 7시

헬렌은 잠에서 깨어 침대 옆 탁자에 놓아둔 메모를 읽고 기분 좋은 미소를 짓는다. 베리류, 통곡물 시리얼, 견과류로 아침 식사를 하고 15분간 명상을 한다. 마음챙김 명상의 필수 요소인 바디 스캔(자기 몸의 구석구석을 마음의 눈으로 살펴보는 명상법-옮긴이)을 짧게 집중적으로 하고 하루의 계획을 세운다. 헬렌이 마음챙김 명상을 하는 것은 현재와 미래에 받을 스트레스를 이겨내기 위해서다.

아침 식사는 MIND 식단으로, 알츠하이머병 발병률을 낮춰주는 것으로 확인된 식사다. 식사는 천천히 하는데, 한 번 씹을 때마다 미래에 대한 걱정을 가라앉히는 데 도움이 된다. 마음챙김 덕분에 스트레스가 줄었고 심혈관계 기능이 향상되었다. 잠도 더 잘 자고, 신기하게도 시력도 좋아졌다. 이렇게 건강이 좋아진다면 손자 손녀와 함께 보낼 수 있는 날들이 늘어날 것이다.

이제 헬렌은 부드러운 고급 변속기처럼 몸과 마음을 최고속 기어로 바꾸고 아침을 시작할 준비가 되었다.

오전 8시

초인종이 울린다. 헬렌과 함께 걷기를 하는 친구들이다. 이들 걷기 모임의 이름은 자칭 '질주하는 할머니들'이다. 동네를 30분 동안 빠른 걸음으로 걷는데, 일주일에 서너 번 정도는 이렇게 걷는다. 이 모임 친구 중 한 명은 최근 남편이 세상을 떠났다. 헬렌은 매일 아침 그녀와 함께 걸으면서 대화를 나누고 위로해주었다.

헬렌이 이렇게 아침에 친구들과 걷는 데는 여러 이유가 있다. 걷기라는 운동은 집행 기능을 향상시키는 게 분명하다. 걷기 운동을 시작한 후 가계부를 쓰거나 돈 문제를 생각할 때면 늘 집행 기능이 이전보다 향상되었다는 걸 느낄 수 있다. 또한 이 모임을 통해 함께 늙어가는 친구들과 좋은 유대관계를 맺고 있다. 그중에는 삶을 힘겹게 만드는 노화를 막 경험하기 시작한 친구들도 있다. 그런 상황에서 친구들과의 상호작용은 치료제 같은 역할을 한다.

이렇게 아침에 걷는 것은 헬렌이 하루 중 경험하는 많은 사교 활동 중 첫 번째다. 사람들과 어울리는 이런 활동은 몸과 마음에 모두 도움이 된다. 우정이라는 안전한 포장지에 싸인, 뇌를 위한 비타민이다. 그런 비타민을 복용할 수 있어서 감사하다.

오전 9시

함께 걷기를 한 친구들과 헤어지고 나면 헬렌은 '교육 시간'이라는 것을 시작한다. 커뮤니티 칼리지(일반인에게 단기 대학 정도의 교육을 제공하기 위해 대학에 병설한 과정—옮긴이)에서 두 과목을 수강한다. 오늘은 음악 수업이 있는데, 이론 교육과 피아노 교습을 받는다. 내일은 프랑스어 수업이 있다. 예전부터 프랑스어를 배우고 싶었다. 파리로 여행을 가고 싶기 때문이다. 돌아오는 여름에 파리로 여행을 갈 생각이다. 여행을 할 수 있을 만큼 건강할 때 어서 프랑스어를 배워서 여행을 가고 싶다.

두 번째 교육 시간은 커뮤니티 칼리지의 ESL(제2 언어로서의 영어) 프로그램에서 강사로 자원 봉사를 하는 것이다. 이 수업에는 다양한 나라에서 온 모든 연령대의 사람들이 있고 그중에는 헬렌 또래들도 있다. 영어 때문에 곤란을 겪거나 미국 문화에 낯설어하고 대화를 나눌 친구들을 찾는 사람들에게 도움을 줄 수 있다는 사실이 기쁘다.

헬렌은 교육 시간을 무척 전략적으로 구성했다. 프랑스어를 모르기 때문에 프랑스어 시간에는 자신이 전혀 모르는 주제들에 몰입할 수밖에 없다. 그렇게 힘겨운 도전은 뇌를 자극해서 전반적인 인지 기능 저하를 늦춰준다. 또한 일화 기억(사건에 대한 기억)과 작업 기억(단기 기억)을 향상시킨다.

ESL 수업에서 학생들을 가르치는 것도 헬렌의 뇌에 도움이 된다. 가르치다 보면 다른 사람들의 시점이 되어봐야 하기 때문이다. 그녀가 가르치는 학생들은 헬렌과는 다른 문화에서 살던 사람들이다. 그리고 10대들부터 젊은 부모들, 할아버지까지 여러 세대가 섞여 있다. 그런 학생들을 가르치기 위해서는 학생 각자의 고유한 관점에 적응해야 한다. 그런 훈련 덕분에 우울증은 찾아올 겨를이 없다. 스트레스가 줄어들고 더 오래 살 가능성이 높아진다.

헬렌은 ESL 강사 일을 자원 봉사로 하기로 했다. 그 덕분에 더 큰 세상의 일원이 될 수 있었다. 그런 활동은 긍정적인 세계관을 형성하고 유지하게 해준다. 또한 이런 수업은 사람들과 더 많은 교류를 하게 해준다. 역시 두뇌에 좋은 비타민이다. 헬렌이 배우거나 가르치는 이 세 가지 수업의 공통점은 그 수업에 참여하는 사람들이 모두 헬렌을 안다는 사실이다.

정오

헬렌은 지친 상태로 집에 온다. 배도 고프다. 점심 식사는 올리브유를 뿌린 샐러드, 풍부한 과일과 채소, 약간의 닭고기다. 식사 후 잠깐 낮잠을 자는데, 30분을 넘기지 않는다. 낮잠을 자고 나서 오후 활동을 시작한다. 헬렌은 독서 모임 멤버인데, 오늘은 헬렌이 독서 모임을 주최할 차례다. 가벼운 간식을 준비하고 책을 읽기 시작한다. 오늘 읽어야 할 두 권 중 하나다.

독서 모임은 헬렌이 시작했다. 독서 모임에서는 늘 활기가 넘치는 토론이 이뤄진다. 가끔은 열띤 논쟁이 벌어지기도 한다. 멤버들과 헤어지면 항상 섭섭하다. 늘 의견이 달랐던 멤버가 떠나도 서운하다.

헬렌을 비롯한 독서 모임 멤버들 모두 자기 생각이 확고하다. 조심스러운 의견 충돌은 유동성 지능을 향상시킨다. 뇌를 더 능률적으로 만들어주고 인지 예비 용량을 채워준다. 독서 모임이 끝나고 나면 헬렌의 뇌는 마치 근력 운동을 한 것 같은 느낌이다. 하지만 책을 읽는 활동은 그 자체로도 중요하다. 독서는 청춘의 샘과 비슷한 일을 하기 때문이다. 꾸준히 책을 읽는 습관은 수명을 연장시킨다.

독서 모임으로 사교 활동이 끝나는 것은 아니다. 독서 모임 자리를 정리하고 나서 헬렌은 컴퓨터를 켜고 소셜 미디어라는 새로운 세계로 들어간다. 페이스북 지인들과 대화를 나누고 친구들과 가족의 블로그나 SNS를 방문한다. 헬렌의 자녀들이 몇 년 전에 스마트폰을 사주었는데, 이제 스마트폰은 없어서는 안 될 친구가 되었다. 딸은 정기적으로 문자 메시지와 손자들의 사진을 보낸다. 헬렌은 컴퓨터와 스마트폰으로 대화를 나누며 시간 가는 줄 모른다. 마치 10대 시절로 돌아간 것 같다.

그다음에 헬렌은 조금 이상한 일을 한다. 바로 비디오게임이다(이것도 자녀들의 선물이다). 비디오게임은 훌륭한 두뇌 훈련 운동이다. 한동안은 하지 않으려고 버텼지만(비디오게임에 대해 안 좋은 이야기도 들어서) 아이들이 두뇌 훈련에 효과가 있다고 입증된 게임만 가져다주었다. 오늘은 자동차 경주 게임을 골랐다. 지금도 비디오게임이 그렇게 재미있지는 않지만 놀라울 정도로 실력이 늘고 있다. 계속한다면 주의를 흐트러뜨리는 것들에 저항하는 능력이 향상될 것이다. 그리고 단기 기억에도 도움이 될 것이다.

오후 3시

SNS와 비디오게임을 하고 나면 또 다른 사교 활동이 기다리고 있다. 매일 오후에 볼룸 댄스 강습을 받고 있다. 처음에는 댄스 강습이 최루가스만큼 싫었다. 상대와 친밀하게 접촉하다 보니 남편이 떠올라서 울적해졌고, 모르는 사람과 동작을 맞추는 게 어려웠다. 그러나 강습을 받을수록 마음이 바뀌었다. 지금은 다른 사람과 동작을 맞추고 접촉하는 게 불편하지 않고 기분이 좋다. 균형 감각과 자세가 좋아지고 있고 넘어질 위험이 줄어들고 있다. 함께 강습을 받는 남자들 중 누구에게도 이성적으로 끌리지는 않지만, 춤은 남편을 잃은 슬픔을 조금은 누그러뜨려준다. 볼룸 댄스 강습은 이날의 마지막 사교 활동이다.

댄스 강습에서 돌아오니 예상보다 30분 정도 늦은 오후 4시 반이다.

집에 오자마자 잠잘 준비를 한다. 바로 잠을 자겠다는 게 아니라 밤에 잘 준비를 이때부터 시작하는 것이다. 이때부터는 카페인, 알코올, 운동, 컴퓨터 같은 것을 일절 하지 않는다. 그러면 밤 11시쯤이면 졸려서 잠을 잘 잘 수 있다.

오후 5시에는 저녁 식사를 준비한다. 오늘 밤에는 생선과 파스타, 채소와 과일을 충분히 먹을 것이다. 오후 5시가 지나면 술을 마시지 않는다는 원칙을 어기고 저녁 식사와 함께 포도주를 한잔 마신다. 다음부터는 점심 식사 때 포도주를 마실 것이다.

저녁 7시

하루 일과 중 가장 좋아하는 일을 할 시간이다. 바로 'H. G. 웰스 이브닝H. G. Wells Evening'이라는 시간이다(영국의 작가 H. G. 웰스는 《타임머신》이라는 책을 썼다. 과거로 여행을 하는 시간이라 이런 이름을 붙였을 것이다—옮긴이). 이제 타임머신을 타고 1960년대 중후반의 세계를 경험할 수 있는 방으로 들어간다. 그 방에는 벽에 포스터가 여러 장 붙어 있고 책상 위에는 턴테이블이 놓여 있으며 LP도 많이 있다. 그리고 TV와 DVD, 향수병이 있다. 향수는 남편과 데이트를 하던 시절에 뿌리던 것이다. 손목에 향수를 살짝 뿌리고 음악을 튼다. 비틀스부터 아레사 프랭클린까지 다양한 음악을 듣는다.

디저트로 아이스크림을 먹으면서 오래된 책을 한 권 꺼낸다. 대학 시절을 떠올리게 하는 책이다. 지금 읽고 있는 것은 1967년에 출간된 캐서린 마셜Catherine Marshall의 《크리스티Christy》다.

한 시간 정도 책을 읽고 나서 손목에 뿌린 향수 냄새를 맡는다. 추억이 밀려오면서 눈물이 뺨을 타고 흐른다. 이럴 때는 옛날 TV 코미디 프로그램을 DVD로 보는 게 도움이 된다. 1960년대 후반에 인기 있던 코미디 프로그램이다. 보면서 웃다 보니 눈물이 날 정도다. 아까는 슬퍼서 눈물이 났는데 이제는 너무 웃겨서 눈물이 난다.

H. G. 웰스 이브닝을 보내는 방은 헬렌이 특별히 신경 써서 꾸민 방으로, 시각, 청각, 미각, 후각 모두 그녀의 회상 절정기인 20대 초반의 것들로 가득 채운 방이다. 모두가 뇌 속의 도파민 수치를 높여줄 것이다. 책을 읽을 때도 도파민 수치가 높아지는데, 하루의 총 독서 시간은 수명을 늘리는 데 도움이 된다는 3시간 이상으로 한다.

밤 11시

꽉 찬 하루를 보내고 나니 몸속 연료가 다 떨어졌다. 하지만 자기 전에 (보통 밤 12시쯤 잠든다) 할 일이 하나 더 있다. 종이와 펜이 필요하다.

종이에 세로로 줄을 그어서 둘로 나눈다. 왼쪽 칸에는 그날 있었던 일들 중 미소가 절로 나왔거나 감사하는 마음이 들었던 일 세 가지를 적는다. 오른쪽 칸에는 그런 기분을 느끼게 된 이유를 적는다. 이 목록에 자주 등장하는 건 손자 손녀들과의 대화다. 아이들과 정서적으로 연결되어 있다는 기분이 든다. 또 여전히 운전을 할 수 있다는 사실도 자주 등장한다. 혼자서 이동할 수 있다는 사실이 감사하다. 헬렌은 이렇게 감사한 일과 좋았던 일을 종이에 적어보면서, 아무리 별로였던 날에도 감사할 일은 있다는 것을 알게 되었다.

감사하고 좋았던 일을 적은 종이를 침대 옆 탁자에 놓고 침대로 들어간다. 그리고 금방 잠이 든다. 다음 날 아침에 눈을 뜨자마자 제일 먼저 하는 일은 그 목록을 읽는 것이다. 그러면 얼굴에 미소가 떠오른다. 다시 새로운 하루를 시작할 준비가 되었다. 그녀는 더 오래, 더 행복하게 살기 위해 할 수 있는 모든 일을 하고 있다.

헬렌은 뇌과학에 따라 인생을 설계하기로 마음먹었다. 이는 그녀가 살아오면서 한 일 중 가장 좋은 일이다.

건강한 노화의 강을 따라 흘러가라

이상의 이야기를 뒷받침하는 중요한 개념이 하나 있다. 인지 기능을 유지하기 위한 최선의 방법은 '다면적인' 전략을 쓰는 것이다. 이런 방법이 효과가 있다는 실증적 증거가 있을까? 마음속에 인지의 가구들을 재배치해서 그 안에서 더 살기 좋게 만드는 게 정말 가능할까? 이 질문에 대한 답은 '그렇다'인 것 같다. 답을 찾기 위해 스칸디나비아의 연구진이 대규모 실험을 진행했다.

이 연구진은 고령자들이(60~77세) 몸에 좋은 식사를 하고, 운동을 하고, 두뇌 훈련 프로그램을 한다면 어떤 일이 일어날지 궁금했다. 실험에는 'FINGER'라는 이름이 붙었다. '노인의 인지 손상과 장애 예방을 위한 핀란드의 개입 연구'를 뜻하는 핀란드어 약자다. 실험에 참여한 남성과 여성은 2,500명이 넘었는데, 치매 위험이 높은 사람들을 선정했다. 그런 다음 사람들을 실험군과 대조군으로 무작위로 나누었다.

실험이 시작되었고 실험군은 2년간 지중해식 식단으로 식사를 했다. 동시에 유산소 운동, 근력 운동, 균형 감각을 키우는 훈련으로 이뤄진 고강도 운동 프로그램을 수행했다(60분짜리 프로그램을 일주일에 2~3회 실시). 또한 집행 기능, 처리 속도, 기억력에 도움이 되는 다양한 게임도 했다(15분씩 일주일에 2~3회 실시). 그리고 사람들의 건강을 면밀히 모니터하기 위해 실험군은 의사, 간호사, 기타 건강 관리 요원들을 자주 만났고 심장과 대사와 관련해 다양한 검사를 받았다. 대조군은 이런 운동 프로그램이나 건강 관리를 받지 않았다. 통상적인 건강 모니터링 외에는 건강에 대한 표준적인 권고를 받았을 뿐이다.

결과는 놀라웠다. 기억력 테스트 점수는 실험군이 대조군보다 40퍼센트 향상되었다. 집행 기능은 83퍼센트 향상되었다. 처리 속도는 무려 150퍼센트 향상되었다. 대조군은 이전 상태를 간신히 유지하거나 더 나빠졌다. 사실 대조군의 전반적인 인지 기능 수행 능력은 30퍼센트 하락했다.

생활 습관을 건강에 좋은 쪽으로 갑자기 한꺼번에 변화시키는 게 효과가 있을까? 효과가 있다. 그 효과를 측정할 수 있는 방법은 많이 있다. 노화는 우리를 생의 지평선으로 데려가고 지평선과의 거리는 점점 가까워진다. 하지만 우리는 건강한 뇌와 생명력, 열정을 가지고 소멸하는 순간까지 삶의 여정을 계속할 수 있다.

이제 이 책은 긴 여정을 마치고 시작 지점으로 돌아온 것 같다. 나는 데이비드 애튼버러 경이 아마존 강의 작은 물줄기를 걸으며 했던 이야기로 이 책을 시작했다. 그는 아마존 같은 웅장한 강이 처음부터 거대한 폭포에서 시작된 것은 아니라고 말했다. 수많은 작은 냇물들이 여기저기서 계속 모여들어 어느 순간 큰 물줄기를 이루고 세계에서 가장 큰 강이 된 것이라고 했다.

우리의 인생도 이와 같다. 작은 냇물들, 즉 친구들과 자주 어울리고 스트레스를 줄이고 신체 활동을 활발히 하고 마음챙김 수련을 하는 등 여러 방면에서 주의를 기울이면 노화라는 강을 더 부드럽게 따라 흘러갈 수 있다.

전 세계의 장수 마을, '블루 존'

여러분과 오키나와의 어부, 남부 캘리포니아의 목사, 그리스의 호텔 주인, 이탈리아의 농부의 공통점은 무엇일까? 찾기가 쉽지 않을지 모른다. 하지만 찾을 수 있다. 탐험가 댄 뷰트너Dan Buettner가 알아낸 사실이기도 하다.

자전거로 6대륙을 횡단한 기네스 기록 보유자이자 베스트셀러 작가인 뷰트너는 1950년대 영화배우처럼 잘생기기까지 했다. 그는 내셔널지오그래픽 협회와 미국 국립노화연구소에서 연구 기금을 지원받아 이탈리아의 인구통계학자들과 함께 전 세계를 돌아다니며 장수로 유명한 지역들을 찾았다. 그리고 오키나와에서 남부 캘리포니아까지 다섯 곳을 찾아냈다. 이 다섯 지역에는 놀라울 정도로 오래 살 뿐 아니라 믿기 어려울 정도로 *건강하게* 오래 사는 사람들이 있었다.

뷰트너 연구팀이 알아낸 사실은 무척 인상적이다. 그리스의 이카리아 섬에 사는 80대 노인들의 80퍼센트는 여전히 일하고 있고 자기들이 먹을 음식을 직접 재배하고 있었다. 그 섬의 치매 환자 비율은 미국의 치매 환자 비율의 20퍼센트밖에 되지 않으며 주민들은 미국의 동년배들에 비해 7년은 더 산다. 코스타리카의 한 반도에서는 사람이 90세까지 살 가능성이 미국의 두 배가 넘었다. 그 반도에 사는 60세 남성이 100세 생일을 맞을 가능성은 60세 일본 남성의 일곱 배였다.

목록은 계속 이어진다. 캘리포니아 주 로마린다 시의 제칠일안식일예수재림교 여성 신도들은 기대수명이 89세로, 같은 도시의 제칠일안식일예수재림교 신도가 아닌 사람들보다 10년은 더 길다. 이탈리아 사르데냐 섬에 있는 한 마을은 전체 인구 중 100세 이상 인구의 비율이 전 세계에서 가장 높다. 오키나와에는 100세 이상 여성 인구 비율이 미국의 30배인 곳들이 있다. 이 여성들은 죽는 날까지 지구상에서 가장 건강한 삶을 산다.

뷰트너는 이렇게 건강하게 장수하는 사람들이 많은 지역에 블루 존Blue Zones이라는 이름을 붙였다. 이 프로젝트를 진행하면서 지도에 표시를 할 때 사용했던 펜이 파란색이었기 때문이다.

블루 존 주민들은 건강하게 오래 살기 위해 어떤 일들을 할까? 아마도 모두가 알고 싶을 것이다. 특히 미국인이라면 더 그럴 것이다. 65세 이상 미국인의 5분의 1이 경도 인지 장애를 앓고 있는데, 이는 우리 인생을 망가뜨리는 치매로 가는 첫 관문이다. 또한 미국인의 3분의 1은 고혈압인데, 고혈압은 우리 목숨을 앗아가는 심혈관계 문제를 일으키는 첫 단계다.

이런 통계를 보면 안타깝고도 답답하다. 사실 노화하는 삶의 많은 부분을 우리가 통제할 수 있기 때문이다. 우리가 지구상에서 살아가는 시간 중에 유전에 좌우되는 부분은 20퍼센트밖에 안 된다. 우리가 몇 살까지 사느냐의 80퍼센트는 우리 자신에게, 적어도 우리의 노력에 달려 있다는 뜻이다. 그나마도 이 이야기는 유전자에게 후한 점수를 준 한 가지 연구 결과에 따른 것이다. 더 인색한 연구에서는 우리 수명의 6퍼센트만을 유전자가 좌우한다고 말한다. 94퍼센트는 우리의 생활 습관에 달려 있다는 것이다.

2012년 〈내셔널 지오그래픽〉에 기고한 글에서 댄 뷰트너는 장수 마을인 블루 존 사람들의 비밀에 대해 이야기했다. 그 가운데 두 가지가 눈에 띈다. 첫째, 그들은 모두 비슷한 생활 습관을 갖고 있다. 둘째, 그들의 생활 습관 대부분은 이 책에서 다룬 인지신경과학 연구 결과에 부합한다. 블루 존들은 서로 멀리 떨어져 있고, 문화도 매우 다르며, 외부 세계와 소통이 많은 지역들이 아니다. 과학자가 그들에게 어떻게 하라고 이야기한 적도 없다. 그러나 그들은 비슷한 지점에 도달했고 모두가 이례적으로 오래, 건강하게 살고 있다.

그들이 어떻게 그럴 수 있는지에 대해 뷰트너와 신경과학자들은 생각을 같이한다. 그리고 뷰트너도, 신경과학자들도 우리 모두가 그들처럼 할 수 있다고 믿는다.

우정

블루 존의 장수 노인들은 모두 활발하게 사람들과 어울리며 지낸다. 그래서 뷰트너는 〈내셔널 지오그래픽〉 독자들에게 "사람들과 계속 교류하며 지내라"라고 말했다. 그는 또 이렇게 말했다. "블루 존의 장수 노인들은 가족을 최우선으로 생각한다." 익숙한 이야기다. 우정에 대한 장에서 이야기했듯이 사람들과 많이 어울리고 활발하게 사회 활동을 하는 고령자들은 인지 기능 저하가 70퍼센트 낮게 나타난다. 물론 그런 사회 활동과 사교가 긍정적이고 만족스러워야만 그런 결과를 얻을 수 있다.

친구들과 가족은 우리가 그런 결과를 얻을 수 있는 가장 훌륭한 원천이다. 안정적인 결혼 생활이 특히 큰 도움이 된다. 다양한 연령대의 사람들과 꾸준히 교류하는 것도 마찬가지다. 결혼 생활과 손자 손녀들보다 우리에게 활기를 줄 수 있는 것은 없다.

스트레스

뇌과학 연구에 따르면 스트레스를 줄이는 것이 건강에 확실히 도움이 된다. 마음챙김 수련은 스트레스를 줄일 수 있는 아주 좋은 방법이다. 마음챙김 수련을 하는 고령자들은 전염병에도 잘 걸리지 않았고 심혈관계 건강을 나타내는 여러 지수가 86퍼센트 향상되었으며 주의 집중력은 30퍼센트 향상되었다.

뷰트너가 〈내셔널 지오그래픽〉에서 제안한 내용 두 가지에도 똑같은 생각이 담겨 있다. 그는 제칠일안식일예수재림교 신도들이 바쁜 일상 속에서 어떻게 정기적으로 '쉼'을 실천하는지를 설명하면서 "안식일을 지켜라"라고 말했다. 안식일을 지키라는 말은 성당이나 교회나 절에 가서 기도를 하는 것은 물론 일상에서 마음챙김 수련처럼 마음을 차분히 가라앉히는 시간을 의무적으로 가지라는 말이다.

친구들도 스트레스의 해로운 영향을 완화시킨다. 뷰트너의 두 번째 제안인 "평생의 친구들을 두어라"라는 말에도 그런 뜻이 담겨 있다. '하나'는 너무 외로운 숫자다. 평생의 친구들은 외로움의 해독제가 되어준다.

행복

낙천적인 사람들은 비관적인 사람들보다 8년 정도는 더 오래 산다. 그리고 마틴 셀리그만 박사가 진정한 행복authentic happiness이라고 부른 것을 경험할 가능성이 더 높다. 이런 행복으로 가는 지름길 중 하나는 자기 삶에 의미를 주는 일을 찾아서 실천하려고 노력하는 것이다. 자신보다 더 큰 존재를 믿는 것, 자선 활동과 봉사 활동을 하는 것, 이 세상에 뭔가 좋은 일을 하는 것 모두 우리 삶에 의미를 주는 일이다. 뷰트너는 제칠일안식일예수재림교 신도들을 다시 한번 언급하며 "믿음을 가져라"라고 말했다. 그리고 오키나와 사람들의 현명한 조언을 소개하면서 "삶의 목적을 찾아라"라고도 말했다.

기억

책을 읽거나 외국어를 배우면서(혹은 드니즈 파크 교수가 '생산적 학습'이라고 부른 일을 하면서) 정신을 계속 활발하게 움직이면 인지 기능에 도움이 된다. 하루에 3시간 반 이상 책을 읽으면 수명이 23퍼센트나 늘어난다. 처리 속도를 높이는 두뇌 훈련 게임을 하는 것 역시 작업 기억을 향상시킨다(비디오게임을 좋아하지 않더라도 걱정하지 말자. 블루 존의 장수 노인들은 비디오게임을 본 적도 없지만 100세가 넘도록 맑은 정신으로 살았다).

잠

뇌과학에서는 잠을 잘 자는 것이 스트레스를 대폭 줄여준다는 사실을 밝혀냈다. 사회 활동을 많이 하고(그러면 우울증이 멀어진다), 일관성 있는 하루 일과를 유지하고, 운동을 규칙적으로 하면 잠을 잘 잘 수 있다. 블루 존의 장수 노인들은 이 세 가지에 모두 능하다. 그들 중 많은 수가 음식과 관련된 직업에 종사하는데, 그런 일을 하면 하루의 리듬에 세심한 주의를 기울이게 된다. 그들의 수면 습관이 논문으로 발표된 적은 없지만, 생활 습관을 보면 수면 습관이 어떨지도 예측할 수 있다.

운동

뇌과학 연구 결과는 운동이 얼마나 좋은지 강조한다. 운동이 우리 몸에 미치는 영향은 엄청나며 그중에서도 심혈관계가 가장 큰 혜택을 얻는다. 그러나 운동은 정신에도 도움이 된다. 유산소 운동을 하면 기억력이 향상되고, 감정을 더 잘 통제하게 되며, 집행 기능이 30퍼센트 향상되는 등 여러 가지 이점이 있다.

블루 존의 장수 노인들은 모두가 엄청나게 활동적인 생활 습관을 갖고 있다. 뷰트너가 예를 든 토니노라는 75세 이탈리아인 농부의 평범한 아침은 이렇다. 토니노는 아침이면 장작을 패고, 젖소의 우유를 짜고, 송아지를 도살하고, 양떼를 데리고 6킬로미터가 넘는 풀밭을 걷는다. 이 모든 일을 오전 11시 전에 해낸다. 뷰트너는 이렇게 간단히 말한다. "매일 활동적으로 살아라." 뇌과학의 원리를 잘 담아낸 말이 아닐 수 없다.

식습관

블루 존 사람들은 모두 독특한 식습관을 가지고 있었다. 그중 많은 부분이 지중해식 식단과 MIND 식단과 일치했다. 이런 식단은 기억력을 향상시키고 뇌졸중 위험을 낮춰주며 장수에 영향을 미친다. 뷰트너는 블루 존에서 목격한 식습관을 묘사하면서 이렇게 말했다. "과일, 채소, 통곡물을 먹어라." 제칠일안식일예수재림교 신도들의 사례를 설명하면서는 "견과류와 콩을 먹어라"라고 덧붙였다. 이탈리아 사르데냐섬 사람들은 적포도주와 페코리노 치즈(양젖 치즈)를 추천한다. 오키나와 사람들은 가장 지키기 어려운 조언을 했다. "적게 먹도록 하라." 이상의 조언은 뇌과학에서 모두 확인된 사실들이다.

은퇴

뷰트너가 묘사한 블루 존 장수 노인들의 일상에서 분명하게 알 수 있다. *그들 대부분은 은퇴하지 않았다.* 많은 오키나와 노인들은 여전히 낚시를 하고 있었고, 제칠일안식일예수재림교의 나이 든 신도들은 자선 활동을 활발히 하고 있었으며, 사르데냐 섬 사람들은 여전히 농사를 짓고 있었다. 토니노 할아버지는 지금도 아침에 장작을 패고 점심 식사 전에 6킬로미터 이상을 걷는다. 그는 이렇게 말했다. "저는 일을 해요. 우리 마누라는 걱정을 하고요."

종합해보면 블루 존 장수 노인들의 생활 습관과 과학적 연구 결과가 일치하는 것은 이례적인 일이기도 하고 예상할 수 있는 일이기도 하다. 지구상에서 가장 오래 사는 사람들은 우리에게 희망을 보여준다. 결국에는 죽음이 승리하겠지만, 우리도 한동안은 죽음과의 싸움에서 멋지게 힘을 써볼 수 있다.

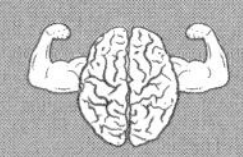

영원히 은퇴하지 말고, 과거를 즐겁게 회상하라

- 은퇴한 사람들은 심혈관 질환, 우울증, 치매를 비롯해 신체적, 정신적 장애를 일으킬 위험이 은퇴하지 않은 사람들에 비해 훨씬 높다.
- 향수를 느끼는 것은 좋은 일이다. 정기적으로 향수를 자극하는 일을 경험하는 사람들은 그렇지 않은 사람들보다 심리적으로 더 건강하다.
- 대부분의 노인들은 최근 10년간의 일만큼이나 10대 후반, 20대 초반의 일들을 선명하게 기억한다.
- 전 세계에서 기대수명이 가장 긴 지역인 블루 존에 사는 사람들은 활동적이고, 건강에 좋은 식사를 하며, 스트레스를 줄이려 노력하고, 낙관적인 태도를 유지하고, 계속해서 사람들과 어울린다.

에필로그

우리에게는 생각보다 많은 시간이 남아 있다

우리 각자에게 남은 생이 얼마나 되든 인류의 이야기가 앞으로 어떻게 펼쳐질지를 생각해보는 것은 흥미로운 일이다. 우리는 살아오면서 놀라운 일들을 많이 목격했다. 과학밖에 모르는 나에게 특히 놀라웠던 일 하나는 현재도 진행 중인 보이저 계획Voyager space program이었다.

처음 보이저 계획에 대해 들은 것은 전설적인 천문학자이자 천체물리학자 칼 세이건Carl Sagan의 인터뷰에서였다. 1977년에 발사된 보이저 1호와 2호는 목성과 토성을 탐사할 임무를 띠고 지구를 떠났다. 세이건 박사는 인터뷰에서 보이저호에 얼마나 대단한 기록들이 실렸는지 설명했다. 지구의 위치 정보, 지구의 모습을 찍은 다양한 사진, 지구에서 들을 수 있는 각종 소리, 척 베리Chuck Berry의 〈조니 B. 굿Johnny B. Good〉을 비롯한 다양한 예술 작품들이 보이저호를 가득 채웠다. 이런 기록들은 만에 하나 보이저호가 우리와 다른 지적 생명체를 만났을 때 그들에게 우리 행성을 소개하는 환영 카드 역할을 할 것이었다.

세이건 박사의 이 이야기를 들었을 때 나는 깜짝 놀랐다. 행성이라니! 과학자라니! 외계인이라니! 영화 속 이야기가 아니었다. 현실이었다. 가슴이 두근거렸다. 당시 나는 애송이 대학생이었고, 과학을 직업으로 삼아야 할지 진로를 고민하고 있었다. 그때는 우유 1갤런(3.8리터)이 1.68달러, 혼다 어코드 자동차가 4,000달러 하던 시절이었다. 당시 평균 기대수명은 약 73세였다.

3년 뒤인 1980년, 보이저 1호가 목성에 이어 토성에 접근해 탐사를 시작했다. 허리에 고리를 두른 이 아름다운 행성은 우리를 실망시키지 않았다. 작지만 강한 우리의 우주선은 수많은 사진을 찍어서 지구로 보내왔다. 그렇게 토성은 〈타임〉과 〈내셔널 지오그래픽〉을 비롯해 수많은 과학 잡지의 표지를 장식했다.

보이저 2호는 목성과 토성, 천왕성을 근접 통과하며 차례대로 탐사했다. 1989년에는 해왕성에 가장 가까이 다가갔다. 사파이어 같은 푸른빛으로 선명하게 빛나는 해왕성의 아름다운 사진은 더 많은 잡지의 표지를 장식했다.

보이저호가 보내온 토성 사진을 봤을 때와 마찬가지로, 나는 해왕성 사진을 보고도 벌어진 입을 다물 수 없었다. 그러나 9년 사이에 내 삶과 나의 세계는 많이 달라져 있었다. 1989년에 나는 박사후 과정 연구원이었고 박사학위를 딴 지 1년이 된 상태였다. 과학계에서 커리어를 쌓겠다는 목표를 조금씩 달성해가고 있었다. 그해에 우유 1갤런의 가격은 2.34달러, 혼다 어코드는 1만 2,000달러였다. 기대수명은 약 75세였다. 미래는 우주만큼이나 한계가 없어 보였다.

2012년, 보이저 1호와 2호는 목표로 했던 행성들을 오래전에 통과하고 계속해서 우주 공간으로 나아가고 있었다. 그러나 그들의 가치는 전혀 감소하지 않았다. 2012년 8월 보이저 1호는 인간이 만든 우주선 중에서 태양계를 벗어나 항성 간 공간으로 진입한 최초의 우주선이 되었다. 인류의 메시지를 담은 이 작은 우주선은 전자기 복사輻射의 희미하고 가느다란 선으로 지구에 묶인 채 텅 빈 우주 공간 속으로 날아가고 있었다. 보이저 1호 속 기계들 대부분은 작동을 멈췄지만, 남아 있는 기계들은 계속해서 지구로 데이터를 전송해왔다.

그리고 나는 여전히 대학생인 것 같은 기분을 느꼈다. 보이저 1호와 2호가 발사된 1977년 이후 거의 모든 것이 달라졌지만 그때의 흥분은 아직 남아 있었다. 흰색 수염이 나기 시작하고, 집은 10대 아이들로 북적거리고, 과학을 연구하고 학생들을 가르치고 논문을 발표하고 책을 쓴 지 10여 년이 지난 그때, 나의 대학 시절은 보이저호와 지구의 거리만큼이나 멀어진 듯했다. 우유는 1갤런에 4달러였고 혼다 어코드는 2만 4,000달러였다. 기대수명은 80세에 살짝 못 미쳤다.

그러나 우주 공간을 여행 중인 용감한 두 친구에 대한 기사를 읽을 때면 나의 뇌는 대학 시절과 똑같은 열정과 흥분을 느꼈다. 그때와 똑같은 기능을 했다. 나의 뇌는 여전히 인생을 사랑할 줄 알았고, 정보를 소화할 줄 알았으며, 기적과도 같은 우주에서 위대한 통찰을 얻을 줄도 알았다. 그리고 지금도 똑같다.

여러분의 뇌도 마찬가지다. 이 책을 마치면서 여러분에게 남기고 싶은 것은 꺼지지 않는 호기심과 감탄하는 태도다. 아끼고 잘 보살피면

(그리고 어쩔 수 없이 어떤 유전자를 가지고 있느냐에 따라) 뇌는 나이가 몇 살이든 민첩하고 유연한 상태를 유지하며 풍부한 상상력을 보유할 수 있다. 친구들을 안아주자. 감사한 일을 종이에 적어보자. 새로운 언어든, 춤이든, 무엇이든 배우자. 그 무엇이든 새로 배우기에 너무 늦은 때란 없다. 어쩌면 생각하는 것보다 더 많은 시간이 남아 있을지 모른다. 노화는 우리 몸을 갉아먹지만 우리의 정신까지 갉아먹지는 못한다.

내가, 그리고 이 책을 읽는 여러분이 세상을 떠나고 몇 세기가 지난 후에도 작은 우주선 보이저 1호와 2호는 계속해서 우주 공간으로 천천히 나아가고 있을 것이다. 어쩌면 척 베리의 노래를 우주 속의 누군가에게 들려주게 될지도 모른다. 그런 상상을 하면 아직도 온몸에 전율이 느껴진다.

이 책이 출간되기까지 도움을 준 고마운 분들이 너무 많다. 그중 몇 분에게 지면을 빌려 감사의 마음을 전한다. 멋진 표지를 디자인해준 닉 존슨, 편집을 맡아준 주디 버크, 사실관계를 확인해준 에릭 이븐슨, 교정과 교열을 맡아준 캐리 윅스와 닉 앨리슨에게 감사를 전한다. 그리고 수전 시미슨, 밥 시미슨, 칼라 월, 비키 워녹을 비롯해 이 책의 초고를 읽고 의견을 준 많은 분들에게 감사드린다. 아울러 이 책의 책임 편집자 트레이시 커크로와 발행인 마크 피어슨의 지칠 줄 모르는 열정과 노력에도 깊은 감사를 전한다.

무엇보다도 나의 가족에게 큰 감사를 전한다. 내가 숨 쉴 수 있게 해주는 산소 같은 존재인 아내 카리! 그리고 호기심은 홍적세만큼이나 오래된 것이며 바로 지난주처럼 가까운 일이기도 하다는 것을 끊임없이 알려주는 두 아들 조시와 노아에게 고마운 마음을 전한다.

젊어지는 10가지 두뇌 습관

1. 마음을 열고 사람들과 친구가 되자.
2. 감사하는 태도를 기르자.
3. 마음챙김은 마음을 진정시킬 뿐 아니라, 삶의 질을 높여준다.
4. 배우거나 가르치기에 너무 늦은 때는 없다.
5. 비디오게임으로 뇌를 훈련시키자.
6. 알츠하이머병의 10가지 징후를 확인하자.
7. 식생활에 신경 쓰고, 많이 움직이자.
8. 충분한 수면으로 머리를 맑게 하자.
9. 인간은 영원히 살 수는 없다. 아직까지는.
10. 영원히 은퇴하지 말고, 과거를 즐겁게 회상하자.

젊어지는 두뇌 습관

제1판 1쇄 인쇄 2018년 8월 10일
제1판 1쇄 발행 2018년 8월 17일

지은이 | 존 메디나
감수 | 장동선
옮긴이 | 서영조
펴낸이 | 한경준
펴낸곳 | 한국경제신문 한경BP
책임편집 | 추경아
교정교열 | 김순영
저작권 | 백상아
홍보 | 정준희 · 조아라
마케팅 | 배한일 · 김규형
디자인 | 김홍신
본문디자인 | 디자인현

주소 | 서울특별시 중구 청파로463
기획출판팀 | 02-3604-553~6
영업마케팅팀 | 02-3604-595, 583 FAX | 02-3604-599
H | http://bp.hankyung.com E | bp@hankyung.com
T | @hankbp F | www.facebook.com/hankyungbp
등록 | 제 2-315(1967. 5. 15)

ISBN 978-89-475-4397-2 03400

책값은 뒤표지에 있습니다.
잘못 만들어진 책은 구입처에서 바꿔드립니다.